食品工艺学实验技术指导

主 编 张 敏
副主编 王寅嵩 张 慧 孙 立
主 审 陈存武 张伟敏

合肥工业大学出版社

编写委员会

汪学军（皖西学院）

王储炎（合肥学院）

熊延椿（皖西学院）

姚　嫚（皖西学院）

袁先玲（四川轻化工大学）

殷智超（皖西学院）

张　莉（皖西学院）

张珍林（皖西学院）

朱苗苗（皖西学院）

朱梦婷（皖西学院）

前　　言

食品科学与工程主要研究食品营养与健康、食品工艺设计与社会生产、食品的加工贮藏与食品安全卫生等方面。食品工艺是将原料加工成半成品或将原料和半成品加工成食品的工程和方法，包括从原料到成品或将配料转变成最终消费品所需要的加工步骤或全部过程。由食品原料到产品，其中涉及的加工方法或单元操作以及这些加工方法或单元操作如何组合，取决于食品加工的目的和要求。根据不同的食品要求选用相应的单元操作，这些不同的单元操作组成了不同的加工工艺。将这些单元操作中的某种或某些有机地、合理地组合起来的加工步骤就是一个完整的食品加工工艺流程。食品质量的高低取决于工艺的合理性和每道工序所采用的加工技术。每道工序可以通过不同的加工技术来实现，而应用不同的技术所得到的产品质量也会不同，这是食品技术的核心。

皖西学院开设的食品工艺学实验经过十几年的不断建设和完善，成为备受学生欢迎的一门实践性课程。本书以创新、创业，综合性、实践训练为基础，学生通过实际操作提高动手能力，使理论与实践相结合，加深对知识的理解，达到综合训练的目的。本书涵盖新产品设计与研发实验、设计性实验、综合性实验等内容。力求将理论知识与创新创业实践教学紧密结合起来，实现人才培养与社会需求无缝对接。

本书由皖西学院张敏担任主编，皖西学院陈存武、海南大学张伟敏担任主审，皖西学院王寅嵩、孙立，安徽财经大学张慧担任副主编，共5所高校和科研单位的24名专家历时两年编写而成。

　　本书共分十一章，包括西式糕点的制作、中式面点的制作、肉制品工艺学实验、卤烤制品工艺学实验、豆制品工艺学实验、果蔬制品工艺学实验、蛋制品工艺学实验、水产品工艺学实验、饮料工艺学实验、高新技术在食品加工中的应用、乳制品工艺学实验等。本书在突出实用性的同时，注重结合新工艺、新产品、新标准、新技术的应用。本书中收集了全国各地的具有代表性的食品，包括实验目的、实验原理、设备与用具、实验原料、工艺流程、操作要点、成品鉴定等方面。本书内容广泛、深入浅出、可操作性强，可作为高等院校食品类相关专业教材，也可作为食品生产企业技术人员的参考用书。

　　本书在编写过程中得到了合肥工业大学出版社和安徽省中药资源保护与持续利用工程实验室的大力支持，在此表示衷心的感谢。同时感谢担任主审的皖西学院生物与制药工程学院陈存武及海南大学食品科学与工程学院张伟敏的辛勤付出和各位编委所做的工作。

　　虽然编写人员已全力以赴，但可能仍存在一些需要改进的地方，恳请广大读者批评指正。

张　敏

于皖西学院

目　　　录

第一章　西式糕点的制作

一、西式糕点的定义

西式糕点简称西点，是由国外引入的一类糕点。制作西式糕点的主要原料是面粉、糖、黄油、牛奶、香草粉、椰子丝等。西式糕点的脂肪、蛋白质含量较高，味道香甜不腻，且样式美观，因而近年来销售量逐年上升。西式糕点主要分为小点心、蛋糕、起酥、混酥和气鼓5类。

二、西式糕点的起源

欧洲是西式糕点的主要发源地，西式糕点在英国、法国、西班牙、德国、意大利、奥地利、俄罗斯等国家已有相当长的历史。从西式糕点的发展来看，面包的历史最为悠久。面包是西方人的主食，也是西方国家销售量最大的食品之一。除主食面包外，近年来各种风味的花式小面包也相继问世。蛋糕是一类最具代表性的西式糕点，海绵蛋糕和奶油蛋糕则是两种基本类型。

据史料记载，古埃及、古希腊和古罗马就已经开始了面包和蛋糕的制作，原始的面包甚至可以追溯到石器时代。早期的面包一直采用酸面团自然发酵，16世纪，酵母开始被运用到面包制作中。古埃及有一幅绘画就展示了公元前1175年底比斯城的宫廷烘烤场面，从画中可看出多种面包和蛋糕的制作场景，烘焙作坊和模具在当时已经出现。据说，当时的人们用做成动物形状的面包和蛋糕来祭神，这样就不必用真的动物了。一些富人奖励那些在品种开发方面有所创新的人。据统计，在古埃及，面包和蛋糕的品种达16种之多。古希腊是世界上最早在食物中使用甜味剂的国家，其中包括以面粉为原料的烘焙食品。古希腊最早在食物中使用的甜味剂是蜂蜜，蜂蜜蛋糕曾一度风行欧洲。英国最早的蛋糕是一种名为"西姆尔"的水果蛋糕，据说它来源于古希腊，其表面装饰的12个杏仁球代表罗马神话中的神，今天欧洲有的地方仍用它来庆祝复活节。古罗马人制作了最早的奶酪蛋糕，当今世界上最好的奶酪蛋糕出自意大利。古罗马的节日庆祝一度奢侈、豪华，以致公元前186年罗马参议院颁布了一条严厉的法令，禁止人们在节日中过度放纵。从这以后，烘烤糕点成了妇女日常烹饪的一部分，而从事烘焙食品受人尊敬。据记载，在 4 世纪，罗马成立了专门的烘焙协会。初具现代风格的西式糕点大约出现在欧洲文艺复兴时期，不但革新了早期制作方法，而且品种不断增加。烘焙食品业已成为独立的行业，它进入了一个新的繁荣时期。现代西式糕点中两类最主要的点心——派和起酥点心相继出现。1350 年，在一本关于烘焙的书中记载了派的 5 种配方，同时还介绍了用鸡蛋、面粉和酒调制成能擀开的面团，并用其来制作派。法国人和西班牙人在制作派的时候，采用了一种新的方法，即将奶油分散到面团中，再将其折叠几次，使成品具有酥层。这种方法为现代起酥点心的制作奠定了基础。大约在 17 世纪，起酥点心的制作方法进一步完善，并开始在欧洲流行。18 世纪，磨面技术的改进为蛋糕和其他糕点提供了质量更好、种类更多的面粉，这些都为西式糕点的生产创造了有利条件。丹麦包和可松包是起酥点心和面包相结合的产物，哥本哈根以生产丹麦包而著称。可松包通常被做成角状或弯月状，这种面包在欧洲有的地方被称为"维也纳面包"。

18~19 世纪，在西方政体改革、近代自然科学和工业革命的影响下，西式糕点烘焙业进入一个崭新的发展阶段。同时，西式糕点开始从作坊式生产转变为现代化生产，并逐渐形成了一个完整和成熟的体系。维多利亚时代是欧洲西式糕点发展的鼎盛时期，一方面，贵族豪华奢侈的生活反映到西式糕点，特别是装饰大蛋糕的制作上；另一方面，西式糕点朝着个性化、多样化的方向发展，品种更加丰富多彩。当前，烘焙食品业在欧美十分发达，成为西方食品工业的主要支柱之一。

三、西式糕点的分类

1. 小点心类

小点心类产品是以黄油或白油、绵白糖、鸡蛋、富强粉为主料加一些其他辅料（如果料、香料、可可等）而制成的一类形状小、式样多、口味酥脆香甜的西式糕点，如腊耳朵、沙式饼干、杜梅酥、挤花等。

2. 蛋糕类

蛋糕类是西式糕点中块形较大的一类产品，具有组织松软、香甜适口、装饰美观等特点。蛋糕类产品配料中的鸡蛋、黄油含量高，因而营养丰富。

蛋糕类分为软蛋糕、硬蛋糕两种。软蛋糕的特点是蛋糕配料中无油，如青蛋糕、花蛋糕；硬蛋糕的特点是蛋糕配料中有油和一些其他辅料，如水果蛋糕、太阳糕。

3. 起酥类

起酥类产品的主要原料是面和油，产品式样美观大方。起酥类产品的种类很多，如冰花酥、奶卷如意酥、小包袄、糖粉花酥等。

4. 混酥类

混酥类产品是糖油面、鸡蛋混合制成的多形产品，绵软酥脆、口味香甜。产品表面可以加上其他辅料以增添各种风味。

5. 气鼓类

气鼓类产品很多，形状小，分为绵软和艮酥两种。

实验一　海绵蛋糕的制作

一、实验目的

(1) 了解海绵蛋糕的制作原理。

(2) 掌握海绵蛋糕的制作方法和操作要点。

二、产品简介

蛋糕以其松软、富有弹性、口感绵软、营养丰富、容易消化的特点而深受人们的喜爱。海绵蛋糕（图1-1）又称清蛋糕，是以蛋、糖、面粉或油脂为主要原料，经调制成发松的面糊，烧入模盘，烘烤后制成的一种组织松软的糕状制品。在海绵蛋糕制作过程中，通过高速搅拌使蛋白中的球蛋白表面张力降低、蛋白的黏度

图1-1　海绵蛋糕

增加，黏度大的成分有助于泡沫初期的形成。蛋白中的球蛋白和其他蛋白受搅拌的机械作用的影响，产生了轻度变性。变性的蛋白质分子可以凝结成一层皮，形成十分牢固的薄膜，从而将混入的空气包裹起来。同时，由于表面张力的作用，蛋白泡沫收缩变成球形，加上蛋白胶体具有黏度和加入的面粉原料附着在蛋白泡沫周围，使泡沫变得稳定，能保持住混入的气体。在加热的过程中，泡沫内的气体受热膨胀，使制品疏松多孔并具有一定的弹性和韧性。

三、设备与用具

打蛋机、烤箱、烤盘、隔热手套、刮板、烧杯等。

四、实验原料

A组：奶香粉 10g、白糖 500g、全蛋液 1240g、盐 3g。

B组：泡打粉10g，低筋面粉420g，蛋糕油50g。

C组：牛奶/水150g。

D组：色拉油300g。

五、工艺流程

原料准备 → 调制面糊 → 拌粉 → 注模 → 烘烤 → 脱模、冷却、包装 → 成品

六、操作要点

1. 海绵蛋糕的做法

海绵蛋糕在制作过程中一般有两种做法：一种是只用蛋清而不用蛋黄的天使蛋糕；另一种是用全蛋的黄海绵蛋糕。因而，其制作方法有所不同。

（1）天使蛋糕由蛋清、白糖、低筋面粉、油脂按5∶3∶3∶1的比例配合制作而成，因配方中没有用蛋黄，所以发泡性能很好。糕体内部组织相对比较细腻，色泽洁白，质地柔软，几乎呈膨松状。

（2）黄海绵蛋糕传统的配方一般有两种：一种是鸡蛋、白糖、低筋面粉的比例为1∶1∶1；另一种是鸡蛋、白糖、面粉的比例为2∶1∶1。

2. 海绵蛋糕的制作过程

（1）原料准备

原料准备阶段主要包括原料清理、计量，如鸡蛋清洗、去壳，低筋面粉和淀粉疏松、碎团等。低筋面粉、淀粉一定要过筛（60目以上）轻轻疏松一下，否则，可能有块状粉团进入蛋糊中，使面粉或淀粉分散不均匀，导致成品蛋糕中有硬心。

（2）调制面糊

蛋白、蛋黄分开搅拌法的工艺过程相对复杂，其投料顺序对蛋糕品质至关重要，通常须将蛋白、蛋黄分开搅打。首先将蛋白和糖打成泡沫状，手蘸一下，竖起，尖略下垂为止；然后搅打蛋黄和糖，并缓缓将蛋白泡沫加入蛋糊中；最后加入面粉拌和均匀，制成面糊。在操作的过程中，为了解决口感较干燥的问题，可在搅打蛋黄时，加入少许油脂一起搅打，利用蛋黄的乳化性，将油与蛋黄混合均匀。

（3）拌粉

拌粉是将过筛后的低筋面粉与淀粉混合物加入蛋糊中搅匀的过程。对海绵蛋糕来说，若蛋糊经强烈的冲击和搅动，其气泡就会被破坏，不利于焙烤时蛋糕胀发。因此，只能慢慢将面粉倒入蛋糊中，同时轻轻翻动蛋糊，以最轻、最少的翻动次数，拌至见不到生粉即可。

（4）注模

注模应该在 15～20min 内完成，以防蛋糕糊中的面粉下沉，使产品质地变硬。成型模具使用前事先涂上一层植物油或猪油。注模时还应掌握好灌注量，一般以填充模具的 7～8 成为宜，不能过满，以防烘烤后体积膨胀溢出模外，既影响制品外形美观，又造成蛋糕糊的浪费。如果模具中蛋糕糊灌注量过少，则制品在烘烤过程中，会因水分挥发相对过多而使制品的松软度下降。

（5）烘烤

蛋糕烘烤的炉温一般在 200℃ 左右。油蛋糕的烘烤温度为 160～180℃，清蛋糕的烘烤温度为 180～200℃，烘烤 10～15min。在相同的烘烤条件下，油蛋糕的烘烤温度比清蛋糕的烘烤温度低、时间长。蛋糕烘烤时不宜多次拉开炉门做烘烤状况的判断，以免面糊受热胀冷缩的影响而下陷。

（6）脱模、冷却、包装

蛋糕出炉后，首先趁热从烤模（盘）中取出，并在蛋糕面上刷一层食用油，使表面光滑细润，同时起到保护层的作用，减少蛋糕内水分的蒸发；然后将蛋糕平放在铺有一层布的木台上自然冷却。若是大型圆蛋糕，则应立即翻倒，底面向上冷却，可防止蛋糕顶面遇冷收缩变形。

七、成品鉴定

形态：表面光滑无斑点、环纹，上部有较大弧度。
色泽：亮黄、淡黄，有光泽。
口感：绵软、细腻，稍有潮湿感，没有硬块。
组织：气孔较均匀、光滑细腻，柔软有弹性。

八、思考题

1. 蛋糕油在海绵蛋糕的制作过程中起什么作用？
2. 面粉过筛的精细程度如何把握？

实验二　戚风蛋糕的制作

一、实验目的

(1) 掌握戚风蛋糕的制作方法。

(2) 熟悉戚风蛋糕配料的特点。

二、产品简介

戚风蛋糕（图1-2）的制法与分蛋搅拌式海绵蛋糕类似（分蛋搅拌是指将蛋白和蛋黄分开搅打好后，再予以混合的方法），即在制作分蛋搅拌式海绵蛋糕的基础上，调整原料比例，并且在搅拌蛋黄和蛋白时，分别加入泡打和塔塔粉。

戚风蛋糕组织蓬松，水分含量高，味道清淡不腻，口感滋润嫩爽，

图1-2　戚风蛋糕

是目前最受欢迎的蛋糕之一。这里要说明的是，戚风蛋糕的质地异常松软，若将同样重量的全蛋搅拌式海绵蛋糕面糊与戚风蛋糕面糊同时烘烤，那么戚风蛋糕的体积可能是前者的两倍。虽然戚风蛋糕非常松软，但它带有弹性且无软烂的感觉，吃时淋各种酱汁很可口。另外，戚风蛋糕还可做成各种蛋糕卷、波士顿派等。

三、设备与用具

烤箱、量勺、电子秤、烤盘、烤网、蛋扫、电动打蛋器、橡皮刮刀、塑料刮板、小碗若干、砧板、擀面杖、锡纸、油纸、烤盘垫纸、面粉筛、蛋糕圆模、呈盘若干等。

四、实验原料

A组：蛋清1500g、白糖630g、塔塔粉15g、盐11g。

B组：泡打粉15g、低筋面粉500g、淀粉50g。

C组：牛奶300g、蛋黄600g、液态酥油285g。

五、工艺流程

六、操作要点

1. 选料

(1) 鸡蛋最好选用冰蛋，其次为新鲜鸡蛋，不能选用陈鸡蛋，这是因为冰蛋的蛋白和蛋黄比新鲜鸡蛋更容易分开。另外，若单独将新鲜鸡蛋白放入冰箱中贮存1～2天后，再取出搅打，则会比新鲜蛋白更容易起泡，这种起泡能力的改变，是蛋白的pH值从8.9降到6所致。

(2) 糖宜选用细粒（或中粒）白砂糖，在蛋黄糊和蛋白膏中更容易溶化。

(3) 面粉宜选用低筋面粉，不能选用高筋面粉。高筋面粉遇水会产生大量面筋，形成面筋网络，从而影响蛋糕的发泡。

(4) 油脂宜选用流质油，如色拉油等。这是因为油脂是在蛋黄与白糖搅打均匀后添加的。若使用固体油脂，则不易搅打均匀，从而影响蛋糕的质量。

(5) 使用泡打粉和塔塔粉时，应注意其保质期和是否受潮。若使用失效的泡打粉和塔塔粉，则会影响蛋糕的膨胀。

2. 分离蛋黄、蛋清

将鸡蛋打入盆中，用手将蛋黄逐个捞出，或用分蛋器将蛋黄和蛋清彻底分离，分别装在无油无水的容器里备用。此过程中要动作轻柔，保证蛋清中没有混入蛋黄，搅打蛋清的器具也要洁净，不能粘有油脂。

3. 调制蛋黄糊

(1) 将蛋黄用蛋扫充分搅打，加入牛奶、液态酥油搅打均匀。

(2) 低筋面粉、泡打粉、淀粉过筛，用蛋扫将其搅拌至光滑均匀。（不要过度搅拌，以免面粉起筋。）

4. 搅打蛋白膏

(1) 搅打蛋白膏时要先慢后快，这样蛋白才容易被打发，蛋白膏的体积才更大。用电动打蛋器把蛋白来回打至呈鱼眼泡状，加入1/3的白糖。

(2) 继续搅打，当蛋白变浓稠呈较密的泡沫时，加入1/2的白糖。

(3) 继续搅打，当蛋白变浓稠且表面出现纹路时，加入剩余的白糖。

(4) 搅打过程中要特别注意蛋白膏的发泡程度，即达到中性或硬性发泡。搅打蛋白膏可分为泡沫状、湿性发泡、硬性发泡和搅打过头4个阶段。开始搅打蛋白时，蛋白呈黏液状，搅打约 1min 后呈泡沫状；加入白糖继续搅打5min 后，蛋白有光泽，呈奶油状，提起打蛋器，可见蛋白的尖峰下垂，此为湿性发泡；再搅打 2～3min，提起打蛋器，水平状态下蛋白呈大鸡尾状且稳定，此时为中性偏硬性发泡，可停止搅打，也可继续搅打至打蛋器能拉出尖峰状，此时为硬性发泡，停止搅打；若继续搅打，则蛋白会呈一团一团的棉花状，即搅过头，蛋白膏失去使用价值。

5. 混合均匀

蛋黄糊和蛋白膏应在短时间内混合均匀，并且拌制动作要轻要快，若拌得太久或太用力，则气泡容易消失，蛋糕糊会渐渐变稀，烤出来的蛋糕体积会缩小。由于蛋黄糊和蛋白膏的黏度差别较大，蛋白膏的黏度小、质地轻，蛋黄糊的黏度大、密度大，两者不容易混合均匀。应先取 1/3 蛋白膏，将其置于蛋黄糊中搅拌均匀以稀释蛋黄糊，再将稀释过的蛋黄糊倒入余下的蛋白膏中。翻拌方式为从底部往上快速翻拌（海底捞形式），切勿打圈搅拌，以免蛋白消泡，拌匀后的蛋糕糊呈浓稠细腻状态。

备注：

（1）塔塔粉的作用：在蛋白中加入塔塔粉的作用是使蛋白泡沫更稳定，因为塔塔粉为一种有机酸盐（酒石酸氢钾），可使蛋白膏的 pH 值降至 5～7，而此时的蛋白泡沫最为稳定。塔塔粉的用量为蛋白的 0.5%～1%。

（2）白糖的作用：白糖能帮助蛋白形成稳定和持久的泡沫，故搅打蛋白时放白糖就成了必要的步骤。要想让蛋白膏泡发性好且稳定持久，白糖的用量和加入时机就显得很关键。白糖可增加蛋白的黏度，而黏度太大又会抑制蛋白的泡发性，使蛋白不易充分发泡（白糖的用量越多，蛋白的泡发性越差），只有加入适量白糖才能使蛋白泡沫稳定持久。因此，白糖的用量以既不影响蛋白的泡发性，又能使蛋白达到稳定的效果为佳。另外，白糖加入的时机以蛋白搅打至呈粗泡沫时为最好，这样既可把白糖对蛋白起泡性的不利影响降低，又可使蛋白泡沫更加稳定。若白糖加得过早，则蛋白不易泡发；若白糖加得过迟，则蛋白泡沫的稳定性差，白糖也不易搅匀搅化，还可能因过分搅打而使蛋白膏搅打过头。

（3）调制蛋黄糊和搅打蛋白膏应同时进行，及时混匀。任何一种糊放置太久都会影响蛋糕的质量，若蛋黄糊放置太久，则易造成油水分离；若蛋白膏放置太久，则易使气泡消失。

6. 注模、烘烤、脱模

（1）烘烤前，模具（或烤盘）不能涂油脂，这是因为戚风蛋糕的面糊必须借助黏附模具壁的力量往上膨胀，有油脂也就失去了黏附力。

（2）烤制时宜选用活动模具，因为戚风蛋糕太松软，取出蛋糕时易碎烂，用活动模具，可轻松取出。

（3）烘烤温度也是制作蛋糕的关键。烘烤前必须让烤箱预热。此外，蛋糕坯的厚薄大小也会对烘烤温度和时间有要求。蛋糕坯厚且大者，烘烤温度应当相应降低，时间相应延长；蛋糕坯薄且小者，烘烤温度则须相应升高，时间相对缩短。一般来说，厚坯的炉温为上火180℃、下火150℃；薄坯的炉温为上火200℃、下火170℃，烘烤时间以35～45min为宜。

（4）蛋糕成熟与否可用手指去轻按表面测试。若表面留有指痕或感觉里面仍柔软浮动，则未熟；若感觉有弹性，则已经成熟。蛋糕出炉后，应立即从烤盘内取出，否则会引起收缩。

七、成品鉴定

形态：外形完整，表面略鼓，底面平整，无破损龟裂、无回缩、无塌陷。
色泽：表面呈金黄色，均匀一致，无烤焦发白现象。
气味：具有烘烤后的蛋糕香味，无异味。
口感：松软适口，清淡不腻，滋润嫩爽，无异味，无未融化的糖粗粒。
组织：蓬松有弹性，切面气孔大小均匀，纹理清晰。

八、思考题

1. 烤好的蛋糕为什么没有发起来或出炉后回缩？
2. 如何使烤好的蛋糕没有腥味？
3. 为什么蛋糕外表焦了里面却没有熟？
4. 如何判断蛋糕是不是熟了？

实验三 天使蛋糕的制作

一、实验目的

（1）了解天使蛋糕的制作原理。

（2）掌握天使蛋糕的制作方法和操作要点。

二、产品简介

天使蛋糕（图1-3）是由硬性发泡的蛋清、白糖和面粉制成的。与其他蛋糕很不相同，天使蛋糕有棉花般的质地和颜色，不含牛油、油质，因而蛋清的泡沫能更好地支撑蛋糕。制作天使蛋糕首先要将蛋清打成硬性发泡，然后用轻巧地翻折手法拌入其他

图1-3 天使蛋糕

的材料。天使蛋糕不含油脂，因此其口味和材质都非常轻。与其他蛋糕做法不同的是，天使蛋糕在制作时只使用蛋清，因配方中没有用蛋黄，所以其发泡性能很好，糕体内部组织比较细腻，色泽洁白，质地柔软，几乎呈膨松状。

三、设备与用具

打蛋机、蛋扫、烤箱、烤盘、隔热手套、刮板等。

四、实验原料

A组：蛋清1000g、白糖300g、盐10g、塔塔粉20g。

B组：牛奶2000g、色拉油200g、蛋清200g、白糖50g。

C组：低筋面粉400g、泡打粉10g、玉米淀粉40g、奶香粉10g。

五、工艺流程

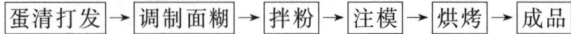

蛋清打发 → 调制面糊 → 拌粉 → 注模 → 烘烤 → 成品

六、操作要点

1. 蛋清打发

慢速将白糖搅打至溶化，再快速搅打成鸡尾状（中性发泡），最后换成慢速搅打消除大气泡（该过程约 10s）。

2. 调制面糊

B 组白糖视情况添加，用蛋扫将 B 组原料搅至白糖溶化后，倒入 C 组原料搅匀（稠了适当添加蛋清搅匀）。

3. 拌粉

取 1/3 A 组原料打成的蛋液加入搅匀后，再倒回打蛋皿将余下蛋液泡沫全部拌匀。

4. 注模

倒入烤盘后，振荡放出气泡，也可用牙签划几下放出气泡，再振荡数次。

5. 烘烤

烘烤时，烤箱上火温度设置为 150℃，下火温度设置为 160℃，视面糊厚度控制时间。

备注：

（1）蛋白中加入塔塔粉或者白醋可以平衡蛋白的碱性，如果碱性过高，烤出来的蛋糕就呈乳白色，口感会不好。

（2）加盐可使蛋糕更加洁白，增加蛋糕香味。

（3）搅打蛋白时，搅打到湿性发泡就可以，无须像戚风蛋糕那样打到干性发泡。

（4）加入少量的玉米淀粉，能增加蛋糕的蓬松度，调节全蛋白蛋糕的韧性。

七、成品鉴定

形态：表面光滑无斑点、环纹，上部有较大弧度。

色泽：亮黄、淡黄，有光泽。

口感：绵软、细腻，稍有潮湿感，没有硬块。

组织：气孔较均匀、光滑细腻，柔软有弹性，按下很快复原。

八、思考题

1. 怎样确定天使蛋糕的烘焙温度？

2. 天使蛋糕是使用鸡蛋的什么部分制作而成的？

实验四　曲奇饼干的制作

一、实验目的

（1）了解不同口味曲奇饼干的配方。

（2）掌握曲奇饼干的制作过程。

二、产品简介

黄油的主要作用是使曲奇饼干（图1-4）的结构更加酥松，同时增加曲奇饼干的奶香味。糖粉能增加曲奇饼干的蓬松感、酥脆感，保持曲奇形状，调整其口感。糖的天然抗氧化作用可延缓油脂氧化酸败，延长曲奇饼干的保质期。

图1-4　曲奇饼干

三、设备与用具

电子天平、烤箱、冰箱、面粉筛、打蛋器、裱花袋等。

四、实验原料

（1）香草曲奇：低筋面粉200g、黄油130g、细砂糖35g、糖粉65g、鸡蛋50g、香草精1/4小勺。

（2）巧克力曲奇：低筋面粉180g、可可粉20g、黄油130g、细砂糖35g、糖粉65g、鸡蛋50g。

（3）抹茶曲奇：低筋面粉190g、抹茶粉10g、黄油130g、细砂糖35g、糖粉65g、鸡蛋50g。

五、工艺流程

原料预处理 → 打发黄油 → 加入蛋液 → 混合面粉 → 塑形 → 烘烤 → 成品

六、操作要点

1. 原料预处理

黄油室温软化。

2. 打发黄油

黄油软化后，倒入糖粉、细砂糖，搅拌均匀。用打蛋器不断搅打黄油和糖粉的混合物，将其打发至体积膨大、颜色稍变浅即可。

3. 加入蛋液

分 2～3 次加入蛋液，并用打蛋器搅打均匀。每次都要等黄油和蛋液完全融合再加入。黄油必须与蛋液完全混合，不分离。

4. 混合面粉

香草曲奇中加入香草精，将低筋面粉筛入黄油糊中（如果做巧克力曲奇，则把可可粉和低筋面粉混合后一起过筛；如果做抹茶曲奇，则将抹茶粉和低筋面粉混合后一起过筛），把面粉和黄油糊拌匀，成为均匀的曲奇面糊。

5. 塑形

用裱花袋将曲奇面糊挤在烤盘上。

6. 烘烤

将烤盘放入预热好上火 190℃、下火 170℃左右的烤箱中层，烤 13min 左右，烤至表面黄色即可出炉。

七、成品鉴定

形态：外形完整，花纹清晰，不收缩，不变形，无气泡。

口感：酥软细腻，不黏牙，有奶香味。

八、思考题

黄油和糖分的添加量对曲奇饼干的品质有何影响？

实验五　法棍的制作

一、实验目的

（1）了解并掌握法棍制作的基本原理及操作方法。

（2）通过实验了解并熟悉糖、食盐、水等各种食品添加剂对法棍质量的影响。

二、产品简介

法棍（图1-5）即法式长棍面包，多呈长棍形。它是法国餐桌上的一道必不可少的传统美食，其生产制作工艺源自19世纪中期的维也纳。起初，法棍呈圆形。1789年，法国大革命后的一项公约规定，法国面包师必须将面包做成统一大小。面包的长度与重量也渐渐统一，其形状逐渐统一成约长55cm的长棍状，法棍由此产生。

图1-5　法棍

法棍的配方很简单，只用面粉、水、盐和酵母4种基本原料，通常不加糖、乳粉，不加或几乎不加油，面粉未经漂白，不含防腐剂。它的特色是表皮松脆，内心柔软而稍具韧性，越嚼越香，充满浓郁的麦香味。因为面粉和水结合形成的面团组织，以及发酵引起的面坯的成熟度等对面包的体积和味道都有直接的影响，所以同其他面包相比，法棍在各道工序中对面坯的正确制作和观察都特别严格。

三、设备与用具

电子秤、搅拌机、电烤炉、发酵箱、干净烧杯若干、食品刷、锯齿刀、砧板等。

四、实验原料

高筋面粉 208g、低筋面粉 82g、酵母 4.5g、盐 3.5g、糖 1.5g、水 160g。

五、工艺流程

称量 → 和面 → 面团分割搓圆 → 静置、整形 → 发酵 → 烘烤 → 冷却 → 成品

六、操作要点

1. 称量

称量实验所需的原料，将其放入干净的烧杯中备用。

2. 和面

将称量好的高筋面粉、低筋面粉、酵母、盐、糖、水倒入搅拌机内搅拌，先低速搅打 2min，再换高速搅打至表面光滑即可。

3. 面团分割搓圆

将面团分成每个约 250g，搓圆。

4. 静置、整形

搓圆的面团静置 5min 后用擀面杖擀成牛舌状，手指轻按大略排气，将面团上部 1/3 往下翻，并且压紧接缝，再将未翻的 1/3 往上翻，略盖过之前的接缝并压紧接缝。之后，用左手按压接缝，右手将上部面团往下压，用手掌按紧接缝，使接缝朝下，双手自然地推动面团，使面团从中间向两端均匀地变细、变长至约为 55cm 的长棍形状。

5. 发酵

本实验采用一次发酵法（直接发酵法）。法棍面团整形后放入 U 形盘于发酵箱内醒发，醒发温度为 38℃，湿度为 60%。根据实验条件进行醒发至体积变为原来的两倍大。

6. 烘烤

烤箱温度上火 210℃、下火 180℃，将醒发好的法棍放入烤箱内烘烤 30min。在烘烤时，用喷壶将水每隔 5min 快速喷在烤盘的周围（不要喷在法棍上），并注意翻面。翻面时要迅速，不要频繁地开烤箱。

七、成品鉴定

色泽：表面呈金黄色和淡棕色，均匀一致，未烤焦。

气味：具有烘烤和发酵后的面包香味，并具有经调配的芳香风味，无异味。

口感：松软适口，不粘牙，不牙碜，无未融化的糖、盐颗粒。

组织：细腻，有弹性；切面气孔大小均匀，纹理均匀清晰，呈海绵状，无明显大孔洞和局部过硬；切片后不断裂，无明显掉渣。

八、思考题

1. 法棍的烘烤时间应该如何把握？
2. 如何确定面团发酵完成？

实验六　甜面包的制作

一、实验目的

（1）了解并掌握甜面包制作的基本原理及操作方法。

（2）通过实验了解并熟悉糖、食盐、水等各种食品添加剂对面包质量的影响。

二、产品简介

近年来全谷物食品发展迅速，人们的食品消费思维也产生了很大影响。全谷物食品富含膳食纤维、维生素、矿物质、类胡萝卜素、酚酸等人体所需的特殊营养物质，这些物质主要富集于籽粒的外皮层，产生多种营养功效。全麦粉是指由没有去掉麸皮和麦胚的小麦直接制作而成的面粉。全麦粉制作的面包有别于用精粉制作的面包，精粉制作的面包虽然口感细腻，产品等级高，但缺乏矿物质、维生素与膳食纤维。所以，能够保留人体所需维生素、矿物质及大量膳食纤维的全麦面包相较精粉面包来说有更高的食用价值。

图 1-6　甜面包

甜面包是以小麦粉为主要原料，加以酵母、水、蔗糖、食盐、鸡蛋、食品添加剂等辅料，经过面团的调制、发酵、醒发、整形、烘烤等工序加工而成的。面团在一定的温度下经发酵，其中的酵母利用糖和含氮化合物迅速繁殖，同时产生大量二氧化碳，使面团体积增大，结构酥松，多孔且质地柔软，具有口感香甜、组织柔软、富有弹性等特点。按不同配料及添加方式，可将甜面包分成清甜型、饰面型、混合型、浸渍型等种类。一般甜面包面团中糖的含量为 $18\%\sim20\%$，油脂不低于 8%（一般不低于 4%）。

三、设备与用具

烤箱、发酵箱、打面机、托盘、电子秤、刀具、砧板、不锈钢盆、盘子若干、羊毛刷、打蛋器、面包包装袋、呈盘若干等。

四、实验原料

制作原料 1：

（1）烫种：高筋面粉 500g、盐 3g、白糖 5g、沸水 500g，或者高筋面粉 500g、糖 50g、盐 2.5g、沸水 550g。

（2）面种：高筋面粉 1500g、酵母 15g、水 900g。

（3）主面：高筋面粉 1500g、白糖 540g、盐 36g、酵母 21g、改良剂 9g、奶粉 120g、蛋清 210g、全蛋 240g、水 300g、黄油 300g。

制作原料 2：

（1）烫种：高筋面粉 500g、盐 3g、糖 5g、沸水 500g，或者高筋面粉 500g、糖 50g、盐 2.5g、沸水 550g。

（2）面种：高筋面粉 1500g、酵母 30g、水 450g、牛奶 600g、蜂蜜 60g。

（3）主面：高筋面粉 1500g、白糖 450g、盐 36g、改良剂 15g、奶粉 180g、淡奶油 300g、全蛋 600g、黄油 660g、炼乳 300g。

制作原料 3：

（1）面种：红大成 168g 面粉 1000g、新西兰奶粉 60g、酵母 60g（活性干酵母 14g）、鸡蛋 200g、水 280g。

（2）主面：铁人 168g 面粉 1000g、白糖 320g、食盐 28g、黄油 500g、水 280～300g、纯牛奶 200g、鸡蛋 120g。

五、工艺流程

六、操作要点

1. 烫种制作

将沸水加入烫种原料中搅拌均匀，摊放冷却后揉成团，冷藏备用。

2. 面种制作

将面种原料搅打至无干面粉，置于烤盘醒发至有蜂窝状时取出备用。

3. 主面团制作

将烫种、面种、主面团原料（除黄油外）放入打面机，搅打至面团可拉出薄膜，加入黄油继续搅打。取小块面团，可拉出光滑细腻的薄膜且不易破裂时取出松弛。

4. 松弛

（1）第一次松弛：取出打好的面团置于操作台上，盖上保鲜膜松弛20min 左右。

（2）第二次松弛：将面团分割成相应的重量，搓圆后盖上保鲜膜再松弛 20min。

5. 整形、醒发、装饰

将松弛后的面团逐个取出，用擀面杖充分擀开，将气泡排出，再制作成相应造型，置于烤盘中，留够相应间距，放入发酵箱醒发至 1.5～2 倍大，取出，表面刷蛋液，装饰。

6. 烘焙

面包：烤箱上火 210℃、下火 200℃，烘焙 20min。

吐司：烤箱上火 150℃、下火 230℃，烘焙 30～40min。

根据烤箱质量与规格、面包大小，灵活掌握烘焙时间。

七、成品鉴定

形态：外形完整，无缺损、龟裂、凹坑，表面光洁，无白粉和斑点。

色泽：表面呈金黄色和淡棕色，均匀一致，无烤焦、发白现象。

气味：具有烘烤和发酵后的面包香味，并具有经调配的芳香风味，无异味。

口感：松软适口，不粘牙，不牙碜，无异味，无未融化的糖、盐颗粒。

组织：细腻，有弹性；切面气孔大小均匀，纹理均匀清晰，呈海绵状。无明显大孔洞和局部过硬；切片后不断裂，无明显掉渣。

八、思考题

1. 面团的发酵条件如何控制？

2. 面团应醒发成何种程度？

实验七　蛋挞的制作

一、实验目的

(1) 了解蛋挞的原料配方。

(2) 掌握蛋挞的操作工序。

二、产品简介

蛋挞（图 1-7）在台湾被称为蛋塔，它以蛋浆为馅料。烤出的蛋挞外层为松脆的蛋挞皮，内层为香甜的黄色凝固蛋浆。蛋挞皮既可以作为盛器，又可以食用，是方便食品中的又一特色。

蛋挞不仅受到大众欢迎，更是目前较为流行的一种居家手工 DIY 烘焙甜点。普遍做法是把蛋挞皮放进小圆盆状的模具中，倒入由白砂糖及鸡蛋

图 1-7　蛋挞

混合而成的蛋浆，然后放入烤炉烤制即可。蛋挞具有外脆内软的口感，加上香甜可口的滋味，受到普遍欢迎。蛋挞的馅料以蛋黄液和黄油为主。

三、设备与用具

烤箱、擀面杖、保鲜膜、烤盘、量杯、小秤、砧板、打蛋器、隔热手套等。

四、实验原料

黄油 250g、中筋面粉 300g、冷水 150g、全脂牛奶 120g、白砂糖 80g、淡奶油 100g、蛋黄 80g。

五、工艺流程

原料预处理 → 和面 → 擀皮 → 捏皮 → 制馅 → 烤制 → 成品

六、操作要点

1. 原料预处理

预先取 250g 黄油，用保鲜膜包裹好，在室温下使其自然软化。

2. 和面

用小秤称出 300g 中筋面粉，倒在砧板上，将中间的面粉堆向四周，使面粉堆成类似火山口的形状。用量杯取 150mL 冷水，徐徐地倒入中空的面粉中，并不停地将面粉与冷水混合。最后将面粉与冷水完全混合均匀，和成一个完整的面团。取 20g 自然软化的黄油放入面团中，用手不停地按压揉搓，直到黄油完全渗入面团。

3. 擀皮

将和好的面团按成饼状，再将余下的自然软化黄油（230g）放在面饼中间，并用保鲜膜将黄油表面按压呈饼状。将保鲜膜揭下，用底下的面饼将中间的黄油完全裹住，并将上口封严。把包好黄油的面团用保鲜膜包好，放入冰箱冷藏 10min。在砧板上撒薄面，将冷藏过的面团用手小心地按成饼状，用擀面杖将面饼擀开擀薄，制成一张厚约 1cm 的长圆形面皮。将擀好的长圆形面皮均分成 3 折，再将左右两段向内折叠，接着轻轻压实。继续将面饼擀压擀开，制成一张厚薄均匀的长方形面皮，接着将长方形面皮均匀分成 3 折，继续将左右两段向内折叠，轻轻压实，将面皮叠成一个厚薄均匀的长方形面皮，冷藏 30min。将长方形面皮从较窄的一边卷起，待直径卷至 5cm 时，用刀将面皮斜切断，最后将面皮边缘压实，保鲜膜裹好冷冻 1h。

4. 捏皮

将冻硬的面卷放在室温下解冻，将面卷切成长约 4cm 的小段，每段约 25g。将面卷小段放进蛋挞模具中，向四周捻按开（内壁不要留有空隙），直至将面卷捻成一个与蛋挞模具类似的碗状蛋挞皮，将蛋挞皮边缘向上捻起至略高于蛋挞模具边缘，放入冰箱冷藏 10min。

5. 制馅

取 120g 全脂牛奶，加入 80g 白砂糖，用打蛋器轻轻搅动，使白砂糖充分溶化在牛奶中。向混合好的砂糖牛奶中加入 100g 淡奶油和 50g 蛋黄，再用打蛋器使其均匀混合。最后用细筛网将混合好的挞水过滤一次。

6. 烤制

将混合好的挞水倒入蛋挞模具中，约 2/3 高度，用 250℃ 的温度烤制 15min 即可。

七、成品鉴定

形态：蛋挞的馅向内凹陷，中间有自然的黑色斑点。
口感：外脆内软，香甜可口。

八、思考题

1. 为什么包裹黄油时要将面团中的空气排尽？
2. 为什么面团自然解冻不要太软？

实验八　时蔬披萨的制作

一、实验目的

（1）掌握披萨面饼的制作工艺。

（2）掌握时蔬披萨的制作原料和制作流程。

二、产品简介

时蔬披萨（图1-8）由饼和菜肴两部分组成，是主食、副食兼备的食品。饼是用半发酵的小麦粉面团做成的托盘形的外皮，菜肴放在饼的顶部。披萨制作流程依次为配料、和面、整形、醒发、铺顶料、焙烤等。披萨的制作过程涉及二氧化碳供用、面团持气性、饼皮焙烤硬化过程等。

图1-8　时蔬披萨

披萨面饼的膨松过程是由产气物质产生的气体来支撑的，添加0.7%～0.8%的碳酸氢钠，可以满足披萨面饼快速膨松的需要。

三、设备与用具

打面机、烤箱、擀面杖、发酵箱、烤盘、裱花袋、披萨滚针等。

四、实验原料

A组：高筋面粉1500g、酵母15g、白糖150g、鸡蛋3个、奶粉45g、盐15g、色拉油150g、牛奶750g。

B组：芝士。

表面装饰材料：胡萝卜、青椒、红椒、洋葱、马苏里拉芝士、青豆、玉米粒、培根、热狗、火腿等。

五、工艺流程

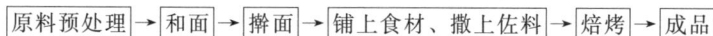

六、操作要点

1. 原料预处理

胡萝卜、青椒、红椒、洋葱切丝，芝士切粒状，培根切小片，热狗切片，火腿切片，罐装玉米去水，葱切末，备用。

2. 和面

A组原料中的粉类加水搅拌，缓慢加水，搅拌至拉开面团，薄膜断裂面呈锯齿状（入发酵箱松弛 20min），放入盆中盖好，空调下松弛 10～20min。松弛好后拿出风干，分割成每个 120g 的面团，搓圆，烤盘刷油后放入烤盘入发酵箱 25min。

3. 擀面

工作台上撒干粉，将面团擀成圆饼状，用披萨滚针回滚压放入盘中继续醒发 30min（至原高度的 2 倍）。烤 5 成熟，冷却后放冷冻室备用。

4. 铺上食材、撒上佐料

将面饼取出风干，先挤上蛋液，用裱花袋装番茄沙司，依次在上面撒法香、黑胡椒粉、玉米粒、胡萝卜、青椒、红椒、洋葱丝、培根、热狗片、火腿，淋上色拉油，撒盐，平撒葱花，挤上沙拉酱，再放上芝士即可入烤箱（可用奶酪代替色拉油）。

七、成品鉴定

色泽：面饼呈焦黄色。
口感：面皮酥脆，奶酪融化。

八、思考题

1. 不同的搅拌速度和搅拌时间对面饼的体积有什么影响？
2. 产气物质含量对面饼品质有什么影响？

实验九　泡芙的制作

一、实验目的

（1）了解泡芙的制作原理和原料。

（2）掌握泡芙的加工工艺。

二、产品简介

泡芙（图 1-9）是一种源自意大利的甜食，蓬松酥脆的表皮中裹着清甜的奶油，一口咬下去，酥香中带着甜蜜，让人回味无穷。泡芙是大多数人非常钟爱的一种甜点，也是西式糕点中非常经典的一个品种。

泡芙的起发原理主要是由面糊中的各种原料及特殊的混合方法决定的。油脂是泡芙面糊中的必需原料，它既有油溶性又有柔软性，配方中加入油脂可使面糊有松软的品质，从而增强面粉的混合性。油脂的起酥性会

图 1-9　泡芙

使烘烤后的泡芙有外表松脆的特点。面粉是干性原料，含有蛋白质、淀粉等多种物质。淀粉在适宜水温的作用下可以膨胀、糊化，当水温达到 90℃ 以上时，水分会渗入淀粉颗粒内部，制品体积由此膨大，产生一定黏度，能使面坯粘连，形成泡芙的骨架。

泡芙面糊中需要足够的水，这样才能使其在烘烤过程中产生大量蒸气，充满正在起发的面糊，使制品胀大并形成中空，气鼓的名称由此而来。

鸡蛋在面糊中也很重要，把鸡蛋加入烫好的面团内使其充分混合，鸡蛋中的蛋白质可使面团具有延伸性，同时当气体膨胀时会使蛋白质凝固，使增大的体积固定。鸡蛋中的蛋黄具有乳化性，可使面糊变得柔软光滑。

三、设备与用具

烤箱、电磁炉、刮刀、擀面杖、油纸、电动打蛋器、裱花袋、软刮等。

四、实验原料

（1）泡芙皮原料：黄油 37.5g、糖粉 46g、低筋面粉 46g。

（2）泡芙糊原料：牛奶 125g、水 125g、白糖 5g、盐 25g、黄油 100g、高筋面粉 175g、鸡蛋 250g。

（3）馅料：淡奶油 150g、白糖 15g、香草精适量。

五、工艺流程

准备工作 → 泡芙皮制作 → 泡芙糊制作 → 盖皮 → 烘烤 → 成型 → 成品

六、操作要点

1. 准备工作

将烤箱提前打开预热，温度调至上火 210℃、下火 190℃。

2. 泡芙皮制作

将黄油和糖粉混合均匀，加入过筛好的低筋面粉，用折叠的手法翻拌均匀，铺上油纸。用擀面杖隔着油纸将泡芙皮擀至 1.5～2mm 的厚度，放入冰箱冷藏 20min 备用。

3. 泡芙糊制作

将牛奶、水、黄油、白糖、盐放入锅中，加热煮至沸腾后将高筋面粉倒入锅中，调小火，大力搅拌均匀后关火，继续搅拌至手背触摸不烫。然后将鸡蛋逐个加入，用电动打蛋器搅拌均匀，至面糊呈现倒三角形即可。

4. 盖皮

将做好的面糊装入裱花袋，挤出直径为 4cm 的圆球，在上边刷上一层蛋黄液，盖上从冰箱取出的泡芙皮。

5. 烘烤

放进烤箱烘烤，烤 20min。不能立刻出炉，要将烤箱关掉让其焖 3min 左右再出炉、晾凉、备用。

6. 成型

将淡奶油与白糖一起打发至 8 成，装至裱花袋，呈鸡尾状即可。待泡芙晾凉后，切开填上奶油后盖住。

七、成品鉴定

色泽：表面呈金黄色，色泽均匀一致。

口感：蓬松酥脆，有着清甜的奶香。

八、思考题

1. 在制作泡芙的过程中应注意哪些问题？

2. 在烘烤泡芙过程中为什么需要改变温度？

第二章　中式面点的制作

一、中式面点的定义

从广义上讲，中式面点泛指以各种粮食（如米类、麦类、杂粮类等）、果蔬、水产等为原料，配以多种馅料制作而成的各种点心和小吃。从狭义上讲，中式面点特指利用粉料（主要是面粉和米粉）调制面团制成的面食小吃和正餐筵席的各式点心。

二、中式面点的起源

中式面点具有悠久的历史，远在3000多年前的奴隶社会初期，劳动人民就学会了种植谷麦，并初步地把它当作了主要食品。面食的起源相传在春秋战国时期，这是当时生产力的发展，小麦种植面积的扩大，人们对食品的要求相应提高的结果，但那时的面食还处在初期的阶段。到了汉代，面食技术有了进一步的发展，有关面食的文字记载增多，并出现了"饼"的名称。西汉史游所著《急就篇》中载有"饼饵麦饭，甘豆羹"，饼饵即饼食，一般指扁圆形的食品。东汉刘熙著的《释名》中也载有"饼，并也，溲面使合并也……"，溲面就是现在的发酵面。这些充分说明当时的人们已能利用发酵技术调制面坯。民间传说诸葛亮发明馒头，虽无文字记载，但当时既能利用发酵面制作蒸饼，则利用发酵面蒸做馒头也是有可能的。汉代的面食品种，对以后面点技术的发展产生了重大的影响。根据文字记载，在唐朝已经有"点心"之名。宋人吴曾所著的《能改斋漫录》中说："世俗例，以早晨小吃为点心，自唐时已有此说。"既然食用点心已成为"世俗例"，可见当时点心的普遍性。这也说明，自唐朝以来，面点的制作工艺水平有了提高，制品的花色增多，为我国面点的发展奠定了一定的基础。清朝是我国面点技术发展的鼎盛时期，出现了以面点为主的筵席。新中国成立后，在党和政府的关心和重视下，各地厨师在继承前辈技术经验的基础上，不断总结、交流与创新，使我国古老的面点技术得到进一步发扬和提高，成为我国烹调技术中的一朵奇葩，在世界各地盛开。

三、中式面点的分类

我国幅员辽阔、地大物博，各地物产和生活习惯的不同，致使面点制作在选料、口味、制作方法等方面体现了不同的风格，形成了许多地方特色。在长期发展中，人们经过不断实践和广泛的交流，创制了品种繁多、花色各异的面点，逐渐形成了我国面点的风味和流派特色。习惯上把我国面点划分为两大风味，即"南味"和"北味"，具体又分为"广式""苏式""京式"三大特色（或流派）。所谓"南味"与"北味"，是根据所处的地理位置来划分的，通常以秦岭—淮河一带为南北分界线，秦岭—淮河以北的称为北味面点，以南的称为南味面点。

1. 广式面点

广式面点指珠江流域及南部沿海地区所制作的面点，以广东为代表故称广式面点。广式面点富有南国风味，制作精美，在传统风格上吸取了部分西式点心（海派点心）的制作技艺，品种更为丰富多彩，自成一格。广式面点注重形态和色泽，使用油、糖、蛋、乳品等辅料多，馅心选用原料广泛，馅心多样，口味鲜香滑爽，油而不腻。广式面点善于利用一些果蔬类、杂粮类、水产品类等制作坯料，富有代表性的品种有叉烧包、虾饺、甘露酥、马蹄糕等。

2. 苏式面点

苏式面点指长江下游江浙地区所制作的面点，以江苏为代表故称苏式面点。苏式面点具有色、香、味俱佳的特点，馅心口味浓、色泽深、咸中带甜，形成独特的风味。馅心偏重掺皮冻、皮薄馅大、汁多肥嫩、味道鲜美。苏州的糕团名扬中外，百年老店"黄天源糕团店"用米粉制成的糕团，方的像瓷砖，长的像木棍，圆的像皮球，红里透白，褐中映粉，五颜六色，甚为美观，因为采用天然的香料和色泽，所以备受人们的喜爱。

3. 京式面点

京式面点泛指黄河以北的大部分地区，包括山东、华北、东北等所制作的面点，以北京为代表故称京式面点。京式面点以面粉、杂粮为原料，擅长制作各式面食，被称为北方四大面食的抻面、削面、小刀面、拨鱼面，制作技术精湛，口感爽滑、筋道，别有风味。京式的小吃和点心，品种丰富。

实验一　包子的制作

一、实验目的

（1）掌握包子不同馅心的制作方法与区别。

（2）掌握发面团的制作技巧及包子的制作手法。

二、产品简介

酵母分为鲜酵母、干酵母两种，是一种可食用的、营养丰富的单细胞微生物，营养学上把它叫作"取之不尽的营养源"。除了蛋白质、碳水化合物、脂类，酵母还富含多种维生素、矿物质和酶类。因此，包子（图 2-1）、馒头、面包中所含的营养成分比大饼、面条中所含的营养成分要

图 2-1　包子

高出 3~4 倍。利用酵母做发酵剂使面团中产生大量二氧化碳气体，在蒸煮过程中，二氧化碳受热膨胀，蒸制出松软可口的包子。酵母发酵使得包子美味且富有更好的营养价值。

三、设备与用具

蒸锅、蒸笼、电子秤、刀具、砧板、勺子、擀面杖、不锈钢盆、筷子等。

四、实验原料

1. 馅料

韭菜粉丝馅：韭菜 500g、粉丝 100g、猪油 100g、腊猪油 10g、盐 20g、味精 5g、鸡精 5g、胡椒粉 2g、浓香粉 1g。

肉馅：五花肉泥 500g、生姜 3g、葱 22g、皮冻 50g、盐 10g、味精 5g、鸡精 5g、白糖 2g、胡椒粉 2g、黄酒 5g、生抽 10g、红烧酱油 6g、耗油 10g、浓

香粉 1g、适量的五香粉 1g。

韭菜粉丝猪肉馅：韭菜 500g、粉丝 100g、猪肉蓉 200g、猪油 100g、盐 25g、鸡精 10g、胡椒粉 2g、麻油 10g（看油光情况放）、辣椒粉 1g。

2. 面团原料

面粉 500g、酵母 5g、水 260～280g（冬暖夏凉）、泡打粉 5～6g、盐 1～2g（天热时才加）、白糖 20～25g。

五、工艺流程

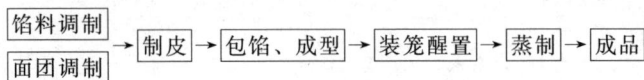

六、操作要点

1. 馅料调制

（1）韭菜粉丝馅制作：往韭菜粉丝中加入猪油、腊猪油，用手充分拌均匀（抓匀），加入盐、味精、鸡精、胡椒粉、浓香粉，用手抓匀。（拌素馅时应先放油拌均匀，再放盐，以防止馅料出水。）

（2）肉馅制作：将五花肉泥、生姜、葱用手抓匀，加入盐、味精、鸡精、白糖、胡椒粉、黄酒、生抽、红烧酱油、耗油，用手朝同一方向快速搅拌均匀，再加入馅料 1/2 的皮冻充分搅拌均匀，加入 1 勺浓香粉、适量的五香粉，再拌均匀。

（3）韭菜粉丝猪肉馅制作：往五花肉泥、粉丝、韭菜中加入熬熟的猪油、各种调味料（盐、鸡精、味精、胡椒粉、排骨粉、白糖、辣椒、猪油、麻油等）拌至均匀。

2. 面团调制

（1）往面粉中拌入泡打粉。

（2）白糖用温水化开，加入酵母，搅拌均匀，制成酵母活化液。

（3）将酵母活化液倒入面粉中调制成团，揉光或压光滑。

（4）将面团放入盆中盖上保鲜膜，置于温暖处醒发至约 2 倍大，此时面团内部疏松多孔，将面团用手或和面机充分揉匀排气备用。

3. 制皮

根据需要将面团搓条、切剂子，用手掌按压成中间厚、边缘薄的皮，或用擀面杖擀成中间厚、边缘薄的面皮备用。

4. 包馅、成型

取面皮置于手中，放上适量馅料并压实，用一拇指压着馅料，另一拇指捏住面皮，同时食指均匀向前捏褶子，收口，捏实。一般 25～30g 的面皮，可捏 18~25 个褶了。

5. 装笼醒置

夏季常温醒发，冬季则须置于温暖湿润处醒发至原体积的两倍左右。

6. 蒸制

冷水、热水上锅蒸均可。30g 面剂子制成的素馅包子，从水开算起，一笼 6min，每加一层增加 2min 即可蒸熟。

备注：

（1）揉面时，面团成形后将其分割成合适的面块，用掌根向前擦着反复搓至面团细腻光滑。面团越搓，成熟度越高，面团越白且光滑细腻，蒸出的包子越膨松柔软。

（2）制作面皮时，用手掌掌心空四周实 360°转着压平形成中间厚、边缘薄的面皮。

（3）给盐一定要给准。

七、成品鉴定

形态：包子外形洁白、松软，褶皱均匀美观。

气味：香气浓郁，滋味鲜美。

组织：细腻松软，气孔均匀。

八、思考题

1. 面团的发酵程度对包子做型有何影响？

2. 不同馅料的包子蒸制时间如何把握？

实验二　凉皮的制作

一、实验目的

（1）掌握凉皮的制作方法。

（2）熟悉蒸制食品的基本原理与方法。

二、产品简介

凉皮（图2-2）起源于陕西关中地区，流行于我国北方地区，据说源于秦始皇时期，距今已有2000多年的历史。因原料、制作方法、地域的不同，凉皮有热米（面）皮、擀面皮、烙面皮、酿皮等种类，有麻辣、酸甜、香辣等各种口味。凉皮是利用淀粉糊受热糊化形成有韧性的一层薄皮，再辅以各种辅料及调料调制而成的一种美食。凉皮具有"筋""薄"

图2-2　凉皮

"细""穰"四大特色。"筋"是说有筋道、有嚼头；"薄"是说蒸得薄；"细"是说切得细；"穰"是说其柔软。正是基于这四大特点，凉皮广受消费者欢迎。

三、设备与用具

凉皮模具、汤锅、炉灶、电子秤、刀具、砧板、勺子、不锈钢盆、筷子、搅拌器、大漏勺、刮板、保鲜膜等。

四、实验原料

（1）凉皮原料：山芋淀粉泡制2~3h，然后用箩筛过滤，淀粉和水的比例为1∶1.2。

（2）辅料：豆芽、海带、牛筋面、脆豆腐、香菜、花生米（熟）、小葱、黄瓜、米线。

（3）香料：八角 2g、花椒 5g、桂皮 2g、香叶 3g、白芷 4g、白豆蔻 5 个、香草 0.5g、苹果 1 个（拍碎）、丁香 1g、小茴香 2g、甘草 3g。

五、工艺流程

凉皮制作 → 辅料及调料制作 → 调味 → 成品

六、操作要点

1. 凉皮制作

（1）山芋淀粉搅拌好后，把模具的里侧均匀地涂一层油，锅中加入水放于火上，待水沸，舀一勺面糊倒入模具。根据面糊的多少掌握凉皮的厚度，把模型里的面糊荡匀，让模具底部均匀后盖上面糊。

（2）将盛有面糊的模具置于开水的水面上，使其受热均匀，烧开后转小火，小火蒸 3min 即可。

（3）准备一盆冷水，将模具置于冷水上，也可以把模具倒置，用冷水直接冲其底部，待凉皮完全凉透，在其表面刷一些油，慢慢剥下，放入玻璃纸上，一层皮一层玻璃纸。

2. 辅料及调料制作

（1）汤汁制作：向 1000g 汤中加入盐 3g、味精 6g、鸡精 2g，味极鲜、麻辣鲜适量，也可以加点红烧酱油。

（2）辣油的食材及制作：辣油的制作需要洋葱、干辣椒粉、油。锅中入油，加入洋葱，小火炒至水分炒干、洋葱变黄色后捞出。锅中加入菜籽油，辣椒粉中加入盐、味精、鸡精、五香粉、肉桂粉、麻辣鲜，搅拌均匀。待油烧至冒烟时关火，倒入辣椒粉中，边倒边搅，也可以加入点芝麻，正常比例为 4∶1（油∶辣椒粉）。

（3）大蒜制作水：剥一两瓣大蒜，加入少许水，用搅拌器打碎，然后加入少许盐和味精，搅拌使其溶化。

（4）辅料准备：豆芽烫熟，海带切细丝，牛筋面切小正方体状，脆豆腐切条，黄瓜切丝，香菜切碎，花生米（熟）拍碎，小葱切花，米线烫软。

3. 调味

往碗中加入凉皮、米线、豆芽、脆豆腐、牛筋面、海带丝、黄瓜丝，加入汤汁，再加入葱油、辣油、香油、香菜、葱花、大蒜水、花生米，搅拌均匀即可。

七、成品鉴定

形态：色泽乳白或淡黄，外表光滑。

口感：皮滑鲜嫩，香辣爽口，弹性好且有筋道感。

八、思考题

淀粉的选择对成品品质有何影响？

实验三　拉面的制作

一、实验目的

（1）学习拉面的制作方法。

（2）理解拉面制作的基本原理。

二、产品简介

拉面（图 2-3）又叫甩面、扯面、抻面，是我国北方城乡独具地方风味的一种传统面食。民间相传拉面因山东福山抻面而驰名，有起源于福山拉面一说，后来演化成多种口味的著名美食，如兰州拉面、山西拉面、河南拉面、龙须面等。

拉面可以蒸、煮、烙、炸、炒，各有一番风味。拉面的技术性很强，

图 2-3　拉面

要制好拉面必须掌握正确的要领，即和面要防止脱水，晃条必须均匀，出条要均匀圆滚，下锅要撒开，防止蹲锅疙瘩。拉面根据不同口味和喜好还可制成小拉条、空心拉面、夹馅拉面、毛细、二细、大宽、龙须面、扁条拉面、水拉面等不同形状和品种。

三、设备与用具

汤锅、大勺、大漏勺、电子秤、刀具、砧板、不锈钢盆、盘子等。

四、实验原料

配方 1：高筋面粉或特精面粉 500g、水 230～260g、盐 4～5g、蓬灰 2～3g，蓬灰与水的比例为 1：5。

配方 2：高筋面粉或特精面粉 500g、盐 4g、筋力源 F 型 4g、水 250～300g。

五、工艺流程

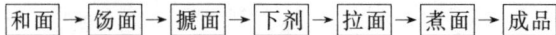
和面→饧面→搋面→下剂→拉面→煮面→成品

六、操作要点

1. 和面

使用配方 2 的原料：面粉 500g、盐 4g、筋力源 F 型 4g、水 250～300g。

和面的水应根据季节确定水温，夏季的水温要低，为 10℃左右，春、秋季的水温为 18℃左右，冬季的水温为 25℃左右。只有在特定的水温下，面粉中所含的蛋白质才不会发生变性，才能生成较多的面筋网络，则淀粉也不会发生糊化，充实在面筋网络之间。夏季调制时，因为气温较高，即使使用冷水，面团筋力也会下降。此种情况下，可适当加入一点盐，以增强面筋的强度和弹性，并使面团组织致密。拉面剂建议选用筋力源 F 型，该产品与传统蓬灰相比，拉面不易断条，面质更"筋"，不含氰、砷、铅等物质，具有速溶的优点。使用时，用温热水将其化开并晾凉（每 500g 筋力源 F 型加水 2500g，可拉面粉 75～90kg）。

首先将筋力源 F 型放入容器里加入少量水溶化备用。将面粉倒在砧板上，同时均匀地把盐散在面粉上，中间开窝，倒入水，500g 面粉用水 250～300g（面粉筋度不同，含水量不同，用水量不同）。第一次用水量约为总用水量的 70%。操作时应由里向外，从下向上抄拌均匀，拌成梭状（雪片状）。拌成梭状后须淋水继续和或一点点加水和。第二次用水量约占总用水量的 20%，另外 10% 的水应根据面团的具体情况灵活掌握。和面时采用搋、揣、登、揉等手法，搋是用手掌或拳撞压面团；揣是用掌或拳交叉搋压面团；登是将手握成虎爪形，抓上面团向前推搋；揉是用手来回搓或擦，把面粉调和成团。和面主要就是搋面，双拳（同时蘸拉面剂水，但要注意把水完全打到面里）击打面团，关键的是当面团打扁后再将面团叠合时一定要朝着一个方向（顺时针或逆时针），否则面筋容易紊乱，此过程大约需要 15min。一直揉到不粘手、不粘砧板，面团表面光滑为止。

另外，拌成梭状是为了防止出现包水面（即水在面团层中积滞），包水面的水和面粉相分离或亲保度不紧密，致使面团失去光泽和韧性。搋、揣、登是为了防止出现包渣面（即面团中有干粉粒），促使面筋较多地吸收水分，充分形成面筋网络，从而产生较好的延伸性。

2. 饧面

面和成团后，可用压面机折叠，反复压至充分光滑，将压好的面团表面刷油盖上湿布或者塑料布或放入打包袋中，以免风吹后发生面团表面干燥或结皮的现象，静置一段时间（至少 30min）。饧面的目的是使面团中未吸足水分的粉粒有一个充分吸水的时间，这样面团中就不会产生小硬粒或小碎片，使面团更加均匀、柔软，并能更好地形成面筋网络，提高面的弹性和光滑度，制出的成品也更加爽口筋道。

3. 搋面

将加好筋力源 F 型的水溶液的面团揉成长条，两手握住其两端上下抖动，反复抻拉，根据抻拉面团的筋力，确定是否需要搋拉面剂。经反复抻拉、揉搓，一直到同团的面筋结构排列柔顺、均匀，符合拉面所需要的面团要求时，即可进行下一道工序。

4. 下剂

将溜好条的面团放在砧板上抹油，轻轻抻拉，然后用手掌压在面团上，来回推搓成粗细均匀的圆形长条状，再揪成粗细均匀、长短相等的面剂，盖上油布，饧 5min 左右，即可拉面。

5. 拉面

拉面方式一：砧板上撒上面粉，将饧好的面剂搓成条，滚上铺面。若拉韭叶、宽面，则用手压扁。面剂。具体做法为：首先两手握住面剂的两端，然后抻拉，拉开后，右手面头交左手，左手两面头分开，右手食指钩住面条的中间再抻拉，待面条拉长后把面条分开；其次右手食指面头倒入左手中指勾住，右手食指再勾入面条中间，向外抻拉，根据左手旁边的面条粗细，用左手适当收面头，反复操作。

拉面方式二：上抛下拉（呈"几"字形），往下是平着面两侧拉，拉时要有爆发力，以一左一右方式上劲，每次最好从中间上劲，拉时左右手均匀用力，4 次上劲均匀即可切条备用。拉面条时须用力均匀，目的是使拉出的面条均匀且不易断，上劲时动作要快。在整个拉面过程中动作越快，面劲越大。若动作慢，则面没劲，易下垂。出条时，两手捏住面的两头，向两侧平拉，掌心向上，提起时，食指与中指放进面的下端，反转后中指拿出，食指挑一端，同时向两端再平拉，拉时与桌面平行且靠近桌面，如此反复，同条可由 2 根变 4 根，4 根变 8 根，面条的根数成倍地增长。面条粗细以扣数多少决定，扣数越多，面条越细。一般毛细 8 扣，细面 7 扣，二细 6 扣。拉好后，左手食指上的面条倒入右手大拇指，用左手中指和食指将右手上的面条夹断，下入锅中煮面。目前，根据面剂成形的不同和扣数的多少，拉面的主要品种有毛细、细面、二细、三细、韭叶、宽面、大宽、荞麦棱等。

6. 煮面

拉面出条均匀即可截断下锅，锅内的水要开且要宽，面条下锅后开大火煮，等面条浮起，轻轻搅动，约 1min 后面条熟，捞于碗中。煮面的锅要用钢精锅、不锈钢锅等不易生锈的锅。

备注：

下面时一定要水等面，不能面等水，面等水容易变形及粘连。

七、成品鉴定

形态：拉面线条均匀、饱满、圆润、无断条。

色泽：乳白。

气味：面香浓郁。

八、思考题

1. 面粉原料的选择对拉面品质有何影响？
2. 和面技术对拉面品质有何影响？

附例：牛肉汤的制作

一、实验目的

（1）熟悉牛肉汤的制作过程。

（2）了解兰州拉面牛肉汤的特点。

二、产品简介

牛肉汤的种类有很多，最为人知的是淮南牛肉汤。淮南牛肉汤因制作方便，营养价值高而被人们喜爱。牛肉富含肌氨酸，其含量比其他食品都高，这使牛肉对增长肌肉、增强力量特别有效。

人体蛋白质需求量越大，饮食中所应该增加的维生素 B_6 就越多。牛肉含有足够的维生素 B_6，可以增强免疫力，促进蛋白质的新陈代谢和合成，从而有助于紧张训练后身体的恢复。

牛肉含有钾和蛋白质，钾是大多数运动员饮食中比较缺少的矿物质。若钾的水平低，则会抑制蛋白质的合成及生长激素的产生，从而影响肌肉的生长。

牛肉是亚油酸的低脂肪来源。牛肉中脂肪含量很低，但富含结合亚油酸，这些潜在的抗氧化剂可以有效对抗举重等运动中造成的组织损伤。

三、设备与用具

不锈钢锅、大勺、大漏勺、刀具、砧板、不锈钢盆、盘子等。

四、实验原料

1. 制汤原料

牛肉、牛骨、土鸡、香菜、蒜苗及各种调料。

2. 复合调料配比有以下两种。

清香型：

（1）白胡椒 200g、姜皮 250g、肉蔻 50g、熟孜然 200g、大茴香 50g、毕拔 50g、丁香 50g、小茴香 50g、花椒 200g、草果 250g、草蔻 50g，搅拌均匀打成粉备用。

（2）浓香型：熟孜然粉 250g、八角 100g、草果 100g、桂皮 30g、香叶 30g、甘草 15g、花椒 230g、黑胡椒 60g、丁香 55g、干姜 65g、白芷 40g、白豆蔻 150g、肉蔻 60g，搅拌均匀打成粉备用。

五、工艺流程

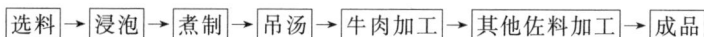

选料 → 浸泡 → 煮制 → 吊汤 → 牛肉加工 → 其他佐料加工 → 成品

六、操作要点

1. 选料

制作牛肉汤时选用牛腿骨、精牛肉、牛肝，调料用细纱布包成调料包。

2. 浸泡

将牛腿骨砸断，牛肉切成 250～500g 的块状，同牛腿骨一起浸泡于清水中，浸泡过的水不可弃去，留作吊汤用。

3. 煮制

将浸泡过的牛肉、牛腿骨、土鸡放入锅中（不能用铁锅，铁锅易使汤汁变色），注入冷水，大火煮沸，撇去汤面上的浮沫，将拍松的姜和调料包、精盐下入锅内煮制；用文火煮制，始终保持汤微沸。煮制 2～4h 后，捞出牛肉、牛腿骨、土鸡、姜和调料包。将牛肝切小块放入另一锅中煮熟后澄清备用（也可和牛肉、牛腿骨、土鸡一起下锅煮制）。

4. 吊汤

将浸泡牛肉的血水和煮牛肝清的汤倒入牛肉汤中，大火煮沸后，改用文火，用手勺轻轻推搅，撇去汤面上的浮沫，使汤色更为澄清。

汤是拉面的根本，若鲜、香味不足，则须进一步吊制。进一步吊制的方法是：首先，停止加热，汤中的脂肪便会逐渐上浮与水分层，将未发生乳化的浮油撇除干净，以免在吊汤时继续乳化，影响汤汁的清澈度；其次，用纱或细网筛将原汤过滤，除去杂质；再次，将生牛肉中的精牛肉斩成蓉，加清水浸泡出血水，然后将血水和牛肉一起倒入汤中，大火烧开后改成文火；最后，等牛肉蓉浮起后，用漏勺捞起，压成饼状，再放入汤中加热，使其鲜味溶于汤汁中，加热一段时间后，将浮物去除。在行业中，此法被称为"一吊汤"。若需要更为鲜纯的汤，则需"二吊汤"或"三吊汤"。

5. 牛肉加工

将煮熟的牛肉切成边长为 1.5cm 的丁。牛肉切好后放入锅内添汤，加入适量虾酱、蚝油、生抽、盐、味精、胡椒粉，烧开，撇去浮沫，小火焖入味，汤汁收干备用。

6. 其他佐料加工

蒜苗、香菜的加工：蒜苗洗干净，切成蒜苗花；香菜洗干净，切成末备用。

备注：

（1）煮汤先用旺火烧开，然后转成小火，汤面保持似开不开的状态，直到制成为止。若火力过旺，则会使汤色容易浑浊，失去澄清的特点；若火力过小，则影响汤汁的鲜醇。

（2）凉水浸泡原料 1h 以上，使各原料内部各营养成分凝固，熬出的汤鲜香味美。

（3）原料氽水要氽透。

（4）煮汤用的水要一次加足。如果中途加入冷水，汤汁温度突然下降，就会破坏原料受热的均衡，影响原料内可溶性物质的外渗。若万不得已要加水，则只能加入开水冲到汤锅里，严禁往汤锅内加入冷水。

（5）煮汤的原料均应冷水下锅，如果投入沸水中，原料表面骤受高温而易凝固，则会影响原料内部的蛋白质等成分溢出，汤汁达不到鲜醇的目的。

（6）兑调味水调味。将适量复合调料（量的多少视各地不同饮食习惯而定）放入水中用文火煮（放入肝汤中煮更好），待煮出香味后，进行沉淀或过滤，过滤后与吊过的牛肉汤兑在一起，其目的是增加汤的香味（但注意制汤时加香料太多，会影响汤的色泽），最后加盐和味精，即成牛肉拉面所用的牛肉汤。

7. 辣椒油的制作

选用辣度适中、颜色鲜艳的辣椒面，油选用一级精炼菜籽油或色拉油。先将油烧热（菜籽油炼去浮沫烧熟），放入葱段、姜片、砸破的草果、小茴香，炸出香味，待油温降至 120℃ 左右时，捞出调料。在辣椒面中放入少许盐，倒入温油炸，一般 500g 辣椒面用 2500～3500g 油，炸透后放置 24h 以后可用。

七、成品鉴定

形态：色泽诱人，以红油与汤融合度高为佳。盛于碗中，则一清（汤清）、二白（萝卜白）、三红（辣椒油红）、四绿（蒜苗、香菜绿）。

气味：肉汤醇厚浓郁，充满牛肉特有的香味。

八、思考题

1. 面粉原料选择对拉面品质有何影响？
2. 和面技术对拉面品质有何影响？
3. 牛肉与辣椒原料选择有何讲究？

实验四　烧麦的制作

一、实验目的

(1) 掌握烧麦的制作方法。

(2) 掌握蒸制食品的基本原理。

二、产品简介

烧麦（图 2-4）又称烧卖、稍美、肖米、稍麦、稍梅、烧梅、鬼蓬头。在日本被称为烧壳，是形容顶端蓬松如花的形状。烧麦是一种以烫面为皮，裹馅上笼蒸熟的小吃，形如石榴，洁白晶莹，馅多皮薄，清香可口，兼有小笼包与锅贴的优点，民间常将其作为宴席佳肴。

烧麦在我国土生土长，历史相当悠久，明末清初起源于北京。在北京、天津人们称之为烧麦，而后至江苏、浙江、广东、广西一带，人们称之为烧卖。南北方的烧麦在制作材料和做法等方面有很大差异。

图 2-4　烧麦

三、设备与用具

蒸笼、炒锅、大勺、大漏勺、电子秤、刀具、砧板、不锈钢盆、盘子等。

四、实验原料

鸡蛋 4 个、虾仁 200g、鸭油 150g、鸡汁 5g、味精 5g、淀粉 10g、黄酒 2g、香葱末 10、精盐 5g 各少许。

五、工艺流程

制作烧麦皮 → 调馅 → 包制 → 蒸制 → 成品

六、操作要点

1. 制作烧麦皮

将鸡蛋打开搅匀。取炒勺在小火上烧热，放入一点鸭油，并用净布轻轻擦一遍，使炒勺内均匀分布少量油。将调好的蛋汁倒一汤匙于炒勺内，在火上燎，边燎边将勺子转动，摊成圆形蛋皮。

2. 调馅

将洗净的虾仁沥干水分略剁碎，将鸭油 100g，黄酒、精盐、香葱、淀粉、味精各少许拌入虾仁内做成馅料。

3. 包制

在蛋汁摊成圆形时，取一些虾仁肉馅放在勺内的蛋皮上，用筷子夹成烧卖形状，共制成 20 只。包制鸡蛋烧卖时要逐个做皮，逐个包，在蛋皮未成熟时包起。如果蛋皮已熟，包口就粘不起来了。

4. 蒸制

将包制好的烧麦放入蒸笼内蒸制 8min 左右至熟，盛入盘内，浇上热的鸡汁即成。

备注：

(1) 正宗的烧麦皮要用专门的擀面杖，家里一般用普通的擀面杖，可以把外边压出褶皱，像荷叶裙边的样子就可以了。

(2) 包制烧麦的时候不用收口，用拇指和食指握住烧麦皮的边，轻轻收一下就可以。

(3) 蒸制之前一定要在烧麦表面喷水，因为擀烧麦皮的时候，要加许多面粉，这样才能压出荷叶裙边。如果不喷水，则蒸好的烧麦皮会很干。

七、成品鉴定

形态：外表淡黄，皮薄馅大。

口感：鲜嫩可口，味极鲜美。

八、思考题

1. 烧麦皮与饺子皮有何不同？制作时有何技巧？

2. 烧麦的馅心有哪些类型？

实验五　煎饼的制作

一、实验目的

（1）掌握煎饼的制作方法。

（2）熟悉煎饼制作的基本原理。

二、产品简介

煎饼（图 2-5）是我国北方地区的传统主食之一，相传发源于山东泰山，历史悠久，由饼鏊的产生可以追溯煎饼距今已有 5000 多年的历史。

图 2-5　煎饼

煎饼可用麦、豆、高粱、玉米等多种谷物制作，从原料上分，有小麦煎饼、玉米煎饼、米面煎饼、豆面煎饼、高粱面煎饼，地瓜面煎饼等。它的制作原理是将所选原料磨粉、调成糊状，摊制之前，先在电饼铛上面擦一遍油，用舀勺将面糊舀到电饼铛上，用筢子沿电饼铛将面糊摊一圈，如此将面糊推开成薄饼。再用筢子反复涂抹，以使面糊分布均匀。煎饼很快就可烙熟，需要及时用铲子沿锅边把摊好的煎饼抢起揭下，再卷入各种蔬菜、鸡蛋、肉等配料，营养丰富、食用方便，是人体补充能量的基础食物，深受人们喜爱。

三、设备与用具

电饼铛、筢子/竹蜻蜓、料理机、电子秤、刀具、砧板、勺子、不锈钢盆、蛋蓬、铲子。

四、实验原料

面粉 250g、玉米粉 40g、黄豆粉 70g、小米粉 80g、盐 5g、小苏打 3g、油

20g、水 480g、鸡蛋 1 个。

五、工艺流程

| 原料混合、加水调制面糊 |→| 摊制 |→| 刷酱、卷辅料 |→| 成品 |

六、操作要点

1. 原料混合、加水调制面糊

将面粉、玉米粉、黄豆粉、小米粉、盐、小苏打混合均匀，加入水调制成面糊状。

2. 摊制

用勺子将调好的面糊盛在电饼铛上，用笆子快速均匀摊开。

3. 刷酱、卷辅料

打入鸡蛋，涂抹均匀，将酱和辅料放在上面卷起即可。

备注：

若面糊稀，则摊制时用竹蜻蜓推开面糊；若面糊稠，则摊制时用笆子推开面糊。煎饼的厚薄由摊制时面糊的多少决定。

七、成品鉴定

成品为圆形，呈浮白（如大米、小麦煎饼）、淡黄（如小米、玉米、谷子煎饼）、暗黄（如大豆、花生煎饼）、浅棕（如地瓜、高粱煎饼）色。用多种原料科学搭配的煎饼，营养丰富，松酥柔软，便于存放，易于携带。

八、思考题

1. 用不同原料制作的煎饼的口感有何不同？

2. 配料的搭配可以有哪些选择？

实验六　芥末春卷的制作

一、实验目的

（1）学习传统面食的相关知识。

（2）学会制作春卷。

二、产品简介

春卷又称春饼、春盘、薄饼，是我国民间节日食和的一种传统食品，在我国有着悠久的历史，是由古代立春之日食用春盘的习俗演变而来的。春盘始于晋代，初名五辛盘。五辛盘中盛有 5 种辛荤的蔬菜，如小蒜、大蒜、韭、芸薹、胡荽，是供人们在春日食用后发五脏之气用的。元代《居家必用事类全集》中出现将春饼卷裹馅料油炸后食用的记载。清代出现了春卷的名称，此时春卷不但成为民间小吃，而且成为宫廷糕点，登上大雅之堂。在清朝宫廷中的满汉全席的 128 种菜点中，春卷是 9 道主要点心之一。如今春卷流行于我国各地，在南方，过春节不吃饺子，吃春卷和芝麻汤圆；漳州一带清明时节也吃春卷。除供自己家食用外，春卷也常用于待客，其制作原理为：向面粉中加入少许水和盐搅拌揉捏后放在平底锅中摊烙成圆形皮子，然后将制好的馅心摊放在皮子上，将两头折起，卷成长卷下油锅炸成金黄色即可。

成都的春卷历来很有特色，制作时多用面粉加水和少许川盐调制成湿面团，用云板锅摊成春卷皮，卷食各种凉拌菜肴或韭黄肉丝、蒜苔肉丝等炒制菜肴。各种春日的新鲜蔬菜被细嫩而绵韧的春卷皮包裹，加上芥末粉、酱油、醋、辣椒粉、熟芝麻、花生碎粒，构成别具风格的芥末味型，即为芥末春卷（图 2 - 6）。芥末强烈的辛椒辣味，可使人精神为之一振。它还有健胃、利气、祛痰、发汗散寒、消

图 2 - 6　芥末春卷

肿、止痛的作用，食后让人感到浑身通泰。蜀人在饮食上自古就有"好辛香、尚滋味"的特点，而芥末春卷恰好充分体现了这一特点，自然为成都人所喜爱，成为一方名食。

三、设备与用具

汤锅、炒锅、大勺、大漏勺、电子秤、刀具、砧板、不锈钢盆、盘子。

四、实验原料

（1）春卷皮原料：特级面粉 500g、水 400g、盐 3g。

（2）馅料：红白萝卜 250g、莴笋 250g、绿豆芽 500g、银丝粉条 500g、味精 2g、精盐 25g、酱油 25g、醋 50g、花椒粉 20g、辣椒粉 50g、芥末粉 10g、鸡丝 300g、花生仁 50g、熟芝麻 50g、绍酒 25g、胡椒粉 1g、化猪油 50g。

五、工艺流程

制作春卷皮 → 调夹馅 → 卷裹油炸、装盘 → 成品

六、操作要点

1. 制作的春卷皮

（1）面糊制作：500g 面粉中加入 400g 左右的水（可以做出直径为 35cm 的面皮 15～20 个），用搅拌器搅匀成厚面糊（各地面粉不同，需水量有异，面糊的稀软程度很重要，以手能抓住面糊、手心向下而面糊仍能抓住不下滑为宜。面糊过稀会粘手且做不出薄皮，过厚会粘不住锅且不易操作。面糊中加入 3g 盐，增加面糊的韧性，再加入半汤匙植物油，搅匀，防止摊皮时粘锅。

（2）面糊饧发：将和好的面糊盖好、放入冰箱饧发 2h 后方可使用。

（3）摊春卷皮：将平铛擦净涂上一层薄油（油不可太多，只要一薄层即可），防止粘锅。将平铛放在火上加热至 6 成热（150℃），用手蘸水从饧好的面糊中揪取 3 个鸡蛋大小的面料，放入平铛中由外至里一圈一圈地推动面料（通常是逆时针推），将面料摊成一个圆形薄饼，将多余面料用手揪出放回面盆。若有小洞，则可用手中的面糊再补上。如果洞太多，则可用叉或小刀刮平。

（4）锅中面皮，数秒钟后，外边即向内卷起，轻轻一揭，便成一张春卷皮，放在盘中备用。

（5）另取一些面粉于碗中，加入沸水烫熟呈稀面糊备用。

2. 调夹馅

将红白萝卜、莴笋切成细丝与绿豆芽过沸水焯熟，加入煮熟的银丝粉

条，码盐加味精拌匀，熟鸡丝按需混拌；芥末置锅内炒干水分，研磨成粉，用开水加醋调成糊状，再加入少许菜油调匀，用容器置于热水中温成芥末酱。

3. 卷裹油炸、装盘

将面皮摊平，夹入拌好的馅丝，加入一撮碎花生仁，将两头折起。卷筒后边缘抹上烫好的稀软面糊，对折，边缘捏紧，油炸温度5～6成（30℃/成），炸至金黄色捞出放入盘中，摆成图案。撒上熟芝麻，浇入酱油、醋、辣椒粉、花椒粉即成。

七、成品鉴定

成品皮薄酥脆、色泽金黄、馅心香软，别具风味。

八、思考题

1. 制作合格的春卷皮有哪些注意事项？
2. 不同地区还有哪些春卷的制作方法？

附例1：大蟹春卷的制作

一、实验原料

大蟹肉200g、春饼4片、芽菜10g、菊花瓣1g、蟹肉调料1g、炼乳5g、奶油5g、盐2g、白胡椒2g、醋辣酱2g、韩国辣酱50g、蒜3g、雪碧8g、韩国醋25g、白糖12g。

二、制作过程

1. 把大蟹肉在已经放入韩国烧酒的蒸锅里蒸制7～8min后取出，把肉剔出，根据比例完成蟹肉调料并与蟹肉拌匀。
2. 将春卷皮卷成圆锥形并按比例完成醋辣酱调料。
3. 在春卷皮里抹上些醋辣酱调料，然后把拌好的蟹肉塞入里面，用芽菜和菊花瓣装饰即可。

三、成品特点

包裹在有韧性的春饼里的清甜蟹肉是这道菜的灵魂所在，芽菜和菊花瓣更是让菜品生动起来。

附例 2：普通春卷的制作

一、实验原料

春卷皮 12 张、五香豆干 200g、猪肉 150g、卷心菜 100g、胡萝卜 80g、淀粉、调料适量、食用油 500g、酱油 10g、精盐 10g。

二、制作过程

1. 五香豆干洗净，卷心菜拨开叶片、洗净，胡萝卜洗净、去皮，均切丝备用。

2. 猪肉洗净、切丝，放入碗中，加入酱油、淀粉拌匀并腌制 10min。

3. 锅中倒入适量油烧热，放入猪肉丝炒熟，盛出。

4. 用余油把其余馅料炒熟，再加入猪肉丝及精盐炒匀，最后浇入水淀粉勾薄芡即为春卷馅。

5. 把春卷皮摊平，分别包入适量的馅卷好。放入热油锅中炸至黄金色，捞出沥油即可。

备注：
春卷封口可用稀面糊，也可用蛋清。

实验七　老面狮子头的制作

一、实验目的

（1）学习老面狮子头的相关知识。

（2）学会老面狮子头的制作方法。

二、产品简介

老面狮子头（图 2-7）是与花卷、包子、馒头类似的面食，是我国的传统面食。它的制作工序为：用老面做酵头揉制面团，醒发后用纯碱调节面团酸碱度，擀制成薄片后，刷油并撒上调料，卷紧实，切分、折叠成狮子头形状后醒发再蒸熟，油炸至金黄色即可。老面狮子头色泽金黄油亮，外形精致，状如小狮子头，香脆可口，营养丰富，味道鲜美。

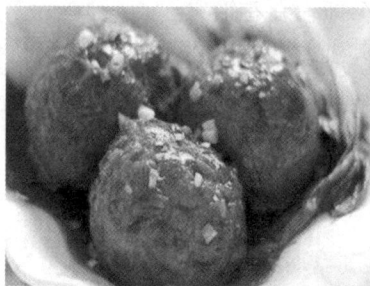

图 2-7　老面狮子头

三、设备与用具

蒸锅、滚轴擀面杖、大勺、大漏勺、电子秤、刀具、砧板、不锈钢盆、盘子。

四、实验原料

（1）和面原料：面粉 500g、水 230g、酵头 100g/500g 面粉（也可用酵母醒发）、纯碱 1.7g/500g 面粉（面团醒发后再加入碱）。

（2）调料：盐 3 勺、味精 2 勺、鸡精 1.5 勺、五香粉、麻辣鲜、十三香、南德。

五、工艺流程

和面 → 调料制作 → 加碱揉面 → 擀面 → 调味 → 造型、蒸制 → 油炸 → 成品

六、操作要点

1. 和面

将老面用水和匀，倒入面粉中，揉至面团光滑，烤箱温度调至50℃静置醒发（也可用酵母醒发）。

2. 调料制作

姜末100g（备用）、3勺盐、2勺味精、1.5勺鸡精、五香粉、麻辣鲜、十三香、南德适量，擀面杖擀碎并调均匀备用。

3. 加碱揉面

面团醒置一段时间后，若手拍面团发出嘭嘭的声音，扒开面团有气孔，有酸味，则开始加碱。加碱的方法为：每500g面粉发的面团中加入1.5g纯碱，纯碱中加点面粉将面团铺平撒碱粉并撒点水，化碱后将面团沿同一方向揉，将碱充分揉开。面团揉至无酸味且有淡淡的碱香味时用压面机压几遍备用。

4. 擀面

压好的面团用滚轴擀面杖擀至厚2mm、宽35cm的长条形。

5. 调味

刷子蘸老炸油（香），将面皮表面刷油后撒上调料用手抹均匀，再撒一层姜末用手抹均匀。

6. 造型、蒸制

将面皮卷起来，边卷边压实，卷紧卷实，两头卷平不要毛边，收口向下。稍压扁，切成宽2cm的小剂子，两头拉长对叠，筷子头压住一头1/3处，另一头呈S形折叠，叠3层后用筛子从中间压紧，整形后上蒸笼醒发。待面胚体积约为原来的1.5倍时上火蒸制，水开后计时，根据狮子头大小蒸制时间为5～8min，每增加1层蒸笼时间增加2min。蒸好的狮子头完全冷却后备用。

7. 油炸

油温4～5成（30℃/成），炸至表面金黄（10min左右），炸时用勺不停搅拌并舀油往狮子头上浇。

备注：

（1）蒸制完成的狮子头完全冷却后，放入烤箱50℃加热约90min，外皮烤硬，油炸时更省时间，色泽更好。

（2）纯碱的追加：在1.5g/500g面粉的基础上视个人喜好及温度等情况灵活掌握。若

气温高，则用碱量大，一次可达 3g/500g。

七、成品鉴定

形态：色泽金黄，形态饱满，状如小狮子头。

口感：香脆可口、略带碱香，质地均匀。

八、思考题

1. 老面狮子头的制作有何特点？
2. 老面狮子头与用酵母发酵制作的狮子头有何区别？

实验八　月牙蒸饺的制作

一、实验目的

（1）掌握月牙蒸饺的制作方法。

（2）掌握食品蒸制的基本原理。

二、产品简介

月牙蒸饺（图2-8）是一道以精面粉、猪前夹肉蓉为主要原料，以色拉油、绵白糖、虾子等为辅料做成的小吃，因为形似新月，故得名月牙蒸饺。成品月牙蒸饺口味偏咸，皮薄馅多，卤水盈口。月牙蒸饺的做法为：将开水面团揉匀，搓成长条，揪成小剂，逐只按扁，再擀成中间厚、四周稍薄的圆皮，包入馅料，一边边捏出尾棱形褶皱，呈月牙形生饺坯，蒸熟即成。

图2-8　月牙蒸饺

三、设备与用具

蒸笼、炒锅、大勺、大漏勺、电子秤、刀具、砧板、不锈钢盆、盘子。

四、实验原料

1. 面团原料：面粉500g、开水260g（开水烫面）、盐2g。

2. 馅料：猪前夹肉蓉500g、大白菜100g、葱花、姜末、盐、味精、胡椒粉、白糖、黄酒、蚝油、生抽、十三香、色拉油。

五、工艺流程

制作面团 → 调馅 → 擀皮 → 造型 → 蒸制 → 成品

六、操作要点

1. 制作面团

水烧开，倒入面粉中充分拌匀后，倒于桌面揉成团，将面团揪成小剂散热，充分散热后，将面团和成团，压面机将面团压光滑备用。

2. 调馅

大白菜切丝放盐腌一下，变软后挤去多余的水分；将大白菜、猪前夹肉蓉、香菇、姜、葱抓均匀，加入盐、味精、鸡精、白糖、胡椒粉、十三香、蚝油、生抽/味极鲜充分搅拌均匀后放入碗中备用。

3. 擀皮

面团搓成条下剂子，每个剂子为 8～10g，面皮直径为 7～8cm（也可大点）。

4. 造型

馅心按实，使其呈椭圆形时再包；饺子皮前高后低，（面向自己的一半要高于后面的一半）；将饺子皮放在左手虎口处，用右手捏出花纹（类似包子褶子）；褶子要均匀，收好口后整形，两边与桌面平行。

5. 蒸制

水开后，中火蒸制，3 笼蒸 10min 即可（开笼看一下，视饺子皮的厚薄程度适当增减时间）。

七、成品鉴定

成品形似新月，皮薄馅多，卤水盈口，口味咸鲜。

八、思考题

1. 为便于月牙蒸饺的包制，其馅心制作有何要求？
2. 为何要用开水烫面？

实验九　油条的制作

一、实验目的

(1) 掌握油条的制作方法。

(2) 理解油条蓬松的基本原理。

二、产品简介

油条 (图 2-9) 是一种古老的长条形中空的油炸中式面食，口感松脆有韧劲，是我国传统的早点之一。北魏农学家贾思勰所著的《齐民要术》中就记录了油炸食品的制作方法。油条是南宋以后对油炸面食的又一创新。油条的叫法各地不一，东北和华北很多地区称之为"馃子"；安徽一些地区称之为"油果子"；广州及周边地区称之为"油炸鬼"；潮汕地区等地称之为"油炸果"；浙江地区称之为"天罗筋"。油条是以面粉为主要原料，加入适量的水、食盐、添加剂，进行揉和，再加入适量纯碱、食盐经拌合、捣、揣、醒发，然后切成厚 1cm、长 10cm 左右的条状物。把每两条面块上下叠好，用窄木条在中间压一下，旋转后拉长放入热油锅里炸，最终膨胀成一根松、脆、黄、香的条形食品。

面团醒置过程中，产生二氧化碳气体，还会产生一些有机酸类，二氧化碳气体使面团产生许多小孔并膨胀起来；有机酸会使面团有酸味，加入纯碱可以把多余的有机酸中和掉，并能产生二氧化碳气体，使面团进一步膨胀。同时，纯碱溶于水发生水解，后经热油锅一炸，由于有二氧化碳生成，炸出的油条更加疏松。当油条进入油锅时，发泡剂受热产生气体，油条膨胀。但是由于油温度很高，油条表面立刻硬化，影响了油条继续膨胀，于是炸制油条时采用每两条面块上下叠好，用竹筷在中间压一下的方案，两条面块之间

图 2-9　油条

的水蒸气和发泡气体不断溢出，热油不能接触到两条面块的结合部，使结合部的面块处于柔软的糊精状态，可不断膨胀，油条也就愈来愈蓬松。

油条炸得松、脆、黄、香的制作要领是：每两条面块上下叠好，用竹筷在中间压一下，不能压得太紧，以免两条面块粘连在一起，两条面块的边缘绝对不能粘连；也不能压得太轻，要保证油条在炸的时候两条面块不分离。旋转就是为了保证上述要求，同时在炸的过程中，容易翻动。双手轻捏两头时，应将两头的中间轻轻捏紧，在炸的时候两头也不能分离。

三、设备与用具

炒锅、大勺、长筷子、电子秤、刀具、砧板、不锈钢盆、盘子。

四、实验原料

面粉 1000g、泡打粉 18～20g、改良剂 8～10g、小苏打 6～8g、食用臭粉 6～8g、盐 20～24g、鸡蛋 2 个、白糖 30～34g、色拉油 40～60g、水 500～580g、炸油 4～5kg。

五、工艺流程

制作面团→揣面→醒置→制条→油炸→成品

六、操作要点

1. 制作面团

将各原料称好，水中放入食用臭粉，其余原料混合均匀后，加水快速搅拌均匀。

2. 揣面。

方法：两手握拳，垂直向下不断揣面，揣面面积变大时，将面团对叠，继续揣，手粘面揣两遍后，手蘸油再揣。再次变大时，将面铲起对叠，桌面抹油，手抹油，继续揣至面团非常柔软，有韧性及弹性，有气泡出现则表示面团已揣透，即可结束揣面过程（一般为 5min 左右）。此后面团加入面粉揣，对叠几次揣均匀，叠成长方形，表面可见大的气泡，放入保鲜盒，表面拍一层油，盖上保鲜膜压平不漏气，加盖松弛（若有搅拌机，则可用搅拌机搅面，以省去手揣步骤）。

3. 醒置

揣面结束后静置 20min 再揉成光滑的面团，然后盖上保鲜膜饧发 3～6h，冬天饧发时间长，夏天饧发时间短。

4. 制条

将饧发好的面团放在撒了干面粉的砧板上，擀成长方形，切成宽 2cm 左右的条状，用手将长条拉长，两条叠在 起，用筷子在中间按压出凹槽。

5. 油炸

将锅烧热，倒入多一点的油，油温烧至八九成热时，下入油条炸至浮起、颜色金黄即可。

七、成品鉴定

形态：色泽金黄、形态饱满膨大。

口感：香、酥、脆、有韧性。

八、思考题

1. 能使油条炸得松、脆、黄、香的制作要领是什么？

2. 充分揣面有什么作用？

实验十　佛手酥的制作

一、实验目的

(1) 掌握佛手酥的制作方法。

(2) 熟悉津味小八件的基本制作方法。

二、产品简介

佛手酥（图 2 - 10）寓意佛缘善果，佛与福谐音，佛手就是福手，取其美意寄托祝福。佛手酥是传统中式点心津味小八件之一。津味小八件：荷苞酥、梅花酥、佛手酥、芝麻酥、喜字饼、寿字饼、寿桃饼、莲叶饼。佛手酥是以面粉、玉米油、豆沙、莲蓉、山楂等为原料制作出水油面团、

图 2 - 10　佛手酥

油酥面团后，进行包酥、开酥、包馅、焙烤制作而成的美味点心。用玉米油替代白油开酥，既营养健康，又解决了高油高热量的问题。佛手酥形似佛手，层次分明，口感酸甜适口，香醇回甘。

三、设备与用具

烤箱、擀面杖、硅胶垫、电子秤、刀具、砧板、不锈钢盆、盘子若干。

四、实验原料

1. 水油面团原料：中筋面粉 218g、白糖 20g、水 75g、玉米油 68g。

2. 油酥面团原料：低筋面粉 190g、玉米油 75g。

3. 馅料：山楂、莲蓉、豆沙均可，每个馅心的重量大约为 20g，团成圆球待用，红曲食用色素适量。

（采用以上原料可制作佛手酥 16 个。）

五、工艺流程

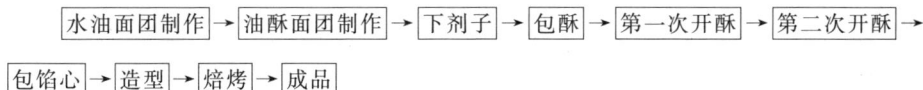

六、操作要点

1. 水油面团制作

取中筋面粉、糖、水和玉米油，和成面团充分擦匀，放在盆中，盖上保鲜膜醒置 20min 备用。

2. 油酥面制作

取低筋面粉、玉米油，和成面团，放在盆中，盖上保鲜膜醒置 20min 备用。

3. 下剂子

将醒置好的水油面团平均分成 16 份，将油酥面团也平均分成 16 份。分好后要盖上保鲜膜，防止表皮变干。

4. 包酥

取一块水油面剂，按成薄片，将油酥包在其中，包好后收拢尾部，稍作整理。使用此法包好全部面剂。

5. 第一次开酥

取一个包好的面剂，擀成牛舌状的面皮。将面皮从上向下卷，卷成小棒，卷得尽量紧实些。使用此法卷好全部小棒，卷好后要盖上保鲜膜，松弛 10min。

6. 第二次开酥

取一个小棒，把有接口的一面向上，纵向放在面板上。继续擀成牛舌状面皮，这次擀得要稍长一些。将面皮从上向下卷，卷成小棒，卷得尽量紧实些。使用此法卷好全部小棒，卷好后要盖上保鲜膜，继续松弛 10min。

7. 包馅心

取一个小棒按扁，把有接口的一面向上，将两端向中间裹，裹成一个圆球面剂。按扁面剂，擀成周围稍薄、中间稍厚的面皮，把馅心放在面皮中心，包好。

8. 造型

包好后，收拢尾部，稍作整理。捏成一头宽、一头尖的水滴状。尖头要厚，宽头要略按扁一些。在宽头的这一端用小刀在 2/3 处压扁，1/3 处不变，割出细且整齐的刀纹。将宽头一侧的边缘向下卷，整理成佛手的形状。

9. 焙烤

包好的点心在表面用食用色素进行装饰，烤箱上下为 180℃，焙烤 20min 出炉。

备注：

（1）馅芯是买来的，甜度高，故实验中糖的用量不多，口感适中，可以根据个人的喜好增加糖的用量。

（2）每种面粉的吃水量不同，须根据面粉情况增减水的用量。

（3）根据不同烤箱实际情况设置温度及烤制时间。

（4）此配方包入馅心后根据造型不同可做齐津味小八件。如果做单款小点心，则可以做出 16 个；如果想做齐津味小八件，则每款可做出 2 个。可根据需要的数量增减用料。

七、成品鉴定

形态：色泽金黄、形似佛手、图案别致。

口感：酸甜适口、香醇回甘。

八、思考题

为保证产品质量，开酥的过程中有哪些注意事项？

第三章 肉制品工艺学实验

肉制品（meat products）是指用畜禽肉为主要原料，经调味制作的熟肉制成品或半成品，如香肠、火腿、培根、酱卤肉、烧烤肉等。也就是说，所有的用畜禽肉为主要原料，经添加调料的所有肉的制品，不因加工工艺不同而异，均被称为肉制品。包括香肠、火腿、培根、酱卤肉、烧烤肉、肉干、肉脯、肉丸、调理肉串、肉饼、腌腊肉、水晶肉等。

一、肉制品的常见分类

根据我国肉制品最终产品的特征和产品的加工工艺，可以将肉制品分为以下十大类：香肠制品、火腿制品、腌腊制品、酱卤制品、熏烧烤制品、干制品、油炸制品、调理肉制品、罐藏制品、其他类制品。

二、肉制品的包装要求

包装的目的在于防止细菌对产品的污染，从而保证产品质量。在制造、流通、销售和消费的各阶段里，即从工厂到消费者手中的过程中，产品总会接触人手，污染随时可能发生，所以要通过包装来防止细菌污染。包装还能起到广告的作用，吸引消费者的注意力。

肉制品的包装必须满足一定的要求。肉制品所使用的包装材料大部分是塑料。塑料具有比纸和金属等包装材料更广泛的包装性能，一种包装材料可同时具有几种性能。塑料薄膜的层压粘贴技术或涂层技术可以补充单张薄膜的不足性能，利用层压/涂层技术可开发出多种用途的薄膜。

实验一　五香脱骨扒鸡的制作

一、实验目的

了解并掌握五香脱骨扒鸡的制作方法。

二、产品简介

五香脱骨扒鸡（图 3-1）是我国的一种传统风味食品，制作时用微火慢焖至烂熟，故名"扒鸡"。产品色泽红润，表皮光亮，质地酥烂，骨肉分离，具有浓郁的五香味，造型美观，营养丰富，老少皆宜，深受广大消费者的喜爱。

在我国，五香脱骨扒鸡的加工历史悠久，驰名中外，有考证年限的就达几百年的历史。例如，德州扒鸡已有 300 年的历史，禹城五香脱骨扒鸡，已有 200 余年的历史。五香脱骨

图 3-1　五香脱骨扒鸡

扒鸡加入了多种药材烧制，故称"五香"；成熟后提起鸡腿一抖，肉骨即行分离，谓之"脱骨"。它具有制作独特、肉烂脱骨、色鲜味美、肥而不腻、营养丰富等特点。

由于我国幅员辽阔，各地加工方法略有不同，形成了不同风味、不同特点的脱骨扒鸡，如德州扒鸡、道口烧鸡、符篱集烧鸡、沟帮子熏鸡、禹城五香脱骨扒鸡等。

三、设备与用具

剪刀、刷子、铁箅子、铁锅等。

四、实验原料

以 100kg 五香脱骨扒鸡为例：桂皮 200g、桂条 200g、大料 200g、白芷 200g、白奈 150g、花椒 1000g、玉果 1000g、丁香 15g、紫叩 10g、砂仁 10g、陈皮 200g、鲜姜 300g，另加酱油 1500g。

五、工艺流程

宰杀 → 去毛 → 去内脏 → 造型 → 烫皮、上色 → 油炸 → 煮制 → 成品 → 包装

六、操作要点

1. 宰杀

采用颈下"切断三管（气管、食道、血管）"宰杀法，其特点是：死亡迅速，大约 30s 死亡；有助于后面的鸡体造型。然后要把血放净，保持鸡身体色的鲜艳。通常是将鸡倒挂并固定在宰杀架上，用左手掐住头颈并将颈皮向外拉（这样可使伤口较小，造型美观），再用右手将剪子张开，并将剪刀紧贴颈骨插入，然后向外旋转 90° 迅速剪断"三管"。

2. 去毛

用 70~75℃ 的热水浸烫 2~3min 后即行煺毛。煺毛的顺序是：头颈→两翅→背部→腹部→两腿。将鸡周身的大小毛、爪皮、嘴毛搓去。去毛时一定要注意不是拔毛，而是搓毛，只有这样才可把大毛、绒毛同时去除；否则绒毛很难去除。

3. 去内脏

在肛门的上部，即鸡尖的中部插入第一剪刀（这样可去除鸡尾脂腺），然后围绕肛门剪切，形成以肛门为中心的直径 3~4cm 的小开口。用两手指伸入小开口剥离鸡油，取出鸡的全部内脏，用冷水清洗鸡体内部及外部。注意摘去鸡嗉、气管等物。冲洗时最好准备 1 根细水管，左手抓住鸡身，使肛门一端朝下，右手用水管伸入下端开口处，用流水冲洗鸡的内部，以防鸡油粘在鸡外皮上，影响挂糖上色。

4. 造型

将鸡的两脚爪交叉插入腹腔内，把头别在左翅下（做法是：将右手中指从鸡嘴方向伸进，从头颈开口处伸出，再用左手拿左翅，由头颈开口处的右手中指带入，从鸡嘴方向伸出，再将小翅折回），此造型为"盘腿填腹，九龙八卦"。

5. 烫皮、上色

将整形后的鸡放入 90℃ 左右的热水中浸烫 1~2min 后捞出，待鸡身水分

晾干后刷糖液。糖液的配制是 1 份饴糖加 60℃的热水 3 份，调配成上色液。用刷子将糖液均匀刷于造型后的鸡体外表，晾干表面水分。

6. 油炸

将刷好糖液的鸡放入加热至 170～180℃的植物油中翻炸 1～2min，待鸡体表面呈金黄色时即可捞出。炸鸡动作要轻，不要把鸡皮弄破而影响感观。

7. 煮制

将所有香料包在纱布中，放入煮锅的中间。加盐量按季节和卤汤的多少而定（将葱段和少许盐直接放入鸡腹内）。炸好的鸡按顺序在锅内摆好，要求摆放 1 层鸡洒 1 层盐，这样可保证每只鸡的咸淡均匀。然后加入 1/2 老汤和 1/2 水，汤量应与鸡齐，在鸡身上加铁箅子压实，铁箅子上再压几块石头，以防锅内摆好的鸡上浮。用大火烧开后以微火焖煮 1～6h（焖煮时间根据鸡的大小而定，肉食鸡可焖 1～1.5h，蛋鸡可焖 4～6h），至各料浸入，鸡熟烂、脱骨时，用漏勺捞出。

8. 成品

外形完整，造型美观，色泽酱黄带红，味香肉烂。

9. 包装

待冷却至室温时准备包装。

七、成品鉴定

成品外形较为完整，表皮光亮，颜色呈酱黄带红，味香肉烂，骨肉分离，入口即化。

八、思考题

在制作无骨扒鸡的过程中应该注意什么？

实验二 酱板鸭的制作

一、实验目的

（1）掌握酱板鸭的制作方法。

（2）掌握酱卤的基本原理及制作要领。

二、产品简介

酱板鸭（图3-2）是湖南的一道名菜，是以鸭、酱料为主，经30多种名贵中药浸泡，10余种香料，通过杀鸭、褪毛、擦盐、复腌、最后用谷草引火，撒上糠壳，待初烧青烟散去，将鸭子反复熏烘至金黄色而成的一道美食。酱板鸭具有活血、顺气、健脾、养胃、美容的功效及食用方便的特点，是风靡大江南北的一种传统风味名吃、佐酒佳肴、送礼佳品。

图3-2 酱板鸭

三、设备与用具

不锈钢桶、炒锅、烤炉、大勺、大漏勺、电子秤、刀具、砧板、不锈钢盆、盘子。

四、实验原料

（1）主料：两年以上吃谷物生蛋的麻鸭最佳。

（2）腌料：姜片15g、葱段50g、盐100g、料酒30g、干辣椒25g、花椒10g、玫瑰露酒20g、辣椒粉。

（3）酱汤中药配方：安息香18g、花椒100g、丁香10g、干草19g、砂仁19g、黑胡椒25g、当归5g、香叶13g、白豆蔻18g、桂圆25g、草果30g、白果 10g、山奈 15g、草蔻 14g、茴香 35g、木香 10g、参 10g、大料 50g、桂皮 35g、良姜 50g、白胡椒 20g、辛夷 15g、筚拨 5g、陈皮 30g。（要严格按比例添加。）

（4）酱汤调料（3 天更换一次）：生货 50kg、盐 1000g、味素 300g、大酱 200g、大蒜 30g、糖约 500g、蜂蜜 100g、树椒 150g、红曲米 150g。

（5）卤水：水 50kg、老母鸡 3 只、猪肉皮 1.5kg、猪前腿骨 10kg、辣椒片 100g、色拉油 1500g。

五、工艺流程

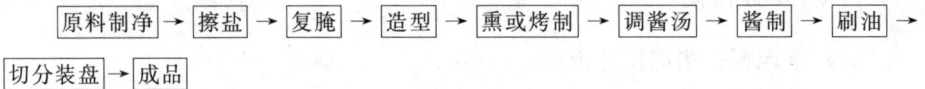

原料制净 → 擦盐 → 复腌 → 造型 → 熏或烤制 → 调酱汤 → 酱制 → 刷油 → 切分装盘 → 成品

六、操作要点

1. 原料制净

杀鸭褪毛，去内脏、鸭脚，从胸脯剖开洗净，再吊起滴干水分。

2. 擦盐

以 1250g 的鸭子为例。用 100～120g 调味盐的 1/2 从颈部切口中装入，反复翻揉，使盐均匀地粘满腹腔各部；其余 1/2 的盐擦于体外，应以胸肌、小腿肌和口腔为主。擦盐后将鸭子依次码在缸中，经盐渍 12h 后取出，提起后翅，撑开肛门，使腔中盐水全部流出。

3. 复腌

将姜片、葱段、料酒、干辣椒、花椒、玫瑰露酒混合均匀，抹在鸭子身上，肉厚处多抹。加上辣椒粉，置于缸内腓渍 10h，中间翻一次。如果鸭子较大，腌的时间就更长（腌渍时间一般夏季为 1 天，冬季为 3 天，春秋季为 2 天）。

4. 造型

鸭子出缸后吊起滴干盐水，用热纱布把鸭子身内处擦干，再用两根篾架成十字形撑于鸭子腹中，将鸭子压成板状，晾干水分。

5. 熏或烤制

用谷草引火，撒上糠壳，待初烧青烟散去，将鸭子反复熏烘至金黄色即成。也可选择将麻鸭挂入炉中烘烤，一定要掌握好火候，并将鸭身在炉中翻动几次，使之受热均匀，烤制 5～6 成熟即可。烘烤鸭子是为了上色，同时也是为了烤干部分水分并让大部分鸭油渗出。

6. 调酱汤

（1）调卤水：老母鸡、猪肉皮、猪前腿骨全部切块，大火烧开 10min，改小火炖制 12h 卤水呈奶白色（剩汤的 1/3）后加入酱汤调料。

（2）调老油：锅中加入老汤，倒入辣椒片、色拉油煮沸 15min，过滤到上述卤水中。将酱汤主料中药包浸泡 30min 打包入酱缸煮开 10min 即成。

7. 酱制

于酱锅中放入鸭子半成品并用算子压好，以小火加盖焖卤煮 30min 下蜂蜜和味素；离火焖 0.5h 出锅。

8. 刷油

捞出卤水中的姜、葱、香料包和红曲米包，用大火将卤水收浓，然后把卤水均匀地往鸭身淋一遍，待鸭身冷却后，再往鸭身表面刷上香油，即成酱板鸭。

9. 切分装盘

临吃时洗净鸭子，上笼蒸熟。上桌前把酱板鸭剁成条块，装入盘中还原成鸭形，然后用红油加卤鸭原汁调匀成红油卤水，淋在盘中鸭块上，板鸭撕成小条，用来做干锅。

七、成品鉴定

成品香、辣、甘、麻、咸、酥、绵适中，色泽深红，皮肉酥香，酱香浓郁，低脂不腻，滋味悠长。

八、思考题

1. 为保证成品质量，鸭子的选择有何要求？
2. 酱汤的调制有哪些注意事项？

实验三 盐水鸭的制作

一、实验目的

（1）掌握盐水鸭制作所用的各种原料。

（2）掌握盐水鸭制作的基本原理及要领。

二、产品简介

盐水鸭（图3-3）是南京有名的特产，至今已有400多年的历史。盐水鸭的加工制作不受限制，一年四季皆可生产。产品严格按照"炒盐腌、清卤复、烘得干、煮得足"的传统工艺制作而成，其特点是腌制期短，复卤期也短，现做现卖。

图3-3 盐水鸭

三、设备与用具

不锈钢桶、炒锅、大勺、大漏勺、电子秤、刀具、砧板、不锈钢盆、盘子。

四、实验原料（以50kg水为例）

（1）干腌原料：光鸭1只约2000g、食盐125g、八角3g、花椒2g、香叶2g、五香粉1g。

（2）湿腌原料：每10kg水加入食盐2.5～3kg、葱7.5g、生姜5.0g、八角1.5g。（制作好是白卤汤。）

五、工艺流程

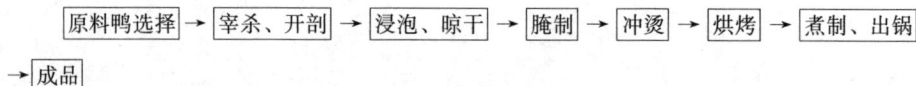

原料鸭选择 → 宰杀、开剖 → 浸泡、晾干 → 腌制 → 冲烫 → 烘烤 → 煮制、出锅 → 成品

六、操作要点

1. 原料鸭选择

鸭选用当年成长的、活重 2kg、较肥者为宜。若偏瘦，则可进行短期催肥。

2. 宰杀、开剖

制作盐水鸭的宰杀要求比较特殊。鸭宰前断食 18h，采用口腔内放血刺杀，放净血（6~8min），趁鸭体温还没有散失时，用热水（61~63℃）浸烫（45s 左右）煺毛。切去翅膀的第二关节和脚爪，右翅下开膛（用刀先开一小口，再向上划至翅根中部，向下划至腰窝，呈一月牙形刀口，长 6~8cm，刀口与鸭体平行），取出内脏、食管、气管。在鸭的下颚正中处用刀尖刺一小口，以便晾挂。若是雄鸭，则用手指在肛门处挤出生殖器并割去。

3. 浸泡、晾干

用清水洗净除去内脏的鸭坯体腔内的淤血和残物。然后放在清水池中浸泡约 2h，中途至少换一次水（气温高时须加冰块），拔出血水，使肌肉洁白。将鸭坯取出挂在晾架上沥干水分。

4. 腌制

（1）干腌：先将食盐炒热，放入八角、花椒、香叶、五香粉等香辛料同炒，小火慢炒，快速翻炒，炒出香味后火大离锅，离火稍微冷却。用炒热的盐在鸭体内外进行搓擦，每只鸭炒盐用量约占光鸭重量的 1/16。搓擦方法：将炒过待用的盐的 3/4 放入鸭翅下的刀口内，然后把鸭放在砧板上，将盐布满体腔并前后翻、揉搓；其余 1/4 的盐均匀抹擦在鸭体表面，特别注意大腿根部、颈部、口腔内也要抹擦盐。盐擦好后，将鸭子放入腌制缸内干腌 2~3h。干腌后的鸭子鸭体中有血水渗出，此时提起鸭子，用手指插入鸭子的肛门，使血水排出。

（2）湿腌：又称复卤，复卤的盐卤有新卤和老卤之分。新卤是用浸泡鸭体的血水加清水和盐配制而成的。每 10kg 水加入食盐 2.5~3kg、葱 7.5g、生姜 5g、八角 1.5g，入锅煮沸后，冷却至室温即成新卤。新卤使用过程中经煮沸 2~3 次即为老卤，老卤愈老愈好。10kg 盐卤可每次复卤约 3~4 只鸭，每复卤一次要补加适量食盐，使盐浓度始终保持饱和状态。复卤时，首先用手将鸭右翅下切口撑开，使卤液灌满体腔；然后抓住双腿提起，头向下尾向上，使卤液灌入食管通道；再次把鸭浸入卤液中并使卤液灌满体腔；最后用竹箅子压住鸭体，使鸭体浸没在液面以下，不得浮出液面。复卤 2~4h 即可出锅挂起。

5. 冲烫

用开水冲烫腌制后的鸭坯，使皮肤收缩、肌肉丰满。

6. 烘烤

将冲烫后的鸭坯挂在烘房内（温度为 40～50℃，通风）的架子上，烘 20～30min。

7. 煮制、出锅

先在清水锅中放入生姜、葱、八角等煮开。将一根长 6～8cm 两头通的竹管或芦苇管插入鸭的肛门，在鸭体腔内放入少许生姜片、葱及八角。提住鸭的左腿，将鸭头朝下，放入沸水中，当热水从右翅下开口处灌满体腔时，提起鸭左腿，倒出体腔内的汤水；再将鸭放入锅中，当热水灌满体腔时，再次提鸭倒汤。然后在锅中加入占总水量 1/6 的冷水，使鸭体内外的水温达到一致，盖上锅盖用大火煮至锅边出现连珠小泡，水温约90℃时，加入曲酒，再次提鸭倒汤。再补加入少量冷水，焖 15～20min，改用大火煮至锅边出现连珠小泡时停火。停火焖煮 10～15min，出锅冷却即为成品。

七、成品鉴定

盐水鸭表皮洁白，鸭肉娇嫩，入口香醇味美、肥而不腻、咸度适中，具有香、酥、嫩的特点。

八、思考题

1. 盐水鸭制作过程中如何控制火候以保证成品的质量？
2. 如何计算不同生鸭原料的使用所产生的利润差别？

备注：

（1）宰杀要注意以切断三管（食管、气管、血管）为度，刀口过深容易掉头和出次品。

（2）烫毛时，若水温过高，则制成的成品皮色不好，易出次品；若水温过低，则脚爪不能蜕皮，大毛不易拔除，并且皮易被撕破。此外，浸烫时间过长，会使毛孔收缩，尸体发硬，煺毛困难。

（3）开刀口时注意，刀口一定要围绕核桃肉与鸭体平行，防止刀口偏大。因为鸭子食道偏右，为了便于拉出食道，刀口在右翅下。

（4）盐卤用5～6 次必须煮沸 1 次，撇除浮沫、杂物等，同时加入盐或水调整浓度，加入香辛料。

（5）烘烤鸭坯时注意烘炉内要通风，温度不宜高，否则将影响盐水鸭的品质。

（6）在煮制过程中，火候的控制对盐水鸭的口味有着重要的影响，它是制作盐水鸭好坏的关键。水温应维持在 85℃ 左右，水开会导致肉中脂肪溶化，肉质变老，失去鲜嫩特色。

实验四　香肠的制作

一、实验目的

了解并掌握香肠制作的方法。

二、产品简介

香肠（图 3-4）约创制于南北朝以前，始见载于北魏《齐民要术》的"灌肠法"，其法流传至今。我国灌肠香肠不加淀粉，可以贮存很久，熟制后食用，风味鲜美，醇厚浓郁，回味绵长，越嚼越香，远胜于其他国家的灌肠制品，是中华传统特色食品之一，享誉海内外。

图 3-4　香肠

三、设备与用具

电子天平、盆和盘等盛器、砧板、刀、灌肠工具、烘烤设备。

四、实验原料

（1）猪肉：以新鲜猪后腿瘦肉为主，夹心肉次之（冷冻肉不用）；肉膘以背膘为主，腿膘次之；剥皮剔骨，除去结缔组织，各切成小于 1cm 长的肉丁，分开放置，硬膘用温开水洗去浮油后沥干待用。

（2）配料（以制作 100kg 广东香肠为例）：瘦肉 70kg、肥膘 30kg、60°大曲酒 2.5～3kg、硝酸钠 50g、白酱油 5kg、精盐 2kg、白砂糖 6～7kg。

（3）其他材料：肠衣用新鲜猪或羊的小肠衣，干肠衣在用前要用温水泡软洗净，沥干后在肠衣一端打死结待用；麻绳用于结扎香肠，一般加工 100kg 原料须用麻绳 1.5kg。

五、工艺流程

拌料 → 灌制 → 漂洗 → 日晒或烘烤 → 成熟 → 成品

六、操作要点

1. 拌料

将瘦肉、肥膘肉丁按 7∶3 的比例放入容器中，另将其余配料用少量 50℃ 左右温开水溶化，加入肉馅中充分搅拌均匀，使肥、瘦肉丁均匀分开，不出现黏结现象，静置片刻即可用以灌肠。

2. 灌制

将配置好的肉馅用灌肠机灌入肠内（手工灌肠时可将绞肉机取下筛板和搅刀，安上漏斗代替灌肠机），每灌 12～15cm，即可用麻绳结扎，待肠衣全灌满后，用细针（百支针）戳洞，便于水分和空气外泄。

3. 漂洗

灌制好并结扎后的湿肠，放入温水中漂洗几次，洗去肠衣表面附着的浮油、盐汁等污着物。

4. 日晒或烘烤

将水洗后的香肠挂在竹竿上，放到日光下晒 2～3 天。工厂生产的香肠应进入烘房烘烤，温度为 50～60℃（用炭火为佳），每烘烤 6h 左右，应进行调头换尾，以使烘烤均匀。烘烤 48h 后，香肠色泽红白分明，鲜明光亮，没有发白现象，即为烘烤完成。

5. 成熟

日晒或烘烤后的香肠，放到通风良好的场所凉挂成熟，一般一根麻绳 2 节香肠（一对）进行剪肠，穿挂好后凉挂 30 天左右，此时为最佳食用时期。成品率约为 60%。规格为每节长 13.5cm、直径为 1.8～2.1cm，色泽鲜明，瘦肉呈鲜红色或枣红色，肥膘呈乳白色，肠体干爽结实，有弹性，指压无明显凹痕，咸度适中，无肉腥味，略有甜香味。成熟后的肠体在 10℃ 以下可贮存 4 个月。

七、成品鉴定

成品风味鲜美，醇厚浓郁，回味绵长，越嚼越香。

八、思考题

亚硝酸盐在香肠的加工过程中起着什么样的作用？

实验五　腊肉的制作

一、实验目的

学习腊肉制作的方法。

二、产品简介

腊肉（图3-5）是指肉经腌制后再经过烘烤所成的加工品。腊肉的防腐能力强，能延长保存时间，并增添特有的风味，这是与咸肉的主要区别。过去的腊肉都是在农历腊月（阳历12月）加工，故称腊肉。

腊肉是我国中西部地区的特产，加工制作腊肉的传统习惯不但久远，而且普遍。每逢冬腊月，即小雪至立春前，家家户户杀猪宰羊，除留够过

图3-5　腊肉

年用的鲜肉外，其余用食盐并配以一定比例的花椒、大茴香、八角、桂皮、丁香等香料，腌入缸中。7～15天后，将其用棕叶绳索串挂起来，滴干水，进行加工制作。选用柏树枝、甘蔗皮、椿树皮或柴草烧出的火慢慢熏烤，然后挂起来用烟火慢慢熏干；或挂于烧柴火的灶头顶上，或吊于烧柴火的烤火炉上空，利用烟火慢慢熏干。

腊肉从鲜肉加工、制作到存放，其肉质不变，能长期保持香味，还有久放不坏的特点。腊肉因系柏树枝熏制，故夏季蚊蝇不爬，经三伏而不变质，成为别具一格的地方风味食品。它不但风味独特，营养丰富，而且具有开胃、驱寒、消食等功效，素有"一家煮肉百家香"的赞语。

三、设备与用具

菜刀、实验台、红外测温仪、电子天平等。

四、实验原料

（1）主料：皮薄且肥瘦适度的鲜肉或冻肉。

（2）辅料：加工有骨腊肉用食盐 7kg、精硝 0.2kg、花椒 0.4kg；加工无骨腊肉用食盐 2.5kg、精硝 0.2kg、白糖 5kg、白酒及酱油各 3.7kg、蒸馏水 3～4kg。

五、工艺流程

备料 → 腌渍 → 熏制 → 成品

六、操作要点

1. 备料

取皮薄且肥瘦适度的鲜肉或冻肉，刮去表皮肉垢污，切成重 0.8～1kg、厚 4～5cm 的带肋骨的肉条。若制作无骨腊肉，则还要切除骨头。在辅料配制前，将食盐和精硝压碎，花椒、茴香、桂皮等香料晒干碾细。

2. 腌渍

腌渍的方法包括干腌、湿腌、混合腌 3 种。

（1）干腌。将切好的肉条与干腌料擦抹充分，按肉面向下的顺序放入缸内，最上面一层皮面向上。剩余干腌料敷在上层肉条上，腌渍 3 天翻缸。

（2）湿腌。将肉条放入配制腌渍液中腌 15～18h，中间翻缸 2 次。

（3）混合腌。将肉条用干腌料擦抹好放入缸内，倒入经灭过菌的陈腌渍液淹没肉条。混合腌渍中食盐用量不超过 6%。

3. 熏制

有骨腌肉熏制前必须漂洗和晾干。通常每 100kg 肉胚须用木炭 8～9kg、木屑 12～14kg。将晾好的肉胚挂在熏房内，引燃木屑，关闭熏房门，使熏烟均匀散布，熏房内初始温度为 70℃，3～4h 后逐步降低到 50～56℃，保持 28h 左右即为成品。刚刚做成的腊肉须经过 3～4 个月的贮藏使成熟。

七、成品鉴定

成品表里一致，煮熟切成片，透明发亮，色泽鲜艳，黄里透红。吃起来味道醇香，肥不腻口，瘦不塞牙。

八、思考题

吃腊肉对人体有什么影响？

实验六 熏鸡的制作

一、实验目的

（1）掌握熏鸡的制作方法。

（2）在掌握熏鸡制作方法的基础上，对其进行技术上的改进。

二、产品简介

熏鸡（图 3-6）是一道色香味俱全的传统名肴，属于鲁菜、川菜或湘菜，是指经过食品五味、五香等气味熏陶所成的鸡。熏鸡所用的材料是全鸡，即一整只鸡。熏鸡与烤鸡的区别在于：传统的烤鸡在烧烤时大部分与烧烤道具是直接接触的，这样一来，容易让鸡肉受热不均匀；而熏鸡就不同，熏鸡因受到五香、五味的气味

图 3-6 熏鸡

（也就是热气）熏陶，在熏陶时受热均匀，并且保证了鸡肉原生态的气味不外露，还保存完整更受食客欢迎。

三、设备与用具

炒锅、汤锅、大勺、漏勺、电子秤、刀具、砧板、不锈钢盆、盘子。

四、实验原料

嫩鸡 750g、姜片 10g、瓜片茶叶 15g、精盐 5g、小葱 15g、红糖 25g、酱油 25g、饭锅巴 100g、绍酒 20g、芝麻油 15g、花椒 3g。

五、工艺流程

原料预处理 → 鸡去毛清洗、腌制 → 蒸制 → 上锅 → 熏制 → 装盘 → 成品

六、操作要点

1. 原料预处理

将 10g 小葱切成段，另外 5g 葱和花椒、盐一起制成细末，拌成葱椒盐备用。

2. 鸡去毛清洗、腌制

去毛整鸡，脊背开刀，掏去内脏和鸡嗉，洗净沥干水，用葱椒盐均匀撒在鸡身上，腌 20min。

3. 蒸制

将鸡身扒开，皮向下放在碗里，上放葱段、姜片，加入酱油、烧酒，上笼蒸至 8 成熟，取出，拣去葱姜。

4. 上锅

饭锅巴掰碎放入炒锅，撒上菜叶、红糖，架上箅子，将鸡皮向上摆在箅子上，盖严锅盖。

5. 熏制

先用中火熏出茶叶香味，片刻改用旺火熏至浓烟四起时离火，烟散尽，掀开锅盖，取鸡刷上芝麻油。

6. 装盘

将鸡头、鸡尖、鸡腿爪剁下，鸡身切成长 5cm、宽 3cm 的块状，鸡骨、鸡胫拍松垫底，鸡块按鸡原形装盘，鸡头放前，鸡腿爪放两边即成。

七、成品鉴定

成品色泽枣红明亮，味道芳香，肉质细嫩，烂而连丝。

八、思考题

腌制过程中的注意事项有哪些？

实验七　道口烧鸡的制作

一、实验目的

了解道口烧鸡的制作过程。

二、产品简介

道口烧鸡（图 3-7）是河南省安阳市滑县道口镇"义兴张"世家烧鸡店制作而成的。它由河南省民间文化杰出传承人、省特级烧鸡技师张中海先生的先祖张炳始创于清朝顺治十八年（1661 年），至今已有 360 多年的历史。道口烧鸡一开始的制作不得法，生意并不兴隆，后从清宫御膳房的御厨那里求得制作烧鸡的秘方，做出的鸡果然鲜美。道口烧鸡的制作技艺历代相传，形成了独特的风格。1981 年，道口烧鸡被商业部评为全国名特优产品。

图 3-7　道口烧鸡

道口烧鸡是用多种名贵中药，辅之陈年老汤制作而成的，其成品色泽鲜艳，形如元宝，极具食疗和保健功效。其熟烂程度尤为惊人，用手一抖，骨肉自行分离，凉热食之均可。豫北滑县道口镇，素有"烧鸡之乡"的称号。"义兴张"的道口烧鸡像金华火腿、高邮鸭蛋、北京烤鸭一样，在全国食品中独占鳌头，并且誉满神州，名扬海外，被誉为"天下第一鸡"。

三、设备与用具

电子天平、夹层锅、油炸机等。

四、实验原料

按 100 只鸡为原料计算：食盐 2～3kg、肉桂 90g、砂仁 15g、良姜 90g、丁香 5g、白芷 90g、肉豆蔻 15g、草果 30g、硝酸钠 10～15g、陈皮 30g。

五、工艺流程

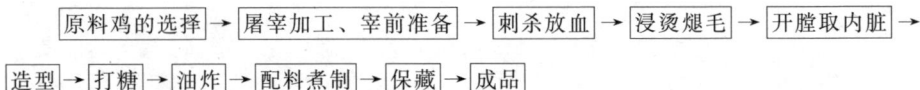

原料鸡的选择 → 屠宰加工、宰前准备 → 刺杀放血 → 浸烫煺毛 → 开膛取内脏 → 造型 → 打糖 → 油炸 → 配料煮制 → 保藏 → 成品

六、操作要点

1. 原料鸡的选择

选择无病健康的活鸡，体重约 1.5kg，鸡龄 1 年左右，鸡龄若太长，则肉质粗老；若太短，则肉的风味欠佳。一般不用肉鸡做原料鸡。

2. 屠宰加工、宰前准备

鸡在宰杀前须停食 15h 左右，同时给予充足饮水，以利于消化道内容物排出。便于操作，减少污染，提高肉的品质。

3. 刺杀放血

在鸡的头颈交界处下面切断三管放血，刀口不宜大，注意不要将颈骨切断，淋血 5min 左右，放血要充分。

4. 浸烫煺毛

先准备好热水，然后把放血后的鸡放入水中，使鸡淹没于热水中，水温保持在 62℃ 左右。随时用木棒上下翻动鸡体，以利浸烫均匀，约经 1min，用手向上提翅部长毛。若一提便脱，则说明浸烫良好，应立即把鸡捞出，迅速煺毛，切勿继续浸泡在热水中，否则浸烫太过皮脆易烂。煺毛时，顺着毛流方向拔、推相结合，迅速将毛煺净。同时除去角质喙和脚爪质层。整个操作过程要小心，不要弄烂皮肤，以免造成次品。最后把鸡浸泡在清水中，拔去残毛，洗净后准备开膛。

5. 开膛取内脏

把煺毛鸡置于案子上，首先在颈部左侧皮肤剪开约 1cm 的小口，小心分离出嗉囊，同时拉出食管、气管；然后用剪刀围绕肛门周围剪开腹壁，呈一环形切口，分离出肛门，暴露出腹腔内脏器官。左手稳住鸡体，右手食指和中指伸入腹腔，缓缓地拉出肝脏、肠、鸡肫、腺胃、母鸡的卵巢与输卵管等内脏器官。将鸡体用清水冲洗干净，再放入清水中浸泡 1h 左右，取出沥干水分。

6. 造型

烧鸡造型的好坏关系到顾客购买的兴趣，故烧鸡历来重视造型的继承和发展。道口烧鸡的造型似三角形（或元宝形），美观别致。先将两后肢从跗关节处割除脚爪，然后背向下腹向上，头向外尾向里放在案子上。用剪刀从开膛切口前缘向两大腿内侧呈弧形扩开腹壁（也可在屠宰加工开膛时，采用从肛门前边向两大腿内侧弧形切开腹壁的方法，去内脏后切除肛门），并在腹壁后缘中间切一小孔，长约 0.5cm。用解剖刀从开膛处切口介入体腔，分别置于脊柱两侧根部，刀刃向着肋骨，用力压刀背，切断肋骨，注意切勿用力太大切透皮肤。再把鸡体翻转侧卧，用手掌按压胸部，压倒肋骨，将胸部压扁。把两翅肘关节角内皮肤切开，以便翅部伸长。取长约 15cm、直径约 1.8cm 的竹棍，两端削成双叉形，一端双叉卡住腰部脊柱，另一端将胸脯撑开，将两后肢断端穿入腹壁后缘的小孔。把两翅在颈后交叉，使头颈向脊背折抑，翅尖绕至颈腹侧放血刀口处，将两翅从刀口穿入由口腔穿出。造型后，鸡体表面用清水洗净，晾干水分。

7. 打糖

把饴糖或蜂蜜与水按 3∶7 的比例混合，加热溶解后，均匀涂擦于造型后的鸡外表。打糖均匀与否直接影响油炸上色的效果，如果打糖不均匀，则会造成油炸上色不均匀，影响美观。打糖后要将鸡挂起晾干表面水分。

8. 油炸

炸鸡用油要选用植物油或鸡油，不能选用其他动物油，油量以能淹没鸡体为宜。先将油加热至 170～180℃，将打糖后晾干水分的鸡放入油中炸制，其目的主要是使表面的糖发生焦化，产生焦糖色素，而使体表上色。约 0.5min，等鸡体表面呈柿黄色时，立即捞出。由于油炸时色泽变化迅速，操作时要快速敏捷。炸制时要防止油温波动太大，影响油炸上色效果。鸡炸后放置时间不宜过长，特别是夏季应尽快煮制，以防变质。

9. 配料煮制

不同品种的烧鸡风味各有差异，关键在于配料不同。配料的选择和使用是烧鸡加工中的重要工序，关系到烧鸡口味的调和和质量的优劣，以及营养的互补。煮制时，要依白条鸡的重量按比例称取配料。香辛料须用纱布包好放在锅下面。把油炸后的鸡逐层排放入锅内，大鸡和老鸡放在锅下层，小鸡和幼龄鸡放在锅上层，上面用竹箅压住，再把食盐、糖、酱油加入锅中。然后加入老汤使鸡淹没在液面之下。先用旺火烧开，把硝酸钠用少量汤液溶解后洒入锅中。改为微火烧煮，锅内汤液能徐徐起泡即可，切不可大沸，煮至鸡肉酥软熟透为止。从锅中汤液沸腾开始计时，1 年左右的鸡的煮制时间约 1.5h，两年左右的鸡的煮制时间约为 3h。煮好出锅即为成品。煮制时若无老汤也可用清水代替，注意配料适当增加。

10. 保藏

将卤制好的鸡静置冷却，既可鲜销，也可真空包装、冷藏保存。

七、成品鉴定

形态：呈浅红色，微带嫩黄，鸡体形如元宝，肉丝粉白。

口感：有韧劲、咸淡适中、五香浓郁、可口不腻。

八、思考题

道口烧鸡的制作难点是什么？

实验八　盐水火腿的制作

一、实验目的

（1）了解并掌握盐水火腿制作的工艺流程。

（2）学习滚揉机、灌肠机、斩绊机、绞肉机的使用方法。

二、产品简介

盐水火腿（图3-8）是以猪腿肉为主要加工原料，经过严格的工艺流程，制成的一种熟肉制品。该产品因其鲜美可口、脆嫩清香、营养丰富、食用方便、营养卫生等特点而深受消费者的青睐。盐水火腿属于高水分低温制品，产品特性主要取决于嫩化工艺所赋予的高保水性，其出品率高，产品柔嫩多汁。

图3-8　盐水火腿

三、设备与用具

模具、灌肠机、斩拌机、滚揉机、滚揉桶、刀、薄膜、打卡机、炉锅、电子秤、剪刀、不锈钢盆。

四、实验原料

猪精肉10kg、复合磷酸盐50g、白糖150g、异维生素C钠20g、亚硝酸钠1g、玉米淀粉1000g、分离蛋白300g、卡拉胶50g、十三香40g、桂皮1.5g、香精17g、红曲红0.7g、冰水5kg。

五、工艺流程

原料肉的选择整理 → 腌制 → 滚揉 → 填充 → 煮制 → 冷却 → 包装、入库 → 成品

六、操作要点

1. 腌制

把各种辅料（除淀粉外）溶于水，加入肉搅拌均匀，进行腌制。（注意：硝酸盐和磷酸盐分别溶解加入腌制液）。在 2~4℃ 的条件下腌制 24h，以浸提可溶性蛋白质，并使腌料扩散均匀。

2. 滚揉

滚揉的目的是通过翻动碰撞使肌肉纤维变得疏松，加速盐水的扩散和均匀分布，缩短腌制时间。同时，通过滚揉促进肉中的盐溶性蛋白质的提取，改进成品的粘着性和组织状况。另外，滚揉能使肉块表面破裂，增强肉的吸水能力，从而提高产品的嫩度和多汁性。

为了加速腌制、改善肉制品的质量，原料肉与腌制液混合后或经盐水注射后，就进入滚揉机。但为了节约时间，滚揉可在腌制过程中进行。若无滚揉机，则可手工翻压代替。滚揉机装入量约为容器的 60%。滚揉程序包括滚揉和间歇两个过程。间歇可减少机械对肉组织的损伤，使产品保持良好的外观和口感。一般盐水注射量在 25% 的情况下，需要 16h 的滚揉程序。在每小时中，滚揉 20min，间歇 40min。也就是说，在 16h 内，滚揉时间为 5h 左右。在实际生产中，滚揉程序随盐水注射量的增加而适当调整。在滚揉时应将环境温度控制在 6~8℃ 之间，若温度过高，则微生物易生长繁殖；若温度过低，则生化反应速度减缓，达不到预期的腌制和滚揉的目的。

3. 填充

腌制后的肉块可采用肠衣、收缩膜或金属膜具等灌装。如果采用肠衣灌装，则建议用易剥纤维肠衣。但是选用真空收缩膜对保证产品的质量更为有益。在煮制、冷却及贮存阶段，收缩膜会紧贴在肉上，产生的机械压力有助于防止水分的析出或胶体的分离，可以有效地防止再污染、延长保存期。并且袋上可以直接印刷产品说明和商标，减少二次包装，节约包装材料，易于产品的贮存运输。

4. 煮制

装好的圆腿放入平底锅摆整齐，加水淹没表面，迅速加热使水温升至 80℃。并在 (80±2)℃ 的条件下煮制 3.5h 左右，检查圆腿的中心温度达 68℃ 即可。

5. 冷却

煮制后的圆腿出锅后，应尽快冷却，使中心温度降到 28℃，迅速越过 30~40℃ 这一微生物具有极强生长势能的温度范围，以保证产品的可贮性。如果蒸煮器没有自动冷淋系统，则应立即将圆腿放入淋浴室，用 10℃ 左右的水冷淋。用水浴冷却 20～30min，使肉温降至与水温相同，再在 0℃条件下冷却 12h 左右，使中心温度降至 4℃左右即可，以便使肉蛋白质与残余水分达到最佳的结合状态。

6. 包装、入库

在冷库中，当肉蛋白质与残余的水分达到最佳的结合后，将产品加外包装后入库贮存或出售。

七、成品鉴定

色泽：淡淡的肉粉色，具有该产品固有的色泽。

气味：鲜香可口，无异味。

口感：很有嚼劲，口感略咸。

组织：组织致密，有弹性，切片良好，无密集气孔。

八、思考题

添加剂卡拉胶对火腿制作有什么影响？

实验九　黑椒鱼露猪肉脯的制作

一、实验目的

（1）能够对现有的猪肉脯制作方法进行创新。

（2）学会制作黑椒鱼露猪肉脯。

二、产品简介

肉脯为我国传统风味肉制品，具有味道鲜实、咸中微甜、芳香浓郁、余味无穷的特点，深受消费者的喜爱，不仅是餐桌的上等菜肴，还是理想的旅游馈赠佳品。

猪肉脯形态美观、风味独特、口感细腻、营养丰富、携带和食用方便等特点使其备受青睐。新鲜好吃的蜜汁猪肉脯，营养价值高、富含丰富的蛋白质。猪肉脯中含有人体所需的十几种氨基酸，多种活性酶和丰富的常量、微量元素，丰富的矿物质，同时不含脂肪，有助于消化。

图 3-9　黑椒鱼露猪肉脯

猪肉脯的生产过程复杂而严格。首先，选用新鲜猪肉后腿部分，剔去皮、膘、筋骨，取其整块纯瘦肉为基本原料，剖成薄片。然后，将配以白糖、味精、特级鱼露、鸡蛋等几十种佐料涂在肉片上，其中鱼露一味至关重要。最后，将肉片平摊在一种特制的筛匾里烘烤。生产过程先后要经过片肉、拌料、摊筛、脱水、烘烤、压平、修剪、装箱等十几道工序，才成为色、香、味、形俱佳的肉脯，方可出厂上市。

烤肉制品以其独特的烤制香味和鲜美的口感著称，本实验将对黑胡椒添加量、鱼露添加量、白砂糖添加量及烘制条件对猪肉脯品质的影响分别进行单因素分析并进行正交实验，确定最佳工艺参数，进一步寻求更加美味的猪肉脯。

三、设备与用具

斩拌机、远红外烤炉、电子天平、砧板、刀具、锡纸、擀面杖、保鲜膜。

四、实验原料

新鲜猪肉 500g、黑胡椒 3.5g、鱼露 35g、料酒 20g、食盐 5g、酱油 7.5g、白砂糖 15g、味精 2.5g，白芝麻、蜂蜜、食用油适量。

五、工艺流程

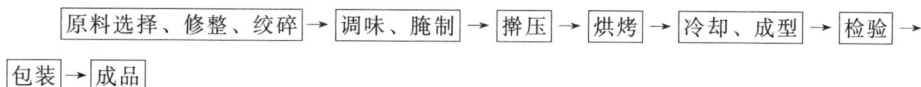

原料选择、修整、绞碎 → 调味、腌制 → 擀压 → 烘烤 → 冷却、成型 → 检验 → 包装 → 成品

六、操作要点

1. 原料选择、修整、绞碎

选择经过卫生检验合格的猪肉，除去结缔组织、血污等，将肥肉和瘦肉分别用绞肉机绞成肉糜。

2. 调味、腌制

称取适量的酱油、鱼露、黑胡椒、食盐及白砂糖添加在一定肥瘦比的肉糜中、拌匀，将放入调料的猪肉馅朝一个方向搅上劲，使其相互粘结，在 0～4℃下腌制 4h。再用酱油和蜂蜜（1∶5）调制一碗料汁备用。

3. 擀压

取一张锡纸，在锡纸上刷上一层植物油，把猪肉馅放到锡纸上，然后在猪肉馅上盖上一层保鲜膜。用擀面杖将猪肉脯隔着保鲜膜擀平，注意薄厚一定要均匀。

4. 烘烤

去掉保鲜膜，将铺好的猪肉肉糜放入恒温培养箱中于 60℃左右烘烤 2h。此时的猪肉脯呈棕红色，含水量在 20% 以下。刷上一层之前调的酱油蜂蜜汁，撒上白芝麻，移入预热到 180℃的烤炉中烤制 10min。

5. 冷却、成型

将熟制的猪肉脯自然冷却后切成规则的形状。

6. 检验

实验后进行微生物指标测定及水分测定，均按国家食品检验方法进行测定。

7. 包装

采用 PET/PA/PE 三层复合真空袋抽真空包装的方法进行包装。

七、成品鉴定

形态：呈棕红色，油润有光泽，切片均匀，外形完整。

气味：充满黑胡椒鱼露香气，味道甜美，无异味。

口感：香浓美味，口感细腻，嚼劲十足，无焦斑痕迹。

八、思考题

白糖在猪肉脯加工过程中的作用是什么？

实验十　牛肉干的制作

一、实验目的

了解并掌握牛肉干的制作方法。

二、产品简介

牛肉是中国人的第二大肉类食品，仅次于猪肉。牛肉中蛋白质含量高，脂肪含量低，所以味道鲜美，受人喜爱，享有"肉中骄子"的美称。牛肉味甘、性平、入脾、健胃。

中医认为，牛肉有补中益气、滋养脾胃、强健筋骨、化痰息风、止渴止涎的功效。牛肉含有丰富的肌氨酸、维生素 B_6、维生素 B_{12}、丙氨酸、肉毒碱、蛋白质、亚油酸、锌、镁、钾、铁、钙等营养成分，这些营养成分具有增强免疫力和促进新陈代谢的功能，特别是对体力恢复和增强体质有明显的疗效。牛肉含有丰富的蛋白质，其氨基酸组成比猪肉更接近人体需要，能提高机体抗病能力，对生长发育，以及手术后、病后补充失血和修复组织等方面特别适宜。

牛肉干（图 3-10）的制作首先要选择上等的原料，其次要掌握制作工艺和制作时间，晒干时还要考虑日照的时间，每道工序都要把关。牛肉干含有人体所需的多种矿物质和氨基酸，既保持了牛肉耐咀嚼的风味，又久存不变质。

图 3-10　牛肉干

牛肉干具有蛋白质含量高、脂肪含量低、易保存、食用方便等特点，深受现代人喜爱。但传统的制作工艺存在许多问题，制作的牛肉干口感粗糙、碎渣多、保质期短。随着人们生活水平的提高和加工技术的演变，各种风味的牛肉干相继涌入市场。

三、设备与用具

电子天平、烘箱、绞肉机、砧板（3个）、晾盘（2个）、电磁炉（2台）、勺子（4个）、煮锅（2个）、菜刀（3把）、大铁盆（2个）、封口机。

四、实验原料

牛肉50kg、食盐1.2kg、酱油2.5kg、白砂糖10kg、味精1.6kg、黄酒1.5kg、辣椒酱0.2kg、生姜0.2kg、茴香0.1kg。

五、工艺流程

选肉→分割→浸泡→煮制→切制→炒制→烘烤→检验→包装→入库

六、操作要点

1. 选肉

采用卫生检疫合格的牛肉，腥而不臭，颜色呈红褐色，组织硬而有弹性。质量好的牛肉的肌肉组织之间含有脂肪。脂肪颜色为白色且较硬，未满1年小牛肉色呈淡红色，水分多、脂肪少。

2. 分割

按照肉的自然纹理分割，要求将脂、牛毛、杂骨等剔除，精肉中带脂率不多于5%，且脂中不能带有精肉。并挑出粘带的血污、杂质，分割后用水冲洗牛肉以去除牛肉表面血污。

3. 浸泡

将牛肉用水浸泡4h，以除去血水，减少膻味。

4. 煮制

煮肉前先检查上一工序的牛肉是否符合要求，不符合要求的返工，直至符合为止。按肉块大小分开煮制，煮制时间为1.5h左右，水温保持在90℃以上。使用蒸汽时，阀门开启要缓慢，使压力逐渐升高，最高压力不得超过0.2MPa。同时调整好疏水阀，使之保持最佳状态，严禁一开到底或一关到底，避免压力的骤然变化。待肉块中心呈灰色即刻出锅，防止肉被煮得太烂，切片易碎，煮制时间也不可过短，否则切片易薄易破。煮制完毕，后将牛肉放于摊晾架上摊晾。

5. 切制

挑出变质、变味的不能使用的牛肉；剔除脂、筋、杂骨等非精肉组织；按肉的自然纹理（应以切顺丝为原则）切制出符合牛肉干、肉粒、肉丝生产要求的精肉。将经漂洗后的筋、牛肉放入绞肉机内绞制。切片厚度控制在 3～4mm，切粒时肉粒的规格为 15mm×15×15mm 左右，撕丝时粗为 4～6mm，切条时肉条的规格为 20～60×8×8mm。

6. 炒制

将称好的辅料放于炒锅中，再放入原料肉，调整炒锅转速为 6 转/分，蒸汽压力控制在 0.2MPa，炒制时间为 30～40min（每锅一般 50kg 原料肉），炒制 15min 左右放自制油。当开锅时无糖水滴出即可出锅，出锅后立即转入下道工序。

7. 烘烤

将炒制好的肉摆盘，要求均匀平整，不得有折叠、重合现象，每盘肉粒净重约 2.5kg。烘烤温度为 60～70℃，蒸汽压力为 0.2MPa，肉丝、肉片净重约 2kg，烘烤时间为 1～1.5h（根据蒸汽压力的大小控制，即蒸汽压力不得小于 0.2Mpa 和大于 0.2Mpa）；烘烤 30min 后，必须翻动肉干，防止因水分不均匀而烤煳、烤焦；交换上下烤盘，防止受热不均匀。水分要求控制在 13%～16%。烘烤完毕，将半成品倒在晾床上摊平晾透，堆放厚度小于 7cm。回潮时间为 8～10h，回潮完毕后方可进行包装。在此期间注意控制室内的温度（26℃以下）和湿度（60%～65%）并进行记录。

8. 检验

半成品制成后，化验员对其感官、微生物指标进行化验，合格后方能包装。

9. 包装

将检验合格的半成品进行大包装（大包装 6kg/袋），用封口机封口。

半成品进行小包装时，不同的肉粒形状有不同的要求，具体内容如下。

（1）肉粒外观：无糖纸脱落、开缝外露肉干，两端糖纸等距离且整齐，从感观上看均匀整齐，无超大粒及超小粒。肉粒内质：要求每颗肉粒无焦糊、杂质、皮筋、霉变现象；单颗肉粒净重 3.5～4g，每颗均有肉粒大块，当由碎块组合成肉粒时，每颗肉粒均不超过 3 小块肉粒渣。

（2）肉丝外观：颜色一致，无结球、湿丝、筋皮、杂质、异味、霉变。成品肉丝每根粗 3～5mm，大小均匀整齐；肉丝长度大于 3cm 的占 95% 以上。

（3）肉干外观：颜色均匀一致，感观上每片无明显差异。辅料粘在表面，无折叠肉干，无脂无皮，无杂质、异味、霉变及明显透明筋。肉干厚薄均匀一致，整齐率在 95% 以上。

10. 入库

包装完毕后，化验员对成品进行抽检，合格方可入库出厂。

七、成品鉴定

成品色泽鲜艳，有弹性，口感坚韧、鲜嫩，切片呈黄褐色，有牛肉干固有的气味和滋味。

八、思考题

牛肉干中常用的食品添加剂有哪些？

实验十一　灌肠的制作

一、实验目的

了解并掌握灌肠制作的方法。

二、产品简介

灌肠（图 3－11）在明朝开始流行，《故都食物百咏》中提到煎灌肠说："猪肠红粉一时煎，辣蒜咸盐说美鲜。已腐油腥同腊味，屠门大嚼亦堪怜。"老北京街头常有挑担小贩经营此食品，有记载称："粉灌猪肠要炸焦，铲铛筷碟一肩挑，特殊风味儿童买，穿过斜阳巷几条。"

图 3－11　灌肠

清末民国初经营灌肠的食摊，都用淀粉加红曲水调成稠糊面团，做成猪肠形状。蒸熟以后，晾切成薄片，在饼铛内用猪油煎焦，取出盛盘，淋盐水蒜汁，趁热食用。后门桥一带的福兴居是经营灌肠的老字号，距今有 200 年左右的历史，因其灌肠煎得地道，人们称之为北京灌肠铺，1917 年才取名福兴居。至于庙会、集市上摊贩卖的灌肠，乃是用淀粉加红曲，团之为肠形，蒸熟成"粉灌肠"。卖时以刀削成菱形小块，于平锅内用次汤油煎焦，盛于碟内，浇上盐水蒜汁，让顾客用竹签叉着吃。此时，灌肠是一种平民化的经济小吃。

1927 年，福兴居对面开了一家合义斋灌肠铺，对灌肠制法加以改进，除用红曲水调制面糊外，还加入丁香、豆蔻等 10 多种香料。并把面糊灌入猪肠内，蒸熟切片，并用油煎，使之更加香脆咸辣，成为一道风味独特的佐酒菜，因而享有盛誉。这种灌肠才是真正的灌肠。还有一种灌肠是用淀粉加红曲水调成稠糊，蒸熟后切小片块，用猪油煎焦后，浇盐水蒜汁食用。其实这种灌肠当时被称为攘肠或煎粉灌肠，但由于前一种灌肠已经消失，灌肠这名字就被纯淀粉"独享"了。

三、设备与用具

绞肉机、拌馅机、斩拌机、灌肠机、烘房、冷库。

四、实验原料

（1）配料：猪肉、牛肉、肠衣、淀粉、食盐、硝酸钠、白糖、料酒、胡椒粉、桂皮、大茴香、生姜粉、味精、蒜（去皮）。

（2）腌制配方（以每100kg原料计）：精盐3.5kg、硝酸钠15g。

五、工艺流程

原材料整理与腌制 → 制馅 → 灌制 → 烘烤 → 煮制 → 熏制 → 成品

六、操作要点

1. 原材料整理与腌制

（1）整理：生产灌肠的原料肉应选择脂肪含量低、结着力好的新鲜猪肉、牛肉，要求剔去大小骨头，剥去肉皮，修去肥油、筋头、血块、淋巴结等。将瘦肉按肌肉组织的自然块分开，顺着肌纤维的方向切成100～150g的小块。将肥膘去皮后，切成5～7cm的长条，以备腌制用。

（2）腌制：每100kg原料加入精盐3.5kg、硝酸钠15g，混合盐磨细拌和均匀后，倒入切好的肉块中，装入容器腌制2～3天。牛肉纤维组织坚实，硝酸钠不易渗入，所以要多一道工序，选用大眼（1.3cm）绞肉机将牛肉绞碎，加入硝酸钠并搅拌均匀后再冷却腌制。大规模生产时，须在5℃以下的条件下进行，待肉块切面变成鲜红色且较坚实有弹性、无黑心时腌制结束。肥膘腌制的一般是带皮的大块肉膘，也可腌制去皮的脂肪块，用盐量为脂肪重量的3％～4％。肥膘腌制的做法为：将盐均匀地揉擦在脂肪上，然后移入10℃以下的冷库内，一层层地堆起，经3～5日脂肪坚硬，切面色泽一致即可使用。

2. 制馅

（1）瘦肉绞碎：腌制后的瘦肉块，需要用绞肉机绞碎，一般使用2～3mm孔径的粗眼绞肉机。在绞碎时必须注意，瘦肉因与机器摩擦而温度升高，尤其在夏天更应注意，必要时须进行冷却。

（2）牛肉斩拌：为把原料加工至浆状，使成品具有鲜嫩细腻的特点，原料须经斩拌工序。因为牛肉的脂肪含量较少，比较耐热，所以将牛肉放入斩拌机时，须同时加入适量的水（夏季用冰屑水）和预先配好的配料。斩拌至浆糊状且具有黏性时，再翻入拌馅机和膘丁搅拌均匀即成肉馅。斩拌时的加水量，一般为每100kg原料为30～40kg，以原料干湿程度和肉馅是否具有黏性为准，灵活掌握。

（3）脂肪切块：将腌制后的脂肪切成1cm³的小块。脂肪切丁有两种方法，即手工法和机械法。手工切丁是一项细致的工作，只有较高的刀工技术，才能切出正立方体的脂肪丁。机械切丁效率较高，但是切的脂肪大小不匀，多数不成正立方体。另外，由于机械的摩擦生热，有脂肪融化现象，影响产品的质量。

（4）灌肠配料准备。

（5）拌馅：将斩拌的牛肉、绞碎的猪肉、规定量的水及其他调料在拌馅机中混和，经6～8min，水被肉充分吸收后，加入脂肪丁和淀粉，充分混合2～3min。拌馅时间应以拌好的肉馅弹力好、保水性强、没有乳状分离、脂肪块分布均匀为宜。肉馅温度不应超过10℃。

3. 灌制

灌制过程包括灌馅、捆扎和吊挂等工作。

灌制前先将肠衣用温水浸泡，再用清水反复冲洗并检查是否有漏洞。肉制产品一般用灌肠机灌制。灌制方法是把肉馅倒入灌肠机内，再把肠衣套在灌肠机的灌筒上，开动灌肠机将肉馅灌入肠衣内。灌肠机有两种，即活塞式灌肠机和连续真空式灌肠机。灌制的松紧要适当，若灌制过松，则煮后肠体会出现凹陷变形；灌制过紧，则肉馅膨胀而使肠衣破裂。

灌制完成后拧节，每节长18～22cm，每杆穿10对，两头用绳系住，如果不够对数，则要用绳子接起来。吊挂的灌肠互相之间不应紧贴在一起，以防烘烤时受热不均。另外，上杆前要用针扎孔放气，防止煮制时肠衣破裂。

4. 烘烤

经晾干后的灌肠送烘烤炉内进行烘烤，温度为70～80℃，时间为25～30min。

（1）烘烤目的：烘烤能够使蛋白质肠衣发生凝结并灭菌。肠衣表面干燥柔韧，增强肠衣的坚固性；肌肉纤维相互结合起来，固着能力提高；烘烤时肠馅温度升高，可进一步促进亚硝酸盐的呈色作用。

（2）烘烤设备：有连续自动烤炉、吊式轨道滑行烤炉和简易小烤炉。热源有远红外线、热风、木材或无烟煤等。用红砖砌的简易炉，高4m，长、宽各3m，一次可烘烤100kg。用木材烘烤时，要用不含树脂的木材，如椴木、榆木、榨木、柏木等，不能用松木，因松木含有大量油脂，燃烧时产生大量黑烟，使肠衣表面变黑，影响灌肠质量。也可使用无烟煤和焦炭代替木材烘烤。

（3）烘烤方法：首先点燃炉火，烘烤炉内温度升到 $60\sim70℃$ 时，将装有灌肠的铁架推入炉内（低层肠与火相距 $60\sim100cm$），关好炉门。每 $5\sim10min$ 检查一次。如果使用热风烘烤，则操作比较简单。

经过烘烤的灌肠，肠衣表面干燥没有湿感，用手摸有沙沙的声音；肠衣呈半透明状，部分或全部透出肉馅的色泽；烘烤均匀一致，肠衣表面或下垂一头无熔化的油脂流出。

5. 煮制

（1）煮制目的：煮制能够使瘦肉中的蛋白质凝固，部分胶原纤维转变成明胶，形成微细结构的柔韧的肠馅，使其易消化，产生挥发性香气；杀死肠馅内的条件病原菌（$68\sim72℃$），破坏酶的活性。

（2）煮制方法：煮制方法有两种，一种是蒸汽煮制法，适用于较大的肉制品厂，是在坚固而密封的容器中进行的；另一种是水煮制法，我国大多数肉制品厂采用水煮制法。水煮制未能的具体做法为锅内水温升到 $95℃$ 左右时将灌肠下锅，之后水温保持在 $85℃$ 左右，若水温过低，则不易煮透；若水温过高，则易将灌肠煮破且易使脂肪熔化游离。待灌肠中心温度达到 $74℃$ 即可。煮制时间为 $30\sim40min$。

鉴别灌肠是否煮好的方法有两种：一是测肠内温度，肠内温度达到 $4℃$ 时可认为是煮好；第二是用手触摸，手捏肠体，若肠体较硬，弹力很强，则说明已煮好。

香肠类制品的煮制温度较低。肉制品的熟制主要是使结缔组织和肌束软化，易于咀嚼消化，而香肠类制品中大多数结缔组织已被除去，肌纤维又被机械破坏，为此不需要高温长时间的熟制。

6. 熏烟

灌肠煮制后要进行烟雾熏制，因为灌肠经煮制后变成湿软状态，肠体色泽暗淡无光，不易保存，所以要经过熏制。

（1）熏制目的：熏制过程可除掉一部分水分，使灌肠干燥有光泽，肠馅呈鲜红色，肠衣表面起皱纹，使灌肠具有特殊的香味，并增加防腐能力。

（2）熏制方法：把灌肠均匀地挂到熏烟炉内，不挤不靠，各层之间相距 $10cm$ 左右，最下层的灌肠距火堆 $1.5m$。一定要注意熏烟温度，不能升温太快，否则易使肠体爆裂，应采用梯形升温法，熏制温度为 $35\sim55\sim75℃$，熏制时间为 $8\sim12h$。

七、成品鉴定

色泽：表面呈枣红色，内部呈玫瑰红色，脂肪呈乳白色。

气味：具有灌肠应有的滋味和气味，无异味。

组织：表面起皱，内部组织紧密而细致，脂肪块分布均匀，内容物为完整的一体，切面有光泽而富有弹性。

八、思考题

熏烟对灌肠起到什么作用？

实验十二　腊肠的制作

一、实验目的

(1) 了解腊肠的制作方法。

(2) 掌握广式腊肠与一般腊肠之间的区别。

二、产品简介

腌腊肉制品是我国传统肉制品的典型代表之一，具有悠久的历史和深厚的文化背景，对世界肉制品加工技术和加工理论的发展做出了贡献。传统意义上的腌腊是指畜禽肉类经过盐（或盐卤）和香料的腌制，再经过一个寒冬腊月，使其在较低的气温下自然风干成熟，形成独特的腌腊风味。

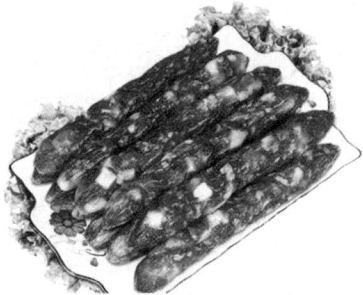

图 3 - 12　腊肠

如今，腌腊早已不单是保藏防腐的一种方法，而是肉制品加工的一种独特工艺。凡原料肉经预处理、腌制、脱水、保藏成熟加工而成的肉制品都属于腌腊肉制品。因此，腌腊肉制品的品种繁多。国内的腌腊肉制品主要有腊肉、腊肠、板鸭、香肚、中式火腿等；国外的腌腊肉制品主要有培根、萨拉米干香肠、半干香肠。

在我国腊味肉制品中，以广式腊味、湖南腊味、四川腊味最有影响。其中广式腊味又是腊味市场上的"绝对主角"，占全国腊味市场的 $50\% \sim 60\%$。在广东，广式腊味的市场比例达 80% 左右。据不完全统计，广东有正规腊味生产企业上千家，年产值 100 余亿元人民币，在广东食品工业产值中占有相当大的比例。

三、设备与用具

绞肉机、切丁机、拌料机、灌肠机等。

四、实验原料

瘦肉 3500g、肥肉 1500g、精盐 100g、白糖 250g、生抽 250g、山西汾酒 150g、硝酸钠 2g、清水 750g、肠衣若干。

五、工艺流程

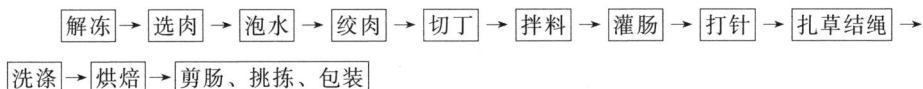

六、操作要点

1. 解冻

采取自然摊开解冻的方式，以防堆叠造成的解冻不均匀，肉质容易变坏。一般正常情况下，解冻时间为 10~12h，室温以 20℃为宜。当室温较高或较低时，可适当调整解冻时间。但不可用水浸泡和长时间用水冲洗解冻，以免影响肉质。

2. 选肉

制作腊肠的肉以后腿肉为佳，因其筋膜小、肉质好、利用率较高，其次是前腿肉。在分割过程中，应除去筋膜、骨骼、血膜、淤血、干枯肉，还要挑选等级肉（后腿肉为一级，前腿肉为二级）。

3. 泡水

将选好的冻肉分级浸泡，目的是泡清血水，软化肉质纤维，使得肉质鲜明。正常情况下，可浸泡 1h，冬天可延长时间。浸泡好的瘦肉，用器具晾干后才能绞肉。

4. 绞肉

将晾干后的瘦肉放入绞肉机，采用 6~8mm 的孔板，刀刃一定要锋利，切忌把肉绞成浆，影响质量。

5. 切丁

把肥脊膘铲皮，去净皮青、腱膜等。肥肉粒要求四角分明、大小均匀。肥肉粒切成之后，先用温水清洗，再用冷水洗净，去除杂质和油污，使肉粒干爽，便于腌味的渗透。

6. 拌料

将肥肉粒及瘦肉粒放入拌料机，边搅拌边加入溶解后的配料，直至肥瘦均匀。但不宜过久搅拌，以免瘦肉搅成肉浆，影响腊肠的质量。

7. 灌肠

选好定型的干肠衣，用 30~35℃的温水灌洗肠衣内壁，排干水分，然后用真空灌肠机将肉馅灌入肠衣内，注意灌肠要饱满，肠内无空气，两头扎紧密。

8. 打针

用打针机（或特制的针板）在肠身底与面均匀打针 1 次（针距 1cm），使肠内多余水分及空气排出，有助于肠内水分快干。

9. 扎草结绳

扎草要按照特定的长度尺码扎草，切不可收紧和放宽。绳结应安排在扎好的腊肠中间，须确保每根腊肠均匀平衡，便于挂竹和不影响规格。

10. 洗涤

将结好绳的湿肠用 50℃ 温水洗净，注意肠身表面的油污要清洗干净，以防针孔堵塞，影响肠内水分蒸发。否则腊肠表面会出盐霜，影响产品感观。

11. 烘焙

把经过清洗后的湿肠用小挂车推进烘房，须注意腊肠与腊肠之间的距离（一般要求 5～6cm），晾竹不要排得过密，否则影响通风和上层腊肠的吸热。烘房温度一般掌握在 55℃ 左右，烘焙 72h。在烘焙过程中要受热均匀，上下层腊肠须交替吊挂。

12. 剪肠、挑拣、包装

出炉后的干腊肠，须等肠身凉凝之后才能剪肠。在挑拣过程中，须注意保证条子均匀，粗细长短一致。装袋抽真空须放置平整，以免在运输或市场流通环节发生漏气的现象。

七、成品鉴定

形态：色泽红艳，间有白色夹花。
口感：咸口带甜，细品时芳香浓郁。

八、思考题

广式腊肠与一般腊肠的区别是什么？

参考文献

[1] 刘永强. 广式腊肠的加工制作 [J]. 现代农业装备，2004（6）：63-65.

[2] 吴娜，孙为正，任娇艳，等. 广式腊肠加工过程中质构与色泽变化的研究 [J]. 食品工业科技，2009（3）：95-97，101.

[3] 许鹏丽，肖凯军，郭祀远. 广式腊肠风味物质成分的 HS-GC-MS 分析 [J]. 现代食品科技，2009，25（6）：699-703.

[4] 梁朋敏, 俆勇, 王三永, 等. 不同包装材料对广式腊肉储藏保鲜效果的研究 [J]. 食品工业科技, 2007 (6): 176 - 177.

[5] 孙为正, 崔春, 赵谋明, 等. 广式腊肠贮存过程中酸价影响因素研究 [J]. 食品科技, 2007 (12): 198 - 201.

[6] 周光宏, 赵改名, 彭增起. 我国传统腌腊肉制品存在的问题及对策 [J]. 肉类研究, 2003 (1): 3 - 7, 15.

[7] 李彦军, 孟少华, 李红伟, 等. 腌腊制品的酸败与预防措施 [J]. 肉品卫生, 2005 (9): 27 - 28.

[8] 赵谋明, 吴燕涛, 孙为正. 广式腊味存在的问题及对策 [J]. 现代食品科技, 2007, 23 (6): 55 - 58.

[9] 郭永昌, 陈广芹. 浅谈三文治火腿的保水性和嫩度 [J]. 肉类研究, 1996 (3): 29 - 30.

[10] 周光宏. 畜产品加工学 [M]. 北京: 中国农业出版社, 2002.

[11] 南庆贤. 肉类工业手册 [M]. 北京: 中国轻工业出版社, 2008.

[12] 马美湖, 刘焱. 无公害肉制品综合生产技术 [M]. 北京: 中国农业出版社, 2008.

[13] 李慧文等. 猪肉制品 589 例 [M]. 北京: 科学技术文献出版社, 2003.

[14] 葛长荣, 马美湖. 肉与肉制品工艺品学 [M]. 北京: 中国轻工业出版社, 2002.

[15] 刘俊利. 西式盐水火腿工艺与产品质量浅析 [J]. 肉类研究, 2003, (2): 27 - 28.

[16] 孙建全. 西式火腿加工技术 [J]. 中小企业科技, 2000 (2): 7 - 8.

[17] 焦晓霞. 西式火腿加工的技术要点 [J]. 肉类工业, 2001 (3): 14 - 15.

[18] 张勇. 脆脆肠、烤肠和盐水火腿的生产加工 [J]. 肉类工业, 2005 (3): 7 - 8.

[19] 潘巨忠, 薛旭初. 牛肉干加工优化方案的研究 [J]. 农产品加工: 下, 2006 (5): 28 - 30.

[20] 冉旭, 刘学文, 王文贤. 牛肉干生产新工艺研究 [J]. 食品工业科技, 2003, 24 (8): 52 - 53.

[21] 蒋爱民, 南庆贤. 畜产食品工艺及进展 [M]. 西安: 陕西科学技术出版社, 1998.

[22] 吴菊清, 余小领, 李增利. 新型肉脯的研制 [J]. 肉类研究, 2000 (3): 24 - 25.

第四章　卤烤制品工艺学实验

一、卤菜的分类及特点

我国的酱卤菜历史悠久，起源于先秦时期，酒和糟已被广泛用于膳食中，到了宋代就有了卤料、酱料、糟料的配方。卤制、糟制技术在饮食中得到了具体运用。古往今来，酱卤菜色泽美观、香鲜醇厚、软熟滋润。我国卤菜种类繁多、风味各异，现已经演变为红卤、盐焗、麻辣、泡椒、烤鸭、酱香、五香、海鲜、凉拌 9 大系列。卤制品可分为清卤、南卤、北卤，南卤又为红卤和白卤。按卤水中油脂的含量，卤制品可以分为油卤（卤汤中的油脂含量为 35％～50％）和水卤；按卤水的颜色，卤制品可以分为红卤和白卤。油卤中所加的一些辛香料所含的辛香成分大多属于脂溶性物质，难以溶解于水中。若在卤水中加大油脂用量，则会令这些香料中的呈香物质充分溶解出来，使卤水的香味更加浓郁。另外，由于卤水中增加了油脂含量，能在卤水表面形成较厚的油层，使卤水的热量不易散发，沸点提高，所卤原料更容易成熟，菜品更加细嫩脆爽。用油卤的方法制作出来的菜品具有色泽红亮、香味浓郁、细嫩油润等特点。卤菜一直以它独有的形式不断地超越与发展，在粤菜、湘菜、徽菜、川菜当中都有非常大的影响力。无论城市、乡间，放眼酒楼饭店、街边小巷都可见其踪迹。它经过腌制、风晒、煮焖或卤制后，经刀工处理，简单包装，即可食用。特点是干香、脆嫩、酥烂、爽滑、无汤、不腻、色泽光亮、食用方便、便于携带，备受人们的喜爱。

二、卤菜的发展历史

卤菜最初的形成经历了从秦惠王统治巴蜀（公元前 316 年）到明代的历史阶段，有千余年的时间。秦代蜀郡太守李冰率万余民工修建都江堰水利工程后，又派人"穿广都盐井"，生产出四川最早的井盐。东晋常璩所著的《华阳国志》中在追述当时的饮食习俗时就有"尚滋味，好辛香"及"鱼盐、茶蜜、丹椒"的记载。从中可以看到，当时人们已经学会使用岩盐和花椒制造卤水。

经过三国及魏晋南北朝时期的铺垫，唐朝的文人墨客为找到诗的灵感，喜欢在写诗时饮酒，而饮酒又少不了上乘佳肴，这就促进了卤菜的进一步发展。

到了明代，《饮膳正要》和《本草纲目》的问世，使朝野人士更加重视食疗。因为记载的药料中有些既能防病、治病，又能产生香味，达到调味的目的，所以大部分都被作为卤菜调料使用。

三、配制卤水时的注意事项

（1）香料、食盐、酱油的用量要适当。香料太多，成菜药味大，色泽偏黑；香料太少，成菜香味不足。食盐太多，成菜除口味较咸外，还会使成菜紧缩、干瘪；食盐太少，成菜鲜香味不突出。酱油太多，成菜色黑难看；酱油太少，成菜口味不够鲜美。

（2）原料的选用。黄卤、白卤不宜使用酱油或其他带色的调味品，也不宜使用容易褪色的香料。

（3）卤水不宜事先熬煮，应现配制现使用，这样既可以避免调味品中的芳香气味白白地挥发掉，又可以节省燃料和时间。

四、卤水的存放

卤水用的次数越多、保存时间越长，质量越佳、味道越美。这是原料在卤制过程中蛋白质与脂肪的分解产生鲜味物质等成分越来越多的缘故。因此应该重视陈年卤水的保管与存放，留作下次用。卤水一般分为4层，第一层为浮油，第二层为浮沫，第三层为卤水，第四层为料渣卤水的保存。卤水的存放应注意以下几点：

（1）用卤水时必须烧开，把上面多余的浮油打去，再把泡沫打干净，用纱布过滤沉淀，保持卤水干净。卤水上面有一层浮油，对卤水起一定的保护作用，但若是浮油过多，则脂肪会氧化变质，也会对卤水起到破坏作用。恰当处理浮油，是卤水管理中的一个关键。实践证明，浮油既不能多也不能少，以卤水之上保留薄薄的一层"油面子"为宜。若无浮油，则香味容易挥发，卤水容易坏，卤制时也不易保持锅内恒温；若浮油过多，则卤水的热不易散失冷却，热气闷在里面而致卤水发臭、翻泡，长久易发生霉变。

（2）卤水每次卤完食物后必须烧开保存，反复使用后卤水会越来越酽，需要"清扫"，即用干净的动物血液，如鸡血（1只鸡的血加1kg水），将其与清水混合后，徐徐加入烧沸的卤水中搅转起旋涡，待静止后再烧沸腾后用纱布滤去杂质。这是利用蛋白质的吸附和凝固作用，吸去卤水中的杂质，以使卤水变得清澈。讲究一些的还要用瘦肉蓉对卤水进行"清扫"。但需注意，每锅卤水清扫的次数不能过多，以免卤水失去鲜香味。

（3）保存老卤水必须用清洁的陶器或白搪瓷器皿，陶器体身较厚，可避免外界热量的影响。绝不能用铁、锡、铝、铜等金属器皿，否则卤水中的盐等物质会与金属发生化学反应，使卤水变色、变味，乃至变质不能使用。

（4）注意存放位置。卤水在不使用时，应烧沸后放入搪瓷桶内，令其自然冷却，并且不要随意晃动。卤水应放在阴凉、通风、防尘处，加上纱罩，防止蝇虫等落入卤水中。桶底还应垫上砖块，以保持底部通风。如果有条件，则可将其放入冷库中存放。卤水在长期不用时，应时常从冷库中取出烧沸，冷却后再放入库中。

（5）冰箱保管法。冰箱给卤水的保管带来了方便。冰箱保管卤水的具体做法是，把卤水烧开，用纱布滤去杂质，然后再烧开，静止冷却，用保鲜膜封口后即可放入冰箱保管。

（6）春季温度逐渐上升，因此要求每天早晚都必须将卤水烧开，放在固定地方不动；夏季气候炎热，是卤水极易变质的多发期，发泡、变酸现象频繁出现，每天必须将卤水烧开 2 次（早上 1 次，下午 1 次，并且固定不动）；秋季温度逐渐下降，但是暑热未完，俗话说"七霉，八烂，九生蛆"，卤水还是应该每天烧开 2～3 次，放在固定的地方不动；冬季温度逐步下降，卤水应该每天或隔天烧开 1 次，放在固定的地方不动。

（7）原料的添加。香料袋一般只用 2 次，就应更换，其他调料则应每卤 1 次原料，即添加 1 次。经常检查卤水中的咸味，并稍微调整，以免过咸或过淡；每天添加的汤汁及卤制原料的数量必须进行登记，以保持卤水的香味和香气的持久性，即便是家庭中的卤水也要定期检查，以免变质。

五、卤菜的鉴别方法

（1）看颜色：正宗卤菜的颜色很自然，绝对不是非常鲜艳的，太鲜艳的一般是加入了人工色素，这样的卤菜不宜食用。

（2）闻味道：一般来说，符合要求的卤菜味道闻起来很醇正。如果卤菜闻着非常香或者有一股很闷人的肉味，就很可能是添加了一些添加剂。

（3）直接尝：尝要靠经验，正宗卤味的香味很正常，没有奇怪的味道，并且是越吃越香。

六、卤菜和卤水的加工技术要点

卤水分为两大类，即红卤和白卤，所用调料、香料基本相同，其味型也基本相同，属复合味型，味咸鲜，具有浓郁的五香味。

红卤：加糖色的卤水，卤制的食品呈金黄色（如卤肥肠等）或咖啡色

（如卤牛肉）。

白卤：不加糖色的卤水，卤制的食品呈无色或者本色（如白卤鸡、白卤牛肚、白卤猪肚等）。

1. 卤菜卤料处理

（1）原料清洗处理：动物原料在宰杀处理后，必须将余毛和污物清除干净。肠肚应用精盐、淀粉抓洗净。舌、肚还应用沸水略烫，用刀刮去白膜。

（2）初步刀工处理：肉改刀成 250～1000g 的块；肠改刀成长 45～60cm 的段；肝改刀成 500～600g 的块；牛肚改刀成 1000g 左右的块；其他内脏则不改刀。家禽及豆腐干等不须改刀。

（3）焯水处理：凡是需要卤制的动物性原料都应先进行焯水处理，才能用于卤制。焯水是将原料放入清水锅中，焯至断生时捞出，用清水洗去污沫。若原料异味较大，则可在锅中适当加入葱结、姜块、料酒等。焯水是为了防止原料中的恶味、血污混入卤水中，使卤水味劣，呈粥样化，并极易发酵起泡而变质，难以保存。原料未经焯水处理而直接放入卤锅中制出来的菜肴，表面附有血沫，外观不美，味道很差。

2. 卤菜卤水制作

（1）将鸡骨架、猪筒子骨（锤断）用冷水余煮至开，去其血沫，用清水清洗干净。重新加水，放入老姜（拍破）、大葱（留根全长），烧开后用小火慢慢熬，不能用猛火（用小火熬出的是清汤，用猛火熬出的是浓汤），熬成卤水待用。

（2）糖色的炒法。冰糖先处理成细粉状，锅中放入少许油，下冰糖粉，用中火慢炒。待糖油由白变黄时，改用小火。糖油呈黄色起大泡时，端离火口继续炒（这个时间一定要掌握好，动作要快，否则易变苦），再上火，使糖油由黄色变为深褐色。糖油由大泡变小泡时，加入开水少许，再用小火炒至去煳味时，即为糖色（糖色要求不甜、不苦、色泽金黄）。

（3）由于卤水是用水导热介质的烹饪法，在处理调料与香料的过程中，要掌握好香料的用量。若有新卤水 12.5kg，则用 600～700g 香料为宜（6kg 卤水用 300g，3000g 卤水用 150g 左右）。香料拍破或者改刀（千万不能弄细，稍微改下，以免影响效果），用香料袋包好打结，不宜扎得太紧，应略有松动。香料袋包扎好后，应该用开水浸泡 0.5h 或先单独用开水煮 5min（去沙砾和减少药味），然后将香料袋捞出放到卤水里面，加入盐和适量糖色、辣椒，用中小火煮出香味，制成卤水初胚红卤（白卤不放辣椒和糖色，其他和香料都相同）。

（4）糖色用量。红卤的糖色应该分次加入，避免汤汁伤色。糖色用量应以卤制的食品呈金黄色为宜。

（5）香料量的掌握。卤水中的香料经过水溶后，会产生各自的香味，并且有易挥发和不易挥发的差异。为使香料溢出，须不断地尝试卤水的香味，尝试过程中应随时作好香料投放量的记录，以便及时增减各种香料（有经验后便可灵活掌握了）。卤水经过一定原料的卤制后，其香味逐渐减弱，当香料不再浓郁时，应及时地更换香料袋，以保持其始终浓郁的香味。

（6）食盐用量的控制。"盐为百味之本"，卤水中的香料只能产生五香味的味感，不能使原料产生咸味。在每天投放原料时都必须尝试卤水的咸味是否合适，再酌情加盐，咸味适宜后方可进行卤制。原则上，卤多少，原料加多少盐，会使卤水始终保持醇正的咸味。

（7）卤水的补充。在卤制过程中，因卤水沸腾而产生蒸汽，会使卤水逐渐减少。这就需要及时补充水分，补充卤水的方法有两种：一是准备一定量的原汁卤水，边卤制边加入，这样卤制的原料能够保持五香味醇厚可口；二是熬制好鲜汤，在卤制前加入原卤水中，稍后再卤制原料。由于鲜汤中含有大量蛋白质，可使原料鲜味浓郁。

若有老卤，则调制卤水不必非用骨汤，用清水亦可，也可不加油。忌在卤制原料时加入冷水，否则会减弱香味、鲜味和咸味。

（8）卤水中忌加入酱油。红卤中的金黄色来自糖色，千万不能以酱油来代替。加糖色卤制的原料色泽金黄，不易变黑，而加入酱油的卤水经氧化后会使色泽发黑发暗。时间越长，色泽越黑越深，导致卤制品是黑色而不是金黄色。

（9）熬好的卤水应该妥善保管，不宜搅动。如果卤水经常搅动而不烧开，就会滋生细菌，而使卤水变酸、变味。

（10）卤水中应该加入一定量的鸡精和味精。味精的主要成分为谷氨酸钠，谷氨酸钠在160℃时才能分解为焦谷氨酸钠，因此卤水中加入味精不会对人体产生任何影响。

实验一　白卤的制作

一、实验目的

（1）认识白卤制作所用原料。

（2）掌握制作白卤（盐水卤）的基本原理及要领。

二、产品简介

卤水分为两大类：红卤和白卤，其味型基本相同，属复合味型，味咸鲜，具有浓郁的五香味（所用调料、香料基本相同）。红卤是指加糖色的卤水，卤制的食品呈金黄色（如卤肥肠）、咖啡色（如卤牛肉）。白卤是指不加糖色的卤水，卤制的食品呈无色或者本色（如白卤鸡、白卤牛肚、白卤猪肚等）。无论是白卤还是红卤，都属于煮的范畴。由于卤比煮的时间稍长，便属于单独的烹饪发存于川菜中，成为川菜烹制方法的一种，是川菜冷菜运用最广泛的一种方法。它的制作过程是将调料加多种香料制成卤水，将原料粗加工后入卤成菜，适用于肉类、家禽野味、水产、蔬菜、豆制品等原料。经过红卤或白卤制好的食品做成川味热菜，即川味卤菜。

三、设备与用具

不锈钢桶、炒锅、大勺、大漏勺、电子秤、刀具、砧板、不锈钢盆、盘子。

四、实验原料（以50kg水为例）

1. 汤料

（1）荤料：鸡骨架5kg、筒骨5kg（此处吊汤可加入几块咸鸭块）。

（2）素料：姜、蒜、葱、土芹、香菜、青红椒。

2. 香料

豆蔻25g、山柰20g、丁香7g、香果10g、八角15g、甘草35g、香叶10g、桂皮20g、陈皮10g、沙姜10g、花椒5g、白胡椒15g（颗粒）、香菜籽20g。

3. 调料

盐、冰糖/白糖、味精、鸡汁、鸡粉、花雕酒1瓶、白酒、鱼生寿司酱油，均适量。

4. 原料

白干 1000g（可供实习用）。

五、工艺流程

吊汤：

汤料洗净后入清水焯水 → 洗净 → 入锅 → 大火烧开 → 小火（3～4h）→ 打尽浮沫（会带走部分油脂）

六、操作要点

1. 吊汤

将汤料洗净后焯水，焯至断生时捞出，洗净污沫，放入锅中，大火烧开后，转为小火煮制 3～4h，打尽浮沫（会带走部分油脂）即成。焯水是将汤料放入清水锅中，焯至断生时捞出，用清水洗去污沫。如果原料异味较大时，则可在锅中适当加入葱结、姜块、料酒等。需要卤制的动物性原料都应先进行焯水处理，才能用于卤制。素材洗净（无须去根），入汤锅煮制 30min。

2. 加香料包

将香料包洗净、焯水，浸泡后放入汤锅。

香料包的处理是防止其原有色泽影响食材，香料包在汤锅中炖多长时间要视实际情况而定。

2. 卤制白干

白干改刀呈现兰花形，故亦称兰花干，白干的卤制过程如下。

（1）改刀：将厚白干从正面斜刀划深度 4/5，反面直刀划同样 4/5。

（2）过油炸制：控制油温为 5～6 成，将改刀后的白干浸没入油中，将表面炸透的过程称为浸炸。由于豆制品有豆腥味，其使用过的油再炸其他食物时有大量泡沫出现，因此浸炸白干一般不使用新油而使用老炸油/废油。

（3）回软：将炸好的白干捞出沥油，用清水清洗一下并使之回软。

（4）卤制：豆制品有豆腥味，需单独取出一部分卤水将其卤制成熟。

七、成品鉴定

成品汤汁清透，香气浓郁；白干颜色洁白，花型整齐、细密，卤香浓郁。

八、思考题

1. 白卤吊汤过程中如何控制火候与时间以保证卤水的质量？

2. 计算使用不同卤制原料时所产生的利润。

实验二　潮州卤水的制作

一、实验目的

（1）认识潮州卤水制作所用原料。

（2）掌握潮州卤水的基本原理及特点。

二、产品简介

潮州卤水是潮州菜的重要组成部分，是广东潮州的传统特色名菜之一，具有浓而不咸、香而不浊、醇而不寡的特色。潮汕的卤属红卤，其卤水用细猪骨、梅肉、老鸡、火腿、瑶柱，与八角、桂皮、香叶、鲜香茅、甘草、黄姜、罗汉果、丁香、蒜头、红葱头、西芹、红萝卜、洋葱及老抽、鱼露、鸡精、花雕酒、玫瑰露酒等一同熬制而成，再将家禽、家畜或水产品等放入其中，加热卤制，形成各种卤味。潮汕卤味主要有卤鹅、卤鸭、卤猪头、卤猪脚、卤猪肉、卤猪杂（包括猪肠、猪肚、猪粉、猪心、猪尺、猪肝）、卤猪皮、卤蛋、卤野味、卤豆干、卤香菇等，口味鲜美。潮州卤水的制作者认为，传统开敞式卤水容易导致香味挥发流失，而在卤水中加入鹅油，是为了让卤水的香味能存留下来。因此，在卤水中刻意加入油脂是潮州卤水的一大特色，而这种做法是以往的卤水所不容的。原因是过去的卤水产品对色泽特别讲究，如果卤水的油脂较多，就会影响食物上色。

三、设备与用具

不锈钢桶、炒锅、大勺、大漏勺、电子秤、刀具、砧板、不锈钢盆、盘子。

四、实验原料（以 50kg 水为例）

1. 汤料

（1）荤料：鸡骨架 3kg、筒骨 3kg、老鸡 1 只、里脊肉 1.5kg、肉皮 1.5kg、鸡爪 1kg、广东火腿 1.5kg、干贝 150g、大地鱼 150g、干虾米 150g、

蛤蚧 3 只。

（2）素料：香菜、西芹、干葱头、洋葱、香蕉、葱、姜、蒜。

2. 香料

良姜 20g、南姜 50g、肉豆蔻 10g、白豆蔻 10g、香叶 15g、茴香 10g、草果 10g、罗汉果 3 个、香茅草 10g、砂仁 10g、白芷 10g、肉桂 10g、干辣椒 10g。

3. 调料

美极鲜 500g、鱼露 50g、广东米酒 1 瓶、花雕酒 1 瓶、桂花急汁 1 瓶、加饭酒 1 瓶、鸡汁少许、玫瑰露酒少许、冰糖 150g、白酒少许、鱼生寿司酱油少许、黄姜汁 50g，鸡汁、鸡粉、盐、味精、麦芽粉、陈村枧水、鱼翅精适量。

五、工艺流程

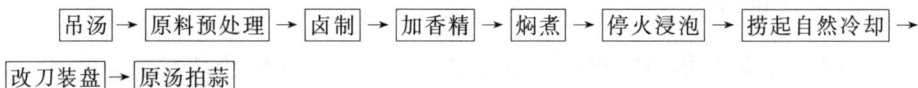

吊汤 → 原料预处理 → 卤制 → 加香精 → 焖煮 → 停火浸泡 → 捞起自然冷却 → 改刀装盘 → 原汤拍蒜

六、操作要点

1. 吊汤

（1）荤料：将荤料洗净，焯水后再次洗净，入汤锅大火烧开，加清水再次大火烧开后去浮沫后，改文火炖制 3～4h。文火炖制保持汤清，捞出原料留汤汁。

（2）素料：将素料制净，用油炸黄，倒入汤锅煮制 30min 后捞出。

（3）干贝、干虾米、大地鱼焯水后过油，炒香后入汤锅，蛤蚧清洗后入汤锅。

（4）香料洗净用纱布包起，放入汤汁中小火煮 3h 捞出，放入各调料调味。

2. 原料预处理

将鹅肫、鹅掌、鹅爪、猪耳尖、鸭翅、鸡翅尖清洗后，用适量的盐、姜、陈村枧水、玫瑰露酒、白酒腌渍 30min，清水冲洗干净，入锅焯水后备用。

3. 卤制

原汤滤去残渣，加入各调料调味，下入预处理后的食材，一般要求大火烧沸后转为慢火、小火或微火卤制，特别是大块或整只的食材更要注意小火炖制，即保持汤面似开不开的状态。长时间卤制，有的还要采用"焐"锅的方式，即烧沸后熄火"焐"锅一段时间，这样能保留原料内部水分，使肉感鲜嫩。

备注：

1. 不同食材卤制时间控制

（1）全鸭、全鹅：大火煮开，卤制时间不得超过 90min。

（2）鸭爪、鸭头、鸭翅、锁骨、鹌鹑、鸭腿、半边鸭：下锅即开始计时，卤 25min 起锅。

（3）莲藕：下锅即开始计时，卤 12min、泡 10min 即可。

（4）鸭肠：将老汤取出一部分烧至 70～80℃，下入盐 140g、鸡精 250g、色素少许，卤约 8min 即可出锅。

（5）鸡翅尖卤 5～8min，鸭舌、鸭心、鸭肝、鸭蛋卤 8min，小龙虾卤 15min，螃蟹卤 15～20min。（注：卤制小龙虾、螃蟹时不加色素。）

2. 潮州卤水制作过程中油的选用

（1）猪油。猪油是潮州卤水的重要原料，它能在加热过程中发生脂化作用增加汤卤的香味，还能溶于卤水中，配合各种卤水调味品，调和滋味、削弱异味。卤水制作时若油润度不够，则可适量加入猪油，可去除猪内脏或牛内脏以此消除异味和腥味。选用猪油时，以猪板油提炼的色白且无杂质者为上乘。熬至猪油快起锅的时候用生姜、大葱、洋葱、大蒜炸一下，增加香味。

（2）鸡油。鸡油是近来用于潮州卤水的高档油脂，其营养丰富、鲜香味浓，主要用于潮州卤水的加工方法，熬至鸡油快起锅的时候用生姜、大蒜和洋葱在锅里炸成金黄色，滤去料渣即可，香味浓郁。

（3）菜油。菜油在潮州卤水中主要用于溇炒调味品，使其吃色出味。

（4）色拉油。色拉油主要用于卤水底料炒制，调和味料和味碟等。

卤水使用的食油，主要有 4 种：牛油、猪油、菜油、麻油。牛油可以增加卤水的香味，保持原汤的温度，增加用料的色泽；猪油除增加原汤香味外，还可减弱用料的腥味、异味；菜油做煸炒原料和蘸味之用；麻油较少用于汤汁，多用于味碟。此外还有辣椒油、蚝油、混合油、鸡油等，也都是为了增加潮州卤水的香味和风味。

3. 卤水保存

（1）炖开：将新鲜的血放入卤水中（鸡血、鸭血、猪血等）烧开过滤，用于清理卤水。

（2）定时加热烧沸（卤菜店每周 2 次），夏季每天烧沸 1 次，冬季 1 次/周。静置，上面的油为保护层。

（3）盛装器皿：不锈钢、陶器。

（4）通风，加盖。

（5）浮油的处理：不易太多，也不易太少。

4. 香料用量控制

（1）香料保持适量，太多味重，太少味不足。

（2）盐保持适量。

（3）加汤水时要追加料并调味，以保持卤水原有风味。

5. 定期清理

方法：①在漏勺上铺 1～2 层纱布过滤；②用新鲜的血液，卤水烧开往里冲，血液有孔洞，起吸附作用，再过滤。当卤水少时，用冰箱保存最好。烧开卤水，盖子冷凝的水不要滴入卤水中（易带入细菌）。平时应将盖子上水擦干净，再盖上盖子（不然有灰尘）。

七、成品鉴定

成品香味浓郁，色泽浅黄，细嫩油润，味柔香软。

八、思考题

1. 为什么潮州卤水重视油的使用？
2. 潮式卤制品与其他卤制品的用料有何区别？

实验三　腊味卤的制作

一、实验目的

（1）认识腊味卤制作所用原料。

（2）掌握腊味卤的基本原理及特点。

二、产品简介

巴蜀大地温暖湿润，饮食"尚滋味，好辛香"。夏商时期，盐是巴国的经济命脉，巴人将盐、香料、食物加水煮熟，用刀分割食之，为最初卤烹雏形。周代时卤烹已盛行，卤水由此产生，卤烹技法由此形成。宋代《梦粱录》首次出现对这一烹饪方法的统称"卤"。清代的《随园食单》《调鼎集》和李化楠所著的《醒园录》对卤水、卤法和卤方都有详细介绍，形成"南卤"和"北卤"两大派别，分为川、粤、潮、客四大卤系。川卤则立群卤，调味上更具通用性，因人、因地而异，分为红卤、白卤、黄卤三大卤式。

川卤手法包括蒸卤、腌卤、浸卤、酱卤、焗卤、炸卤、烤卤、腊卤、熏卤、糟卤、油卤、煨卤等；川卤味型包括五香卤、茶香卤、腊香卤、椒香卤、豉香卤、糟香卤等。

腊味卤与其他卤制手法的区别主要在于，在吊汤过程中除添加香料外，卤制原料中还加入腊鸡、腊鸭、腊肉及熬制的腊猪油，使得卤制成品腊香浓郁、色泽浅黄、咸鲜味美。

三、设备与用具

不锈钢桶、炒锅、大勺、大漏勺、电子秤、刀具、砧板、不锈钢盆、盘子。

四、实验原料（以50kg水为例）

（1）汤料：鸡骨架5kg、筒骨3kg、腊肉2.5kg、腊鸡2.5kg、腊鸭1.5kg、腊猪油1.5kg、洋葱1kg、土芹0.5kg、老姜0.5kg、小葱0.5kg。

（2）香料：白蓝5g、八角50g、草果10g、花椒10g、丁香7g、罗汉果1

个、香菜籽 10g、山奈 10g、白豆蔻 10g、桂皮 15g、肉豆蔻 10g、砂仁 20g、灵草 5g、排草 3g、小茴香 5g、胡椒粉 30g。

（3）调料：精盐适量、冰糖 60g、味精 10g、鸡粉 40g、料酒 200g。

五、工艺流程

（1）香料包→冲洗→焯水→浸泡→入汤锅。

（2）吊汤：汤料→制净→焯水→洗净→入汤锅（3～4h）。

（3）素菜→洗净→入汤锅（30min）。

（4）洋葱、咸猪油→熬腊油→入汤锅。

六、操作要点

1. 香料预处理

干花椒用小火焙香，老姜拍破，小葱挽结，八角、桂皮掰成小块，草果去籽，白豆蔻、肉豆蔻、砂仁拍破，白芷、灵草、排草切碎。将八角、桂皮、丁香、草果、白芷、山奈、小茴香、香叶、白豆蔻、肉豆蔻、砂仁、灵草、排草入清水中浸泡，夏季 5～8h，冬季 8～12h。捞出与干辣椒节一同入清水中余一下，清水冲洗，沥净水与花椒拌匀，用两个香料袋分装。

2. 卤制原料预处理

老鹅 1 只处理干净，漂洗后沥水，加入盐、姜、白酒、花椒充分揉擦均匀，腌制 1h。

3. 吊汤

将汤料处理并清洗干净，冷水入锅烧开、焯水并清洗干净，入汤锅加水至 50kg，投入香料包、老姜、小葱，大火烧开转中火炖制。

4. 素菜处理

将素菜洗净放入汤锅炖制，0.5h 后捞出。

5. 熬腊油

咸猪油切条，锅烧热下植物油，下咸猪油与洋葱丝，使用中火不停地翻动至洋葱微焦，猪油渣金黄，一起倒入吊汤锅中。

6. 调味

汤汁熬至香气四溢时将精盐、冰糖、味精、鸡粉、料酒调入汤锅，投入腌制好的老鹅，旺火烧沸，撇净浮沫。改用中火或小火卤至原料成熟或熟软时，卤锅移离火口，待卤品在卤水中浸泡 20min 后，捞出卤品原料，新腊味卤水即已制成。

备注：

（1）腊味的形成源于腊肉、腊鸡、腊鸭、腊猪油。

（2）腊味汁有咸味，注意精盐用量。

七、成品鉴定

成品腊香浓郁，色泽浅黄，咸鲜味美，风味别致。

八、思考题

1. 腊味卤风味形成的主要影响因素是什么？
2. 腊味卤制品与其他卤制品的用料有何区别？

实验四　红卤的制作

一、实验目的

（1）掌握红卤制作的基本原理及制作要领。

（2）掌握卤牛肉的制作方法。

二、产品简介

红卤是指在制作卤水的时候加入一些炒过的糖（炒好后的糖呈红色）和相应的香料，因而卤制出来的食品也是红色的。川卤在全国最普遍，多以红卤为主，味道也是最好的。川味红卤比较有代表性的品牌有香丫坊、醉香川卤、紫燕百味鸡、棒棒鸡、川厨仔。其中卤牛肉也为各红卤品牌中经典菜品。

图 4-1　卤牛肉

三、设备与用具

不锈钢桶、炒锅、大勺、大漏勺、电子秤、刀具、砧板、不锈钢盆、盘子。

四、实验原料

1. 主料及腌料

一级牛肉 2.5kg，盐、姜、花椒、白酒（二锅头少许）适量，玫瑰露酒少许，陈村枧水（碳酸钠 14g/100mL）少许。

2. 汤料

（1）荤：鸡骨架 5kg、筒骨 5kg（价格较高，可用龙骨代替）、五花肉 2.5kg，火腿骨 1.5kg。

（2）素：干葱头（红葱头）、香菜、西芹、胡萝卜、京葱、青红椒（适量即可）。

3. 香料

香茅草 20g、毕拔 50g、草果 50g、八角 50g、花椒 30g、桂皮 30g、草豆蔻 50g、丁香 8g、良姜 50g、南姜 50g、肉豆蔻 50g、白芷 30g、小茴香 50g、香叶 30g、桂圆 30g、毛桃 20g、山奈 10g、香菜籽 10g、干辣椒 50g。

4. 调料

鱼露 50g、生抽 100g、蚝油 1 瓶、海鲜酱 1 瓶、花雕酒 1 瓶、玫瑰露酒少许、广东米酒 1 瓶、鱼生寿司酱油 100g、冰糖 350g，红曲米、盐、味精、黄酒、鸡粉、鸡汁、老抽、麦芽糖粉香精适量。

五、工艺流程

原料预处理 → 吊汤 → 调味调色 → 卤制 → 改刀装盘 → 成品

六、操作要点

1. 原料预处理

将牛肉均匀改成 500g 左右的块，放入盐、姜、花椒、白酒（二锅头少许）、玫瑰露酒（不可多）、陈村枧水（破坏动物的组织，具有起嫩的作用）少许，腌制时间大于等于 30min，肉制品用手充分抹匀，反复搓揉。

2. 吊汤

（以 50kg 水为例）

（1）动物性汤料 → 刮净 → 焯水（去杂质、异味）→ 洗净 → 入汤锅 → 大火烧开 → 小火炖煮 3～6h。

（2）素菜 → 洗净 → 入汤锅（0.5h）→ 捞出。

（3）干葱头 → 入油炒香 → 入汤锅（0.5h）。

（4）香料包 → 清洗 → 沸水煮 5min → 浸泡 → 入汤锅。

（5）去残渣（汤中炖后留下的是残渣，用漏勺捞尽）→ 清水反复冲洗后沥出 → 残渣捞尽后，下入处理好的香料包（香料包应充分留空，入汤锅后香料吸水会膨胀）及红曲米包。

3. 调味调色

红色主要来自糖色、红曲米。

糖色的炒法：冰糖先处理成细粉状，锅中放入少许油，下冰糖粉，用中火慢炒，待糖油由白变黄时，改用小火，糖油呈黄色起大泡时，端离火口继续炒，再上火，使糖油由黄色变为深褐色。糖油由大泡变小泡时，加入开水少许，再用小火炒至去烟味时，即为糖色（糖色要求不甜、不苦、色泽金黄）。

4. 卤制

（1）原料腌制后，入冷水锅中，用中火慢慢烧沸，直至牛肉断生，捞出用清水清洗干净。要充分焯去陈村枧水，去掉苦涩味。

（2）焯水后的牛肉放入卤水中用小火慢慢卤制（不用大火，否则会使卤水挥发快，并且牛肉不容易煮耙）1h 左右即可（制品不可过熟，否则不易改刀且易收缩）。

5. 改刀装盘

牛肉卤制成熟后取出，冷却，改刀，装盘，拍蒜，浇上原汤少许即可。

备注：

红卤可卤制多种原料，如各种肉制品。若卤制鸡脚爪、鸭掌、鹅掌，则焯水时不要用勺子搅动，防止其表皮破裂，入汤锅卤制后鸡脚表皮炸裂，影响美观。

七、成品鉴定

成品色泽红亮或金黄，香味浓郁，香软可口，可用与拼盘、凉拌等。

八、思考题

1. 为保证卤制品质量，不同原料卤制过程中有哪些注意事项？
2. 如何保存卤水？

实验五　卤蛋的制作

一、实验目的

（1）掌握卤蛋的制作工艺及工艺流程。

（2）能够正确解决卤蛋制作中出现的问题。

（3）掌握卤蛋包装方式和杀菌方式。

二、产品简介

卤蛋（图4-2）形成原理主要包括蛋白质热变性，呈味等物理化学的变化。蛋白质形成凝胶分为4个步骤：①蛋白质分子适当变性，使紧密的结构稍有松弛，变为连续的网状结构，使小分子能包埋在网络内；②加热促使次级键松动或发生交换反应，增进蛋白在水中的溶解性能；③蛋白质分子之间的相互作用加强，形成有

图4-2　卤蛋

序的聚焦状态和空间网络结构；④形成水分子分散在蛋白质分子中的体系，即蛋白质包围水的体系。随着温度的升高，胶体状的蛋白质逐步凝固，最终完全凝固。

三、设备与用具

天平、大锅、大盆、小盆、烤箱、电磁炉、电热恒温鼓风干燥箱、高压灭菌器、真空包装袋。

四、实验原料

主料鲜鸡蛋（市售）。

调料：糖、食盐、酱油，草果、花椒、桂皮、小茴香、八角、生姜、葱、

蒜等各种香辛料。

五、工艺流程

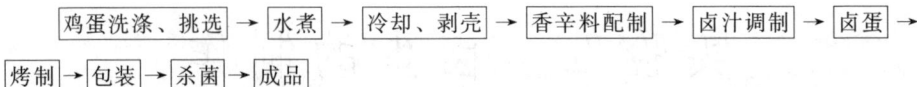

六、操作要点

1. 鸡蛋洗涤、挑选

将鸡蛋洗涤干净、灯光照验、敲检，要求蛋白浓厚澄清，无斑点及斑块，蛋黄位于中心，无暗影。剔除流清蛋、裂纹蛋、散黄蛋、热伤蛋、霉点蛋等。

2. 水煮

将洗净的鸡蛋放入冷水锅中，用大火将水煮沸，后改用小火。(95 ± 5)℃条件下维持 $6\sim8min$，煮至蛋白凝固、蛋黄未完全凝固，使卤水香味易渗入蛋心。

3. 冷却、剥壳

将煮好的鸡蛋迅速入冷水冲 5min，使蛋壳与蛋白分离。剥壳过程可在水中进行，水的润湿和浮力作用可使蛋壳易剥离且蛋白表面不易破损。要求完全去除蛋壳膜，并保持蛋白完整、光滑。

4. 香辛料配制

将颗粒大的香辛料磨碎或切碎。香辛料应适量，香以浓郁且不刺鼻为好。若香辛料过多，则药味重、刺激大；若香辛料过少，则香味不足，不能突出卤味菜的特点。称取比例：桂皮 0.25％、八角 0.53％、草果 0.3％、小茴香 0.26％、砂仁 0.053％、白豆蔻 0.09％、丁香 0.09％、生姜 0.53％、葱 0.88％、白酒 1.9％、酱油 2.1％。（以水的比例称取。）

5. 卤水调制

将香辛料装入纱布袋，投入沸水中，微沸 0.5h 后加入白酒 1.9％、酱油 2.1％、盐 0.44％、糖 1.23％等调料。煮开后，待透出香味，卤水颜色呈酱红色即可。

6. 卤蛋

将剥壳后的鸡蛋均匀涂抹酱油后，投入卤水中，先大火烧开，后转为文火（85 ± 5)℃，煮制 2.5h。使卤水始终保持微沸状态，待卤水香味渗入鸡蛋内，蛋白变成黄褐色，蛋黄完全凝固后即可。

7. 烤制

将鸡蛋从料液中取出后，沥干表面水分，放入烤箱中，60℃下烤制 10min，取出再卤制 20min。取出冷却至室温。

8. 包装

将鸡蛋单枚放入真空包装袋，真空度为 0.1MPa 下。要求包装袋热封平整，不漏气，外观美观。

9. 杀菌

采用高压杀菌的方式杀菌，温度为 121℃，时间为 15min。冷却至室温后，擦干包装袋表面的水分即为成品。

备注：

1. 包装材料验收

对照合格供应商目录检查供应商资质；检查包装是否完好；定期抽样化验微生物指标，合格后方可使用。

2. 包装

检查包装是否完好，包装破损的不能使用；包装之后检查外观质量，挑拣是否漏气，漏气要重新包装封口。

七、成品鉴定

1. 感官鉴定

形态：蛋白均匀、凝固、光滑、亮泽，蛋黄油亮。

色泽：表面深褐色，蛋白、蛋黄黄褐色，均匀。

气味：卤香味浓郁、和谐、丰满，无刺激气味。

口感：具有卤蛋特有的滋味，味感醇厚、持久、均匀，五香味厚，咸鲜适口，有弹性、有咬劲、滑爽。

2. 理化指标

水分：蛋黄$<60\%$，蛋清$<80\%$。

食盐：蛋黄$<2\%$，蛋清$<3\%$。

pH：蛋黄 $6\sim6.5$，蛋清 $6.5\sim7$。

砷<1.5（mg/kg）。

铅<1（mg/kg）。

细菌总数<300，大肠杆菌<30。

致病菌：不得检出。

八、思考题

1. 鸡蛋卤制时间对成品的品质有何影响？

2. 卤蛋放置过程中易产生哪类有毒物质？如何避免？

实验六 烤羊肉串的制作

一、实验目的

（1）掌握烤羊肉串的制作方法。

（2）熟悉不同原料烤制时调料的选择及火候的控制。

二、产品简介

烤羊肉串（图 4-3）是新疆最有名的民族风味小吃。从考古资料看，早在 1800 年前，中国内地已出现烤羊肉串。《汉代画像全集》中就有烤羊肉串的石刻图像。马王堆一号汉墓也出土过烤肉用的扇子。烤羊肉串的制作原料主要有羊肉、洋葱、盐等。羊肉与洋葱拌匀腌渍一段时间可减少膻味。

图 4-3 烤羊肉串

羊肉肉质细嫩，容易消化，高蛋白、低脂肪、含磷脂多，较猪肉和牛肉的脂肪含量都要少，胆固醇含量少，是冬季防寒温补的美味之一。羊肉性温味甘，既可食补，又可食疗，为优良的强壮祛疾食品，有益气补虚、温中暖下、补肾壮阳、生肌健力、抵御风寒的功效。

洋葱是老百姓餐桌上最常见的食物，无论是中餐还是西餐，洋葱的使用都非常普遍。洋葱的营养丰富，并且具有发散风寒、抵御流感、强效杀菌、增进食欲、促进消化、扩张血管、降血压、预防血栓、降低血糖、防癌抗癌、清除自由基、防治骨质疏松症和感冒等功效，还可治疗消化不良、食欲不振、食积内停等。

三、设备与用具

烤炉或烤箱、托盘、竹签、电子秤、刀具、砧板、不锈钢盆、盘子若干。

四、实验原料

1. 主料

羊里脊肉（最正宗）500g。

2. 腌制调料

香辣口味：盐0.2g、味精3g、香辣腌制料5g、鲜香粉0.3g、白糖0.3g、葱姜适量、黄酒3g。（可烤鸡翅、全鱼、整茄子，烤法一样，改刀不同。）

麻辣口味（根据腌制量大小乘不同倍数）：孜然粉10g、辣椒粉8g、花椒粉2g、芝麻粉2g、椒盐2g、鲜香粉0.1g、盐0.2g、味精0.3g、味素0.2g。（可烤扇贝、生蚝、细粉丝。）

3. 洒料

孜然粉10g、辣椒粉3g、腌制料4g、芝麻粉4g、十三香1g、鲜香粉0.1g、盐0.2g、味精0.2g、味素0.2g。

4. 蒜蓉酱原料

蒜泥250g、蒜香粉3g、鲜香粉3g、白糖3g、盐15g、味精10g、色拉油50g、水30g。

五、工艺流程

原料改刀 → 腌制 → 穿串 → 刷油 → 烤制、装盘 → 成品

六、操作要点

1. 原料改刀

羊肉改刀切条、片、丁均可。

2. 腌制

向羊肉中加入腌料、盐、糖、味精、香辣腌料、鲜香粉、黄酒少量、泡打粉，手蘸点水后开始搅拌并适当摔，腌渍30min使入味。

3. 穿串

腌渍入味的羊肉串穿成串备用。

4. 烤制、装置

将烤炉烧至发热，将羊肉放入烤架先刷一层油，烤制成熟，再刷一层油。待羊肉中的肥油大部分被烤出时，可见羊肉上有油星泡泡，外焦里嫩。这时，均匀地撒上烤料，再刷一次油使调料充分融入肉中，装盘即可。

蒜蓉酱制作：锅内放入油加热，加入蒜泥炒香后，加入盐、味精、糖、鲜香粉，放入热水加蒜香粉来勾芡。（可用于烤茄子、烤扇贝等。）

七、成品特点

成品外焦里嫩，鲜香味浓。

八、思考题

1. 不同原料在腌制、烤制时有哪些区别？
2. 烤羊肉串过程中几次刷油的目的是什么？

实验七　万州烤鱼的制作

一、实验目的

（1）掌握万州烤鱼的制作方法。

（2）熟悉不同原料烤制时调料的选择及火候的控制。

二、产品简介

烤鱼是一种发源于重庆巫溪县，而发扬于万州的特色美食。它在流传过程中，融合腌、烤、炖3种烹饪工艺技术，充分借鉴传统渝菜及重庆火锅的用料特点，是口味奇绝、营养丰富的风味小吃。万州烤鱼（图4-4）是重庆特色的传统名菜，属于渝菜系。万州烤鱼的做法是把鱼剖洗净后

图4-4　万州烤鱼

平放在铁夹中，放在炉上用木炭烧烤，盛到专用铁盘中，浇上用牛油、红油、白糖、花椒、辣椒等调味品炒出底料，放上西芹、豆芽等爽口菜即成。万州烤鱼将腌、烤、炖3种烹饪方法有机集合，采用独特配方并集合了重庆火锅的用料精华，调制出麻辣、酱香、泡椒、椒香、尖椒、蚝油、香辣等十余种口味。实现了"一烤二炖"的烹饪方式，是烧烤界的火锅，也是火锅界的烧烤。口味咸辣、鲜嫩焦香、回味无穷，深得食客的喜爱。

万州烤鱼在制造上有其独到之处。例如，边烤鱼边往鱼身上刷特制的烧烤油，而在随后炒味料时，又会用到老油。这两种油均由多种香料炼制而成，使用后会使鱼肉的香味变得很独特。（烧烤油和老油通常是提早批量炼制。）

三、设备与用具

明炉或烤箱、方形钢盘、电子秤、刀具、砧板、不锈钢盆、盘子若干。

四、实验原料（以泡椒味型为例）

（1）主料：鲤鱼 1000g。

（2）辅料：黄瓜段 150g、芹菜段 60g、洋葱块 30g。

（3）料头：蒜粒 20g、姜粒 15g。

（4）调料：泡椒段 50g，郫县豆瓣酱 50g，芹菜末、洋葱末各 25g，醪糟 20g，味精、精盐、鸡精各适量，白糖 5g，鲜汤 150g，秘制鲜香膏 20g，秘制老油 150g，色拉油 200g。

（5）烧烤料：秘制烧烤油 60g、烧烤粉 30g。

（6）烧烤油原料：色拉油 1000g、芹菜段 120g、香菜梗 50g、青椒块 25g、大葱节 25g、去皮老姜（拍破）30g、蒜瓣 25g、干花椒 15g、八角 5g、香叶、高良姜各 5g、白芷、甘草、白蔻各 3g，草果 2 个。

（7）老油原料：菜籽油 5000g、牛油 1000g、鸡油 1000g、猪油 1000g、干辣椒 250g、青花椒 100g、郫县豆瓣 1500g、生姜 100g、蒜瓣 200g、大葱 300g、冰糖 150g、醪糟 500g、八角 50g、山奈 20g、桂皮 20g、小茴香 30g、草果 3 个、香叶 5g、丁香 2g。

（8）糍粑辣椒原料：干辣子、姜、蒜、食用油、盐、白胡椒粉。

（9）鲜香酱原料：泡椒 500g、芝麻酱 150g、花生酱 200g、辣椒油 40g、大蒜仁 100g、花椒粉 30g、味精 80g、生姜 50g、香葱头 50g、洋葱 80g、西红柿 50g、番茄酱 30g、海鲜酱 30g、排骨酱 30g、鸡精 100g、安琪酵母抽提物 30g、色拉油 500g、白糖 20g、盐 20g。

（10）鲜香汤原料：鱼头 2 个（每个 500g），化猪油 30g，色拉油 30g，姜丝 50g，青葱 50g，花椒 10g，料酒 5g，沸水 5kg，精盐、味精、安琪酵母抽提物适量。

五、工艺流程

原料制净 → 腌制 → 烤制 → 刷油 → 烤制 → 刷油 → 洒料 → 刷油 → 装盘

六、操作要点

（一）各调味制品的制作方法

1. 烧烤油制做

（1）把干花椒、八角、香叶、高良姜、白芷、甘草、草果和白蔻用开水浸泡 5min，捞出来沥干水分，待用。

（2）锅入色拉油烧至四成热时，放入芹菜段、香菜梗、青椒块、大葱节、去皮老姜和蒜瓣，浸炸至金黄色时，把料渣捞出，加入浸泡过的花椒、八角、香叶、高良姜、白芷、甘草、草果和白蔻，小火续炒30min后关火，待其自然冷却，过滤出来即为烧烤油。

2. 老油制做

（1）材料前处理：将菜籽油和鸡油先放入锅里炼制一遍，目的是使其更香。牛油切成小块，郫县豆瓣绞成蓉。另将干辣椒放入沸水锅里煮约5min，捞出来放入清水盆里浸泡10min，最终捞出来沥水并绞成糍粑辣椒。与此同时，取八角、山奈、桂皮、小茴香、草果（拍破）、香叶、丁香、青花椒等香料，先放入沸水盆里泡5min，然后再捞出来沥水待用。

（2）糍粑辣椒制做：先剪去辣椒帽子，洗净后用温水泡软；姜、蒜去皮削好；准备好石臼，辣椒沥水后与姜、蒜一起放入捣碎；锅里放油，倒入辣椒，放入盐、白胡椒粉；炒到辣椒色彩变深时就可以起锅了；装入碗里冷却，冷却后再装入瓶子，炒菜时备用。

（3）熬制：炒锅置于中火上，先倒入菜籽油和鸡油烧热、再掺加牛油和猪油熬化，加入生姜、蒜瓣和大葱爆香后，捞出料渣，下入郫县豆瓣、糍粑辣椒和青花椒，然后转微火炒约2h至豆瓣的水分炒干时，再下入八角、山奈、桂皮、小茴香、草果、紫草、香叶和丁香，小火续炒约30min。炒制过程中勺子须不断搅拌，另把冰糖和醪糟汁加进去，渐渐熬至醪糟汁中的水分大部分蒸腾后，将锅端离火口并加盖，焖至油变凉，最终过滤出料渣即得老油。

3. 秘制鲜香膏制作

（1）鲜香酱制作：将泡椒、大蒜仁、生姜、香葱头、洋葱剁细，将各种酱类混合搅匀。色拉油入锅烧热，加入剁细的泡椒、大蒜仁、生姜、香葱头、洋葱，再加入各种混合后的酱类、白糖、盐调制后即成。

（2）鲜香汤制作：① 鱼头2个，每个剁成两块；② 锅内加入化猪油、色拉油、烧热后放入姜丝，放入鱼头炸至七成热时，放入青葱、花椒，接着放入料油，加入沸水，烧开后转小火烧35min，加入适量精盐、味精、安琪酵母抽提物即可。

（3）鲜香膏制作：在鲜香汤中放入鲜香酱，调成膏状即可。

4. 烧烤粉制作

取等量小茴香、八角、山奈放入炒锅，小火炒香后倒出，磨成粉，加入适量辣椒粉、孜然粉即可。

（二）烤鱼的制作方法（以泡椒味型为例）

1. 原料制净、腌制

鲤鱼宰杀制净后，从鱼背顺向下开刀，腹部相连，这样可以保证形状完整而且受热均匀。如果从腹部开刀，则会造成腹部烤糊而背部还不熟的情况。

去除内脏并冲洗干净，然后在其内侧肉厚处横着斩几刀，其目的是便于后面腌渍入味和烤熟。加入料酒、盐、味精、安琪酵母抽提物5g，腌渍10min。

2. 烤制、刷油

将腌入味的鱼用特制的烤鱼夹夹住，放到炭火上烤制，其间分两次往鱼身上刷烧烤油（一般是鱼肉烤至5分熟时刷一次，等烤至9分熟时再刷一次，最后才撒烧烤粉）。

3. 放葱丝

往方形钢盘里垫入大葱丝或洋葱丝，然后把烤熟的鱼放上面，等待浇味料。

4. 浇味料

炒锅入色拉油和秘制老油烧至四成热时，下泡椒段和郫县豆瓣酱炒香；再把料头（蒜粒25g、姜粒15g）、洋葱末、芹菜末等倒进去炒香；掺入鲜香汤烧开，再调入味精、盐、白糖、鸡精、安琪酵母抽提物、醪糟、秘制鲜香膏熬出香味；最后下入辅料（黄瓜段100g、芹菜段50g、洋葱块30g），炒成泡椒味料，起锅舀在烤鱼身上即成。

5. 点缀

浇完味料后，撒大葱丝或香菜段或红椒丝点缀，然后把盛有烤鱼的不锈钢盘放到燃烧着的特制烤炉上上桌即可。

备注：

(1) 万州烤鱼一般是以鲤鱼为原料，有时也会用到鲢鱼、草鱼等其他鱼类，而对于体积较小的鲫鱼，因为肉比较少，并且加工起来更费事，所以很少用到。

(2) 万州烤鱼都是用青冈炭来加热，相对于用液化气和电，青冈炭燃烧时所产生的有害物质要少一些，比较绿色环保。另外，青冈炭的火力也不像液化气那么猛烈，较好控制，不易把鱼烤焦。

(3) 在制作一些特殊风味的烤鱼时，在烤制过程中还要加入另外的调料。例如，在做泡椒味烤鱼时，除了要撒辣椒粉和孜然粉，还要添加以八角粉和小茴香粉等香料组成的烧烤粉，用以补味。

(4) 在万州，烤鱼常见的味型有鱼香味、麻辣味、香辣味、泡椒味和豆豉味，虽然它们各自在用料及配比上有差别，但炒制的方法却大同小异。

七、成品鉴定

鱼肉外焦里嫩、鲜香味辣，配料色彩丰富，汤汁浓稠、色泽红亮，回味无穷。

八、思考题

1. 不同口味的万州烤鱼的制作工艺有何区别？

2. 在熬制老油的过程中需要注意哪些细节？

实验八　脆皮烤鸭的制作

一、实验目的

（1）掌握脆皮烤鸭的制作方法。

（2）熟悉电烤、气烤、木炭烤制对烤鸭成品品质的影响。

二、产品简介

脆皮烤鸭（图4-5）由鸭子制作而成，它油润发亮、皮脆肉嫩、腴美香醇、外焦里嫩、香气扑鼻，富含维生素 B1、维生素 B2 和钙、磷、铁、铜、锰、锌等微量元素及 18 种氨基酸。在南北朝时的《食珍录》中即有"炙鸭"记载，明代建都南京后，明宫御厨便取用南京肥厚多肉的湖鸭制作菜肴。为了增加鸭菜的风味，厨师

图4-5　脆皮烤鸭

采用炭火烘烤，成菜后鸭子吃口酥香、肥而不腻，受到人们称赞，即被宫廷取名为金陵烤鸭。公元 15 世纪初，明代迁都于北京，烤鸭技术也被带到北京，并被进一步发展，形成北京烤鸭。随着朝代的更替，烤鸭亦成为明、清宫廷的美味。明代时，烤鸭是宫中元宵节必备的佳肴。据说清代乾隆皇帝及慈禧太后，都特别爱吃烤鸭，此后便正式将其命为北京烤鸭。

三、设备与用具

烤炉、托盘、擀面杖、电子秤、刀具、砧板、不锈钢盆、盘子若干、大风扇。

四、实验原料

（1）主料：光鸭（每个 1.25～1.35kg）。

（2）辅料：桂皮、香叶、盐、花椒盐、八角、小茴香、生姜、大蒜、大葱、生抽、盐、糖、料酒、清水。

（3）脆皮水原料：麦芽糖（上色）200g、温水150g、大红浙醋（上色）80g、白醋（脆）60g、玫瑰露酒（脆）15g。

五、工艺流程

六、操作要点

1. 腌制

将鸭子洗净沥干水分，用盐（10～15g）将鸭子腹腔表面抹匀，将葱、姜、香料（不宜太多，否则易掩盖鸭子本真的清香味）塞入鸭腹并用铁签将鸭腹缝好，开口处留点缝隙，腌制5～6h。

2. 脆皮水调制

将麦芽糖用温水稀释，加入白醋（不可太多，鸭肉内有淡淡酸味即可）、大红浙醋、玫瑰露酒，调均匀备用。（可刷7～8只鸭子，用不完的用保鲜膜保鲜于冰箱中，1周左右可用。）

3. 烫皮

锅中加入清水，大火烧开，将腌渍好的鸭子取出（腌渍料留用），用钢叉斜斜地叉住鸭子。烧一锅滚水并保持沸腾状态，一遍又一遍地将滚水浇在鸭子上，重复多次，直至鸭皮收缩变紧，出现毛孔；或者将腌制好的鸭子放入水中，快速浸烫，用铁钩从鸭脖处钩住，挂于铁杆沥水。

4. 上色

用毛刷蘸脆皮水将鸭表皮刷均匀，于阴凉通风处风干8～10h，使表皮发硬（表皮干燥发硬，手触微微挂手，冬季可置于室内用大风扇吹）这样的鸭放在烤炉中不会在烤制过程中因内部水分蒸发，使鸭表皮的脆皮水带花，烤好的鸭表皮不脆。

5. 烤制

电烤和气烤省事方便，但烤制出的成品香味逊于木炭。木炭烤：将木炭放入炉膛，待黑炭完全燃着（避免烟熏味出现）后放入烤炉，将风干的鸭子鸭腹朝向炉壁放于烤炉内。盖上炉盖，10min左右打开炉盖，观察上色情况。将鸭脊转向炉壁，再盖上炉盖，直至鸭子成熟，时间约45min（若鸭子为1.75kg以上，则烤制时间增加5min）。烤制过程中随时观察上色情况，并进行炉火调控。

备注：

（1）食用方法：脆皮烤鸭吃法多样，最适合卷在荷叶饼里或夹在空心芝麻烧饼里吃，并根据个人的爱好加上适当的佐料，如葱段、甜面酱、蒜泥等。喜食甜味的，可加入白糖；还可根据季节的不同，与黄瓜条和青萝卜条一起食用，以清口解腻。片过的鸭骨架加白菜或冬瓜熬汤，别具风味。烤后的凉脆皮烤鸭，连骨剁成宽 0.6cm、长 4.5cm 的鸭块，再浇上全味汁，亦可作为凉菜上席。

（2）烤炉内的温度最好为 220～260℃。

（3）黑炭要完全燃着后才能放入烤炉内，否则炉内有烟，会使烤出的鸭子有烟熏味。

（4）烤炉底部一圈放点水，起降温、收集鸭油的作用。

（5）鸭油可重复利用（二次利用）。

七、成品鉴定

成品外皮色泽红亮，皮脆肉嫩，吃口酥香，肥而不腻，回味无穷。

八、思考题

1. 脆皮烤鸭要做到上色均匀有哪些讲究？

2. 为保证成品品质，脆皮烤鸭在木炭烤制过程中需要注意哪些细节？

实验九　烤鸡的制作

一、实验目的

掌握烤鸡制作工艺和操作要点。

二、产品简介

烤鸡（图 4 - 6）是一道中餐菜肴，其主要原料有鸡肉、盐、味精等。制作者可依据自己的口味添加不同的调料制作各种口味的烤鸡。

三、设备与用具

刀具、不锈钢桶、铝合金桶、不锈钢、S 形挂钩、晾挂吊盘、远红外烤禽箱。

图 4 - 6　烤鸡

四、实验原料

（1）主料：2 月龄左右的肉用鸡，体重为 1.5～2kg。

（2）腌制料（按 50kg 腌制液计）：生姜 100g、葱 150g、八角 150g、花椒 100g、香菇 50g、食盐 8.5kg。（加水至 50kg，加热至沸腾，然后盛入腌制缸内，备用。）

（3）腹腔涂料：香油 100g、鲜辣椒粉 50g、味精 15g。（拌匀后使用。）

（4）腹腔填料：每只鸡用量为生姜 10g、小葱（或香葱）15g、香菇 10g。（姜切成片，葱打成结，香菇预先用温水泡软。）

（5）皮料：水 2.5kg、饴糖 0.25kg（溶解加热至 100℃待浸烫用）、香油（涂布于刚出炉的烤鸡体表）。

五、工艺流程

选鸡 → 屠宰、脱毛、净膛 → 整形 → 腌制 → 放腹腔涂料 → 放腹腔填料 →

浸烫 → 烤制 → 涂布香油 → 成品

六、操作要点

1. 屠宰、脱毛、净膛

按要求将选好的原料鸡放血、浸烫、脱毛、腹下开腔，取出全部内脏，用水洗净。

2. 整形

将全净膛鸡，先去腿爪，再从放血处的颈部斩去头，然后将鸡两翅反转成"8"字形。

3. 腌制

将整形后的光鸡逐只放入晾干的腌制液中，压盖使鸡全在液面以下。腌制 40～60min，然后捞出挂鸡晾干。

4. 放腹腔涂料

把晾好的鸡放于台上，用圆头的棒具，挑约 5g 的涂料擦入腹腔内，分布均匀。

5. 放腹腔填料

每只鸡填入腹腔生姜 2～3 片、小葱（或香葱）2～3 根、香菇 2 块，然后用钢针缝合鸡腹下开口，使腹腔汁不能外流。

6. 浸烫

将填好料且缝合好的鸡逐只在热的皮料中浸烫 0.5min 左右取出，晾挂至干。

7. 烤制

首先将远红外烤禽箱的炉温升至 100℃，然后将晾干的鸡挂入炉内，根据烤箱规格，挂烤数量不一。当炉温升至 180℃时，恒温烤制 15～20min，然后使炉温升至 240℃，恒温烤制 10min，当鸡全身呈橘红色时立即出炉。

8. 涂布香油

出炉后，将鸡体表用刷子涂抹一层香油，即可食用。

七、成品鉴定

成品整体呈桔红色，有烤鸡特有的香味，麻辣爽口，嫩、脆、咸、鲜合一。

八、思考题

烤鸡的制作难点是什么？

第五章　豆制品工艺学实验

豆制品是以大豆、小豆、青豆、豌豆、蚕豆等豆类为主要原料，经加工而成的食品。大多数豆制品是大豆的豆浆凝固而成的豆腐及其再制品。

我国是大豆的故乡，栽培大豆已有五千年的历史。同时，我国也是最早研发生产豆制品的国家。几千年来，古代劳动人民利用各种豆类创制了许多影响深远、广为流传的豆制品，如豆腐、豆腐丝、腐乳、豆浆、豆豉、酱油、豆肠、豆筋、豆鱼、羊肚丝、猫耳、素鸡翅、大豆耳等。

一、豆制品的分类

豆制品主要分为两大类，即以大豆为原料的大豆食品和以其他杂豆为原料的其他豆制品。大豆食品包括大豆粉、豆腐、豆腐丝、豆浆、豆浆粉、豆腐皮、油皮、豆腐干、腐竹、素鸡、素火腿、发酵大豆制品、大豆蛋白粉及其制品、大豆棒、大豆冷冻食品等。发酵性豆制品包括天贝、腐乳、豆豉、酸豆浆等。

二、豆制品的营养价值

豆类加工成豆腐的过程中使用了盐卤，从而增加了钙、镁等无机盐的含量，适合缺钙患者食用。

豆制品是大豆经加工制成的，如豆腐、豆腐丝、豆腐干、豆浆、豆腐脑、腐竹、豆芽菜等。大豆经过加工，不仅蛋白质含量不减，还提高了消化吸收率。同时，各种豆制品美味可口，促进食欲，豆芽菜中还含有丰富的维生素 C。

豆制品的营养主要体现在其丰富的蛋白质含量上。豆制品除了人体必需氨基酸也含有钙、磷、铁等人体需要的矿物质，含有维生素 B_1、维生素 B_2 和纤维素。豆制品中不含胆固醇，因此，有人提倡肥胖、动脉硬化、高脂血症、高血压、冠心病等患者多吃豆类和豆制品。对健康群体而言，营养来源单一是不可取的，豆制品可以作为蛋白质的来源之一。豆制品是平衡膳食的重要组成部分。

实验一　豆腐脑的制作

一、实验目的

（1）掌握豆腐脑的制作方法。

（2）熟悉豆制品制作的基本原理与方法。

二、产品简介

豆腐脑又称水豆腐，是著名的传统特色小吃，是利用大豆蛋白制成的高营养食品。多在晨间出售，其原理为大豆蛋白通过煮浆，肽链间发生缔合作用，相对分子量增大，添加钙离子、破坏蛋白质分子表面水化膜和双电层，并使蛋白质分子间通过钙桥相连，使蛋白质互相间交联形成主体网络结构而凝固。

图5-1　豆腐脑

三、设备与用具

加热锅，磨浆机、电子秤、刀具、砧板、勺子、不锈钢盆、筷子、刮板。

四、实验原料

豆腐王、黄豆、水。

五、工艺流程

原料浸泡 → 水洗、磨浆 → 煮浆 → 称量 → 加入豆腐王、充分搅拌、加盖静置 → 成品

六、操作要点

1. 原料浸泡

将干黄豆 375 克泡发（手捏两瓣之间中心部有轻微凹陷即可），冬季一般前一天晚上开始浸泡，春、夏、秋季常温（20～25℃）浸泡 12h 左右。冷藏 4℃浸泡 12h 相当于室温浸泡 8h，浸泡时间一般为夏季 6～9h，春秋 8～12h，冬季 11～16h。

2. 磨浆

用自来水清洗浸泡的大豆，去除浮皮和杂质，降低泡豆的酸度。用磨浆机磨制水洗过的泡豆，磨制时每千克原料豆加入 50～55℃的热水 3000mL。

3. 煮浆

煮浆使蛋白质发生热变性，煮浆温度要求达到 95～98℃，煮制 2min；生豆浆加消泡剂加热煮开保持 3min 以上，豆浆的浓度为 10%～11%。

4. 称量

将豆腐王称好，下点卤之前用温水化开（充分化开）。

5. 加入豆腐王、充分搅拌、加盖静置

豆浆充分煮开后离火，于干净带盖盆中上秤称 2kg（6.0g 豆腐王点卤）、1kg（3.6g 豆腐王点卤）、0.75kg（2.25g 豆腐王点卤）豆浆，每种称完稍加搅拌，再加入化开的卤水，充分搅拌均匀，加盖备用。

备注：

（1）豆浆煮开后要稍冷却，若温度太高，则点卤易成渣。

（2）点卤后应充分搅拌，不然有的地方凝固，有的地方不凝固。

七、成品鉴定

成品质地均匀、洁白细腻、豆香浓郁。

八、思考题

1. 豆浆为什么要煮开保持 3min 以上？
2. 蛋白质凝胶形成的机理是什么？

实验二　内酯豆腐的制作（一）

一、实验目的

（1）熟悉大豆蛋白的凝固成型原理。

（2）掌握蔬菜豆腐加工的基本工艺过程。

二、产品简介

内酯豆腐（图5-2）是采用新型凝固剂δ-葡萄糖酸内酯制作而成的。内酯豆腐的生产除利用了蛋白质的胶凝性外，还利用了δ-葡萄糖酸内酯的水解特性。葡萄糖酸内酯并不能使蛋白质胶凝，只有其水解后生成的葡萄糖酸才有此作用。葡萄糖酸内酯遇水会水解，但在室温下（30℃以下）进行得很缓慢，而加热之后会迅速水

图5-2　蔬菜豆腐

解。在内酯豆腐的生产过程中，煮浆使蛋白质形成前凝胶，为蛋白质的胶凝创造了条件。熟豆浆冷却后，为混合、灌装、封口等工艺创造了条件。混有葡萄糖酸内酯的冷熟豆浆，经加热后，即可在包装内形成具有一定弹性和形状的凝胶体——内酯豆腐。

三、设备与用具

加热锅、磨浆机（或组织捣碎机）、水浴锅、折光仪、容器（玻璃瓶或内酯豆腐塑料盒）、电炉、过滤筛（80目左右）等。

四、实验原料

大豆1000g、水约4000g、葡萄糖酸δ-内酯0.25%～0.3%、熟石膏2.2%～2.8%。

五、工艺流程

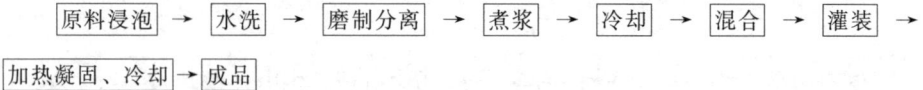

六、操作要点

1. 原料浸泡

按 1：4 的比例添加泡豆水，水温为 17～25℃，pH 在 6.5 以上，时间为 6～8h。浸泡适当的大豆表面比较光亮，没有皱皮，豆瓣易被手指掐断。

2. 水洗

用自来水清洗浸泡过的大豆，去除浮皮和杂质，降低泡豆的酸度。

3. 磨制

用磨浆机磨制水洗过的泡豆，磨制时每千克原料豆加入 50～55℃的热水 3000mL。

4. 煮浆

煮浆使蛋白质发生热变性，煮浆温度要求达到 95～98℃，保持 2min；豆浆的浓度为 10％～11％。

5. 冷却

葡萄糖酸 δ-内酯在 30℃以下不发生凝固作用，为使它能与豆浆均匀混合，把豆浆冷却至 30℃。

6. 混合

葡萄糖酸 δ-内酯的加入量为豆浆的 0.25％～0.3％，先与少量凉豆浆混合溶化后加入，混匀后即可。

7. 灌装

把混合好的豆浆注入包装盒内，每袋重 250g，封口。

8. 加热凝固、冷却

把灌装的豆浆盒放入锅中加热，当温度超过 50℃后，葡萄糖酸内酯开始发挥凝固作用，使盒内的豆浆逐渐形成豆脑。加热的水温为 85～100℃，加热的时间为 20～30min，到时间后立即冷却，以保持豆腐的形状。

七、成品鉴定

形态：块型完整，硬度适中，质地细嫩，有弹性，无杂质。

色泽：白色或淡黄色。

气味：具有豆腐特有的香气和滋味。

八、思考题

1. 加热对于大豆蛋白由溶胶传变为凝胶有何作用？
2. 制作内酯豆腐的两次加热各有什么作用？

实验三 豆奶粉的制作

一、实验目的

（1）了解豆奶粉的加工原理及其生产工艺流程。

（2）了解制作豆奶粉的常见问题及其解决方案。

（3）掌握豆奶粉的品质分析技术。

二、产品简介

据史书记载，在 3000 年前的轩辕黄帝时期的人就有吃豆粒、做豆饭的习惯，后随着时代的不断发展和社会的进步，诞生了豆奶粉（图 5 - 3）。豆奶粉是一种经过超微粉碎工艺加工而成的、大豆叶子被全部利用的新型固体饮料。豆奶粉种类多样，按口味分为原味豆奶粉、黑芝麻香型豆奶粉、红枣香型豆奶粉等；按是否添加蔗糖分为有糖豆奶粉（添加蔗糖）、无糖豆奶粉（不添加蔗糖，一般为木糖醇、山梨糖醇、麦芽糖醇、低聚糖、甘露糖等食糖替代品）；按食用人群分为婴儿豆奶粉、学生豆奶粉、中老年豆奶粉。豆奶粉是大豆经去杂、浸泡、研磨、浆渣分离、灭酶、脱臭、调剂、均质、杀菌、浓缩、喷雾干燥制成的，是优质蛋白质，含有人体所必需的氨基酸，具有口感细腻、香味浓郁、携带方便等特点，深得广大消费者的喜欢。

图 5 - 3 豆奶粉

三、设备与用具

喷雾干燥机、豆浆机、锅、电磁炉、勺子、高压均质机、蒸发器、超高温瞬时杀菌机、水浴锅、色差仪、pH 计、不锈钢盆、浆渣分离机、过滤网、品尝杯、天平、盘秤等。

四、实验原料

（1）主料：当年新大豆鲜大豆 100g。

（2）辅料：白砂糖 10g（根据口味适当调整）、奶粉 60g、纯净水 400g。

五、工艺流程

六、操作要点

1. 原料选择

原料大豆尽量选完成后熟的新豆，陈豆出浆率低。白砂糖应符合 GB/T 317—2018 一级品要求。

2. 浸泡大豆

浸泡水和大豆的比例为 4∶1，浸泡水的 pH 控制在 6.5～7，水温一般为 15～20℃，浸泡时间根据季节和车间温度调整。冬季浸泡时间为 14～18h，夏季浸泡时间为 5～8h，春季浸泡时间为 8～14h。浸泡结束后的大豆用清冷水冲洗。

3. 磨浆与精磨

磨浆可用胶体磨，精磨可用牙板磨或爪式粉碎机。胶体磨的剪切作用使得大豆颗粒变小，牙板磨或爪式粉碎机的锤击作用再使小颗粒细胞膜破坏变形，分离时有利于提高溶出率。粗磨时可使用热的弱碱水，其总用水量以分渣后豆浆浓度为 8%～9% 为宜。水量越多，浸出的可溶性成分越多。但加水量过多时，会使浓缩时间延长，增加运营费用，所以加水量要合适。

4. 浆渣分离

采用浆渣分离机进行分离，筛网使用 80～100 目的比较合适。

5. 调配

白砂糖化成糖浆过滤后加入配料罐。

6. 杀菌脱腥灭酶

使用超高温瞬时杀菌机，当灭菌温度达到 125～135℃ 时，4～6s 内即可完成瞬间灭酶杀菌，物料脲酶检验均能达到阴性。因杀菌时间短，所以对蛋白质变性的影响较小。

7. 冷却

将原料冷却至室温。

8. 均质

豆奶经高压均质之后，组织细腻、口感柔和、稳定性好。冲调后存放一定时间后不分层、无沉淀，蛋白、脂肪粒径减少，同时将少量变形蛋白颗粒进一步细微化，易于人体吸收。

9. 浓缩

浓缩的目的是降低物料中的水分。浓缩物料固形物含量是造粒的基础，在浓缩时既要考虑降低豆奶黏度，又要尽量提高固形物含量，确定二者最佳平衡点是浓缩工序的关键。通常情况下浓缩固形物含量在 15％左右。制作无糖粉时，可加入少量钠盐，使固形物含量流变性增高，固形物含量可大于17％；制作甜味豆奶粉时，含糖量为 40％～50％，固形物含量提高至 30％～40％。浓缩时采用单效升膜蒸发器（投资小、热能消耗较高）或双效降膜蒸发器（投资大、热能消耗较低）。浓缩时使物料尽快达到适宜的浓度，尽量避免回流。反复加热容易造成蛋白质变性和蒸发器挂管，降低蒸发效率和得率，甚至造成蒸发器堵管等故障，影响终端产品的口感和冲调性。

10. 喷雾干燥

在干燥塔顶部导入热风，同时将料液泵送至塔顶，经雾化器喷成雾状的液滴，这些液滴群的表面积很大，与高温热风接触后水分迅速蒸发，在极短的时间内便成为干燥产品并从干燥塔底部排出。此过程一般采用压力式喷雾干燥塔，干燥进风温度在 160℃以上，排风温度根据环境温度、湿度、配料等因素控制在 70～80℃为宜。若压力过大，则产品颗粒小，不利于冲调；若压力过小，则产品颗粒大，不利于干燥，水分大。豆奶粉含水量应该为 3％～4％，排风应选择旋风分离式最好。

七、成品鉴定

形态：产品颗粒均匀、适宜，呈乳白色。
口感：有一种淡淡的奶香味，有些黏稠，略带甜味。

八、思考题

1. 白砂糖的添加量对豆奶粉的品质有怎样的影响？
2. 如何提高豆奶粉的溶解性？

实验四　黄豆酱的制作

一、实验目的

（1）学会如何利用霉菌进行发酵食品制备。

（2）掌握米曲霉在黄豆酱制备过程中起到的作用。

（3）掌握黄豆酱制备过程米曲霉的变化。

（4）了解黄豆酱制备过程中常见的异常现象。

二、产品简介

黄豆酱（图 5-4）又称大豆酱、豆酱，用黄豆炒熟磨碎后发酵而制成，是我国传统的调味酱。黄豆酱在发酵过程中起主要作用的是曲霉。自然发酵酱曲中每克干曲的细菌总数超过 106 个，占分离出微生物总数的 38.46％，酵母菌占分离出微生物总数的 12.09％，霉菌占分离出微生物总数的 49.45％。黄豆酱不但营养丰

图 5-4　黄豆酱

富，而且在医药方面的应用历史悠久，唐代苏敬把它列入了《新修本草》。中医认为，黄豆酱性味咸寒，归脾胃肾经，具有补中益气、开胃健脾、消食去腻等特点。

三、设备与用具

箅子、玻璃容器、棉布。

四、实验原料

（1）主料：黄豆 400g（要求无半粒、烂粒等）。

（2）辅料：食盐 100g。

五、工艺流程

挑选浸泡 → 原料蒸煮 → 冷却发酵 → 加料冷却装罐 → 成品

六、操作要点

1. 挑选浸泡

首先把黄豆挑选一番，把坏的挑出，以免影响口感。把黄豆淘洗干净在水中浸泡1天。

2. 原料蒸煮

把浸泡好的黄豆隔水蒸煮，蒸至一捏就烂即可。水煮的话要控制好时间，不要煮得太烂。

3. 冷却发酵

将蒸好的黄豆晾凉后平铺在箅子中，用干净的棉布把箅子包裹好，（或在箅子上铺满草）放在阳台上进行发酵。等到黄豆都长上了白白的毛（5天左右），就说明发酵好了。

4. 加料冷却装罐

烧一锅白开水，加入多一点的食盐煮开晾凉，放入洗净的玻璃容器中，把黄豆全部倒进去，要使黄豆全部被淹没。将玻璃容器放置在阳台上3～5天，掀下盖子后若黄豆都被泡软，黄豆酱制作完成。

七、成品鉴定

形态：红褐色或棕褐色，有光泽不发乌，鲜艳有色泽，表面无白点，有豆瓣，稀稠适度。

气味：具有黄豆酱特有的香气和酯香气，无其他不良气味。

口感：鲜美且咸淡适口，味柔醇厚，无苦、酸、涩、焦煳等味道。

八、思考题

黄豆酱制作工艺中发酵的作用是什么？

实验五　风味豆豉的制作

一、实验目的

进一步掌握传统发酵工艺，为以后的多种口味豆豉的开发提供思路。

二、产品简介

豆豉是汉族的传统发酵豆制品，亦是许多菜系的重要调料之一。豆豉在《汉书》《史记》《齐民要术》《本草纲目》等古籍中皆有记载，其制作历史可以追溯到先秦时期。豆豉鲜美可口、香气独特，含有丰富的蛋白质、多种氨基酸等营养物质。豆豉又是一味中药，风寒感冒、怕冷发热、寒热头痛、鼻塞喷嚏、腹痛吐泻、胸膈满闷、心中烦躁者宜食。

市面上主要以辣椒为辅料形成了风味豆豉（图5-5）。辣椒属于番茄科植物，具有健胃消食、去风除湿的功效，使得风味豆豉备受人们喜爱。但是随着人们生活水平的不断提高，需要更多的不同口味的风味豆豉。

豆豉制作的主要原理：部分霉菌或细菌在一定条件下可利用熟化的大豆营养进行生长繁殖，利用所分泌的酶类对原料中的蛋白质、脂肪等成分进行部分降解——发酵作用经发酵作用所形成的产品豆粒完整，较原料大豆的消化营养性提高，并且形成特有的色香味。

图5-5　风味豆豉

三、设备与用具

盆、豆豉草、锅、漏勺、筷子。

四、实验原料

（1）主料：黄豆 300g。

（2）配料：食盐 35g、水 1500g、剁椒 30g、蒜 20g、辣椒面 10g、花椒粉 4g、姜末 4g。

（3）香料：陈皮 2g、香樟叶 2g。

五、工艺流程

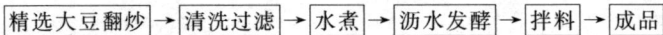

六、操作要点

1. 精选大豆翻炒

选用蛋白质含量丰富、颗粒饱满新鲜的黑豆、黄豆均可（成年大豆因表皮中单宁级配糖体受酶的水解和氧化，苦涩味增加，不宜采用）。将选好的大豆用小火炒一下，可放入一些陈皮、香樟叶之类的，将香味炒出。

2. 清洗过滤

将炒好的大豆用清水淘洗干净并用漏勺过滤掉水分。

3. 水煮

将淘洗好的大豆加水煮，水以刚没过大豆为宜，可以边煮边加水，时间根据大豆的多少而定。煮至用手可以轻易将大豆捏碎成泥的状态（有经验的可依据颜色来辨别）。

4. 沥水发酵

煮好的大豆沥掉水分，将豆豉草铺在盆里（锅也可以），趁热将煮好的大豆铺在豆豉草上面，最后再铺上一层豆豉草，盖上盖子等其发酵即可。发酵时间为 3~4 天，不可太久，久了就会发酸。发酵好的大豆盖子是热的，大豆上面是白色的一层，用筷子翻动，会像藕一样牵丝。

5. 拌料

将发酵好的大豆加盐、剁椒、辣椒面、花椒粉、姜末、蒜拌匀晾晒即可。

6. 成品

暴晒几天，晒干后的大豆是黑色的、一粒一粒的。（成熟的豆豉，若经加热灭菌后，就能较长期保存；否则，包装纸盒或塑料袋遇高温气候易变质。）

七、成品鉴定

形态：颗粒完整、松散，质地较硬。

色泽：黑褐色，油润光亮。

气味：酱香、酯香浓郁。

口感：滋味鲜美，咸淡可口，无苦涩味。

八、思考题

影响豆豉成品的因素有哪些？

附例：风味豆豉的制作方法2

一、实验原料

（1）主料：优质大豆 1000g、水 2000g。

（2）配料：毛霉和泸酿 3.042 米曲精、1％杀菌面粉 500g、食盐 120g、鲜姜末汁 40g、白酒 6g、发酵型米酒 10g、红糖 10g、花椒 10g、桂皮 2g、大茴香 2g。

二、制作过程

1. 筛选

选用颗粒硕大、饱满、粒径大小基本一致、充分成熟、表皮无皱、有光泽的大豆，经分选去杂备用。

2. 润水

按 1：2 的比例加水泡豆，水温控制在 20～25℃，pH 为 6.5 以上，根据不同季节浸泡 15～25h，以大豆膨胀无皱皮、手感有劲、豆皮不易脱离为宜。

3. 蒸煮

用常压锅蒸煮 4h，停火后焖豆 4h，所煮的豆粒熟而不烂、内无生心。蒸煮至大豆含水量在 52％左右时出锅冷却。

4. 接种

出蒸熟的大豆摊晾在曲台上，待品温降至 34℃左右时，接入毛霉和泸酿 3.042 米曲精接种量为 0.7％。种曲先用 1％杀菌面粉拌匀后再接种，种曲与熟豆拌时要迅速而均匀。

5. 制曲

将曲料以丘形堆积于曲盘中央，室温保持为 28～30℃，品温最高不超过 36℃，每 6h 倒盘 1 次，经 16～18h 曲料结块，进行搓曲。搓曲时，用手将曲料轻轻搓碎摊平，使曲料松散，并保持豆粒完整。搓曲后 12h 左右豆粒普遍呈黄绿色孢子，品温趋于缓和，曲子成熟，开窗排潮，水分为 20％～25％。

6. 洗曲

将成曲放入冷水中洗净曲霉，反复用清水冲洗至黄水，用手抓不成团。然后滴干余水，放入垫有茅草的笭内。

7. 配料

将乳酸菌和酵母菌按 0.1％的比例溶入 35℃的温水中，再将洗曲后的豆曲堆积起来，边堆积边洒水。当水分含量在 50％左右时，用草垫或麻袋片盖上保温。当品温上升到 38℃时，加入食盐、鲜姜末汁、白酒、发酵型米酒、红糖、花椒、桂皮、大茴香等充分拌匀。

8. 装罐

把配制好的豆曲料装入浮水罐，每罐必须装满，压紧罐口部位，不加盖面盐，用油纸、藕叶等封好罐口，加盖，装满浮水。保持勤换水不干涸，绝对不能让发酵罐漏气、进水。

9. 晒露

将封好的发酵罐放在室外或房顶，让其日晒夜露，利用昼夜温差的变化，使其生化反应加快。经两三个月的晒露，豆色棕褐而有光泽，味鲜咸而回甜，粒酥化不烂，豉香浓而鲜美可口。

10. 成品

可将成熟的豆豉掺入调料制成川味、粤味、湘味等多种口味的豆豉，用玻璃瓶、陶罐、复合塑料袋等包装，灭菌，检验合格，即可上市销售。

七、成品特点

外形：色泽为黑褐色、油调光亮，颗粒光透、松散、质地较硬。
香气：酱香酯香浓郁。
口感：滋味鲜美、咸淡可口，无苦涩味。

八、思考题

不同原料与季节，毛霉和泸酿 3.042 米曲精接种量有何不同？

实验六　内酯豆腐的制作（二）

一、实验目的

掌握内酯豆腐的制作原理、制作工艺流程及操作要点。

二、产品简介

豆腐为我国饮食文化中极富代表性的副食品，考古的研究表明，已有2000年的历史了。我国文化中许多谚语、民谣、歇后语都与豆腐有关。作为中国人的日常食物，豆腐甚至成为哲学思考的对象。相传，宋代大儒朱熹不吃豆腐，他曾做过实验，豆腐做成成品后，其重量往往会超出原料、辅料和水的总重，这令朱熹百思不得其解，"格其理而不得，故不食"。可见豆腐这样一种食品在我国传统文化中的地位。豆腐在宋代就已在我国各地普及，到了清代，更成为上至皇家、贵族，下至穷苦百姓、贩夫走卒的日常食品。

豆腐因凝固剂的不同主要分为3类：一是北豆腐，是以盐卤为凝固剂制得的，多见于北方地区，含水量少，为85％～88％，较硬；二是南豆腐，是以石膏粉为凝固剂制得的，多见于南方地区，含水量较北豆腐多，可达90％左右，松软；三是内酯豆腐（图5-6），是以葡萄糖酸-δ-内酯为凝固剂制得的。葡萄糖酸-δ-内酯是一种新型的凝固剂，较传统制备方法提高了出品率和产品质量，减少了环境污染。

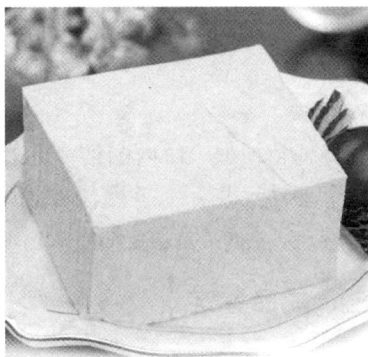

图5-6　内酯豆腐

三、设备与用具

加热锅、磨浆机、水浴锅、容器（玻璃瓶或内酯豆腐塑料盒）、电炉、80目箩筛。

四、实验原料

大豆 300g、葡萄糖酸-δ-内酯 0.25%～0.3%、水、纯碱 0.3%、消泡剂或植物油。

五、工艺流程

选料 → 浸泡 → 磨浆 → 过滤 → 煮浆 → 冷却 → 点浆 → 成品

六、操作要点

1. 选料

选用新鲜黄豆，并剔除有虫眼的干瘪豆和杂质。

2. 浸泡

一般每 1kg 黄豆用 2.5kg 水，在浸泡时还可以加入干黄豆重量 0.3% 的纯碱。

3. 磨浆

加水磨碎黄豆，一般磨得越细，蛋白质提取率越高。浆的细度以通过 80 目箩筐为宜。

4. 过滤

用 80 目箩筛制作的吊包过滤磨好的浆，一般洗 3 次渣。

5. 煮浆

将豆浆煮到 100℃，维持 3～5min。在加热过程中，可用消泡剂或植物油进行杀沫。

6. 点浆

先将葡萄糖酸-δ-内酯溶于水中，当豆浆的温度降到 80℃ 左右时，一手用勺上下翻动豆浆，一手慢慢加入葡萄糖酸-δ-内酯，5min 内完成。将加入葡萄糖酸-δ-内酯的豆浆保温 30min，成型稳定后即为内酯豆腐。

七、成品鉴定

形态：白色或淡黄色，块型完整，硬度适中，无杂质。
气味：具有豆腐特有的香气和滋味。
口感：豆腐质地细嫩、有光泽，适口性好，清洁卫生。

八、思考题

点浆的温度过高或过低对成品分别会造成什么影响？

实验七　石膏豆腐的制作

一、实验目的

（1）理解豆浆浓度和点浆温度对大豆蛋白凝固速度的影响情况。

（2）理解豆腐品质评价的方法。

（3）掌握石膏豆腐制作的原理、基本工艺流程和豆制品产品开发的思路。

二、产品简介

石膏的主要成分是硫酸钙，有生石膏和熟石膏之分。做豆腐多用熟石膏，它是生石膏经过煅烧脱水后经粉碎制成的，粒度为 80～120 目。石膏的凝固速度慢，属迟效性凝固剂，其优点是出品率高、保水性强，适用幅度宽，能适用于小同豆浆浓度，做老嫩豆腐均可，南豆腐多用石膏粉做凝

图 5-7　石膏豆腐

固剂。由于石膏微溶于水，点浆时，须将石膏粉加水混合，采取冲浆法加入热豆浆内。

盐卤和石膏都属强电解质，是二价碱金属中性盐，在水中能产生带电荷的离子 Mg^{2+}、Ca^{2+}、SO^{2-}、Cl^-。加入适量的电解质，可使蛋白质所呈电荷受影响，同时二价离子使蛋白质分子联结而凝聚成豆脑。这就是用盐卤和石膏中的二价离子做凝固剂的作用机理。

三、设备与用具

加热型豆浆机、豆腐模具、纱布、量杯、过滤纱网（过滤豆渣）、盆子（装豆腐压出来的水）。

四、实验原料

大豆 50g、水约 200g、石膏粉 2.2%～2.8%（或者醋和盐）。

五、工艺流程

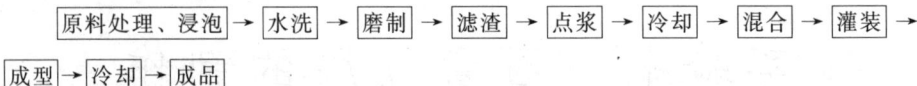

原料处理、浸泡 → 水洗 → 磨制 → 滤渣 → 点浆 → 冷却 → 混合 → 灌装 →

成型 → 冷却 → 成品

六、操作要点

1. 原料处理、浸泡

取黄豆 5kg，去壳筛净，洗净后放进水缸内浸泡，冬季浸泡 4～5h，夏季浸泡 2.5～3h。浸泡时间一定要掌握好，不能过长，否则会失去浆头，做不成豆腐。

2. 磨制

将黄豆放入豆浆机搅拌并加热约 20min。

3. 滤渣

用滤网将豆渣滤去，用容器将豆浆盛放好，待用。

4. 点浆

由于石膏粉微溶于水，点浆时，须将石膏粉加水混合，采取冲浆法加入热豆浆内，边搅拌边加入。注意：搅拌时一定要顺着同一方向。

5. 灌装

在制豆腐的模具中铺一层纱布，将加了石膏粉的豆浆倒入，然后将纱布包好。

6. 成型

用模具压，将豆腐中的水分从纱布中压出，压好后豆腐就成型了。（压的力尽量大。）

7. 成品

打开纱布，取出豆腐，将豆腐切成一块块即成（形状可多种多样）。

七、成品鉴定

形态：块型完整，硬度适中，质地细嫩，有弹性，无杂质。

色泽：白色或淡黄色。

气味：具有豆腐特有的香气和滋味。

八、思考题

点浆的温度过高或过低对最后成品的分别会造成什么影响？

实验八　腐竹的制作

一、实验目的

（1）了解腐竹的加工原理。

（2）掌握腐竹制作的工艺流程和操作要点。

二、产品简介

腐竹（图 5-8）是我国传统的蛋白质含量高、营养成分较全面的大豆特产食品之一。腐竹又称腐皮，腐皮一词最早出现在李时珍的《本草纲目》中，是一种汉族传统豆制食品，也是华人地区常见的食物原料，具有浓郁的豆香味，同时还有其他豆制品所不具备的独特口感。腐竹色泽黄

图 5-8　腐竹

白、油光透亮，含有丰富的蛋白质及多种营养成分，用清水浸泡（夏凉冬温）3～5h 即可发开。腐竹可烧、炒、凉拌、汤食等，食之清香爽口。但是患有肾炎、肾功能不全、糖尿病、酮症酸中毒、痛风的人不适宜食用腐竹。

腐竹是具有热变性的大豆蛋白分子聚结成的蛋白质膜，其他成分在薄膜形成过程中被包埋在蛋白质网状结构之中，不是构成薄膜的必要成分，用电子显微镜可以观察到小于 $0.5\mu m$ 的脂肪球。当煮熟的豆浆保持在较高温度条件下时，一方面豆浆表面水分不断蒸发，蛋白质浓度相对提高；另一方面蛋白质胶粒热运动加剧，碰撞机会增加，聚合度加大，以至形成薄膜。随着时间的延长，薄膜厚度增加，当薄膜达到一定厚度时，揭起烘干面即为腐竹。腐竹营养价值高、易于保存、食用方便，深受国内外消费者的青睐。

腐竹的质量分为 3 个等级，颜色越浅，营养价值越高。腐竹含丰富的蛋白质而含水量少，并且含有类似黄豆的营养成分，如黄豆蛋白、膳食纤维及碳水化合物等。

三、设备与用具

磨浆机、滤布、平底锅、电炉、竹竿、电扇、干燥室、小刀等。

四、实验原料

大豆 1kg。

五、工艺流程

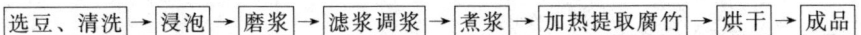
选豆、清洗 → 浸泡 → 磨浆 → 滤浆调浆 → 煮浆 → 加热提取腐竹 → 烘干 → 成品

六、操作要点

1. 选豆、清洗

选用颗粒饱满的新鲜黄豆，以高蛋白质、低脂肪含量的为佳，进行筛选或水选，清除灰尘杂质。

2. 浸泡

将大豆浸泡在比其体积大约 4 倍的水中。浸泡时间的长短取决于其温度的高低，一般冬季浸泡 12h 以上，夏季 2～3h，春季、秋季浸泡 4～5h。

3. 磨浆

浸泡完成的黄豆用打浆机制作前，要清洗黄豆并挑选出个别色泽发暗的黄豆或其中的杂质。这样制作出的豆浆会更纯，磨浆是破坏大豆的细胞组织，使大豆蛋白随水溶出。磨浆时要注入原料的 700%～800% 的山泉水（自来水中含有漂白剂，会导致掀皮时浆皮不完整），磨成极细的乳白色豆浆。

3. 滤浆调浆

滤浆的操作与豆腐制作相同，但生产腐竹对豆浆的浓度有一定要求，若豆浆过稀，则速度慢，耗能多；若豆浆过浓，则会直接影响腐竹质量。一般调浆到每 kg 大豆制浓浆 5～6kg。

4. 煮浆

将调好的豆浆倒入锅内，进行煮浆。煮浆后再进行一次过滤，根除杂质。

5. 加热提取腐竹

豆浆煮浆过滤后倒入平底锅内，用文火加热使锅内豆浆温度保持在 85～95℃，并在豆浆的表面用电扇进行吹风。当豆浆表面形成一层油质薄浆皮时，用剪刀顺锅边向中间轻轻地把浆皮划开分成两行，再用竹竿沿着锅边挑起空浆，浆皮 3～5min 形成一层，挑起一层皮再形成一层，直到锅内豆浆表面不能再凝结成具有韧性的薄膜为止。

6. 烘干

把挂上竹竿的腐竹送到干燥室进行烘干，室温控制在 35～40℃，约经

42h后，腐竹表面呈黄白色，并且明亮透光即为成品。一般1kg大豆可生产成品0.5kg。

七、成品鉴定

形态：浅黄色，有光泽，支条均匀、有空心。
口感：味正，无杂质。

八、思考题

影响腐竹形成的因素有哪些？

实验九　臭豆腐的制作

一、实验目的

（1）学习臭豆腐的制作方法。

（2）学会卤水的制作方法。

二、产品简介

臭豆腐（图5-9）是我国传统特色小吃，各地的制作方式、食用方法均有相当大的差异，有北方和南方的区别，臭豆腐在南方又称臭干子。它的名字虽俗气、但外陋内秀、平中见奇、源远流长，是一种极具特色的中华传统小吃，古老而传统，令人欲罢不能。臭豆腐的制作材料有大豆、豆豉、纯碱等。

图5-9　臭豆腐

臭豆腐在中国乃至世界各地的制作方式和食用方式均存在地区上的差异，其味道也各不相同，但都具有"闻起来臭、吃起来香"的特点。长沙臭豆腐相当闻名，南京、上海、北京、武汉、玉林等地的臭豆腐也颇有名气。

天津街头多为南京臭豆腐，为灰白豆腐块油炸成金黄色，臭味很淡。南方街头的臭豆腐多以"长沙臭豆腐"为招牌，但制作方式并不相同，是用铁板浇油煎，中不空且为淡黄色。

三、设备与用具

锅、火砖、盛器、棍子、盘子。

四、实验原料

（1）主料：精制白豆腐300g。

（2）调料：辣椒粉 10g、蒜末 5g、茶油 1000g（实耗 50g）、精盐 2g、味精 2g、明矾 3g、香油 2g、酱油 3g、葱花 2g、高汤 500g。

（3）特制卤水用料：豆豉 3kg、食用碱 100g、明矾 20g、香菇 200g、冬笋 4kg、盐 750g、茅台酒 150g（可用 50℃以上的白酒代替）、豆腐脑 1500g、冷水 15kg。

五、工艺流程

洗净豆腐 → 腌制豆腐 → 炸豆腐 → 煮豆腐 → 成品

六、操作要点

1. 洗净豆腐

将豆腐清洗干净，切成小正方形方块。

2. 腌制豆腐

将明矾 3g 放入盛器内，倒入沸水用棍子搅动，浸泡 2h（春、秋季浸泡 2～5h，夏季浸泡 1～2h，冬季浸泡 6～10h，浸泡时间的长短还须看胚子的软硬，硬的可多泡一会，软的则少泡一会儿），捞出冷却，放入卤水中。泡好后取出，用冷开水稍洗一下，装入筛子内沥干水分（洗后的冷开水不要丢弃，等洗到水浓时续到卤水内）。

3. 炸豆腐

锅上火，用中火将油烧至七成热，将卤好的豆腐逐块下入油锅内，改用小火炸制 3min，至外壳焦酥时捞出。

4. 煮豆腐

将高汤置于锅中，用大火煮沸，加入辣椒粉、蒜末、精盐、味精、酱油调味，改小火煮 2min，撒葱花、淋香油制成蘸水。将炸制好的臭豆腐装盘，连同蘸水一同上桌即成。

备注：

特制卤水的制法：用冷水 15kg，放入豆豉 3kg，烧开后再煮 0.5h 左右，然后将豆豉汁滤出。待豆豉汁冷却后，加入食用碱、明矾、香菇、冬笋、盐、白酒及豆腐脑，浸泡半个月左右（每天搅动 1 次），发酵后即成卤水。卤水切勿粘油，要注意清洁卫生，防止杂物混入，而且要根据四季不同气温灵活掌握，使之时刻处于发酵的状态。连续使用的话，需要每隔 3 个月加入一次主料，做法和分量同上（但不要加青矾和碱），用时要注意经常留老卤水（越久越好）。检验卤水合格的标准是看其是否发酵与气味是否正常，如果不发酵、气味不正常时，就要及时补救。补救的办法是将干净的火砖烧红，放在卤水内，促使发酵；同时，还要按上述配方适当加入一点佐料，使其发酵后不致变味（每次浸泡的豆腐取出后，卤水内应加入适量的盐，以保持咸淡正常）。

七、成品鉴定

气味：闻起来臭、吃起来香。

口感：内软味鲜，外焦微脆，价廉味美，极好下饭。

八、思考题

如何判断卤水是否发酵完成？

实验十　豆沙的制作

一、实验目的

(1) 了解豆沙的各种制作方法，掌握豆沙的炒制方法。

(2) 熟悉焦糖化反应的原理。

二、产品简介

豆沙（图 5 - 10）一般是指红豆沙。红豆沙是一道甜品，在炎炎夏日既可以解暑又可以养生，是夏季的最佳选择。红豆沙能够起到清热解毒、利尿和通肠的效用，常食用红豆沙可以治疗一些肾脏和心脏的疾病，红豆沙还对脚气病有帮助。红豆在《本草纲目》中的名称均为"赤小豆"，是一种药食两用的食材，李时珍称红豆为"心之谷"。红豆沙的做法是将红豆浸泡后煮熟压成泥，加入油、糖浆

图 5 - 10　豆沙

或者玫瑰酱之类的甜酱混匀。红豆沙常用来做点心的馅，如豆沙月饼。除红豆沙外，绿豆沙也广泛用于点心制作。豆沙可做成各式各样的可口食物。

三、设备与用具

果汁机、纱布、木铲、炒锅等。

四、实验原料

红豆 400g、白糖 100g、油 80g。

五、工艺流程

筛查选豆 → 洗豆浸泡 → 煮豆 → 打碎过滤 → 去水 → 炒豆沙 → 冷却贮存 → 成品

六、操作要点

1. 筛查选豆

称好所需红豆，筛一下去除杂质。

2. 洗豆浸泡

将选好的红豆洗净，浸泡一夜。

3. 煮豆

将浸泡后的红豆捞出放入锅中，先旺火后文火煮烂。

4. 打碎过滤

将煮熟后的红豆用果汁机打碎，单层纱布过滤，滤除豆皮。

5. 去水

粗沙液用 4 层纱布过滤，将多余水挤出，得到豆沙。

6. 炒豆沙

在锅中放入生油，将豆沙干块放入炒制，然后分次放入油、糖并充分炒制均匀。

7. 冷却贮存

当豆沙由红褐转为紫黑透亮、稠厚一体、软硬适度、可塑性良好时，即可起锅冷却，表面封油后贮存。

备注：

（1）在豆沙制作过程中，煮豆时应凉水下锅，先旺火烧开后小火焖煮，否则易把红豆烧僵，影响出沙。

（2）油脂应分次加入，以防结底烧焦。

七、成品鉴定

形态：色泽紫黑透亮，软硬适度，无焦块杂质。

口感：软润，细腻香甜，无焦苦味。

八、思考题

1. 京式、广式、高桥式豆沙馅心的调制有什么不同？

2. 试根据豆沙馅制作工艺，设计制作土豆馅或红薯馅等馅心。

实验十一　豌豆淀粉的制作

一、实验目的

（1）了解豆类淀粉的制作工艺流程和产品特点。

（2）综合掌握淀粉的操作技能，加深对理论教学的理解。

二、产品简介

豌豆粉是昆明市传统的汉族小吃，它是用干豌豆粒磨瓣去皮，用水泡发后，掺水磨成浆，经过滤、熬煮成糊，冷却后凝固而成的。成品质地细腻滑嫩，色泽姜黄，口感有豌豆的特殊芳香，经刀功成型后烹调，可热吃也可凉吃。凉豌豆粉是云南盛夏小吃。豌豆性味甘，微寒，具有补中益气、解毒利用的功效，适用于小便不畅、下腹胀满、消渴、妇人乳闭等症。

图 5-11　豌豆淀粉

豆类淀粉的主要原料是绿豆、豌豆，主要营养成分是蛋白质、淀粉，不含防腐剂，适宜少儿、老年人食用。

三、设备与用具

不锈钢桶或清洗池 2 个，台秤、电子秤各 1 台，锉磨式磨浆机或锤片式粉碎机 1 台，纱布若干或离心筛 1 台，布袋若干或平摇筛、离心过滤机 1 台，鼓风干燥箱或真空干燥箱或流化床干燥器 1 台。

四、实验原料

豌豆 5kg。

五、工艺流程

精选原料 → 清洗浸泡 → 粉碎磨浆 → 浆渣分离 → 除砂 → 浓缩精制 →
脱水干燥→成品

六、操作要点

1. 精选原料

挑选成熟之后的豌豆角（变成黄色），去皮，挑出坏的。

2. 清洗浸泡

将经过挑选的豌豆洗净，称重，放入 35～45℃的温水中浸泡。

3. 粉碎磨浆

向浸泡好的豌豆中加水进行磨浆。加水时要均匀，使粉碎的颗粒大小一致。

3. 浆渣分离

用 80 目以上的筛子或离心筛进行分离过滤，使淀粉乳与豆皮、豆渣分离。为便于过滤，可加入少量油搅拌，以除去泡沫。豆渣滤出后要用水洗 3～4 遍，以回收其中的淀粉。

4. 除砂

粗淀粉乳中含有泥沙，用泵切向进入除砂器，通过螺旋运动使淀粉乳向上进入旋转过滤器。泥沙等杂质向下进入泥沙收集器，泥沙收集器的泥沙间断性地通过自动控制进行排放。

5. 浓缩精制

经过筛分的淀粉乳中，除含淀粉外，还含有蛋白质、细渣、色素和灰分等。这些物质的颗粒虽然很小，但比重不同，它们在悬浮液中的沉降速度也不同。淀粉比重大，沉于容器底部。将上层含蛋白质等物质的水放出，再加入清水搅拌后进行两次沉淀，即得淀粉。也可采用新型旋流器进行脱汁、浓缩、洗涤，得到优质的淀粉乳。

6. 脱水干燥

将容器上层的水放走，取出淀粉糊，用滤袋滤去水分，置于席上摊晒至干。也可将淀粉乳流入真空脱水机的淀粉乳槽中，槽内有搅拌装置，可防止淀粉沉淀。转鼓以每分钟约 1 转的速度缓慢地旋转，转到吸附淀粉区位置时，借助内部真空的作用，将淀粉吸附在转鼓的滤布表面。用刮板将淀粉刮掉，使其落入螺旋输送机机槽，由螺旋输送机输送给气流干燥设备进行淀粉干燥，包装。

备注：

实验数据及结果处理

称量干燥后获得的淀粉质量，按照以下公式计算淀粉得率。

$$淀粉得率＝成品淀粉质量/原料质量×100\%$$

七、成品鉴定

形态：白色粉末状。

口感：软硬适中，口感很脆，但不像玉米淀粉那么脆硬。

八、思考题

1. 如何提高豌豆淀粉的出粉率？
2. 如何提高豌豆淀粉的质量？

第六章　果蔬制品工艺学实验

一、果蔬加工的定义

果蔬加工是以新鲜的果品为原料，根据它们的理化性质，采用不同的加工工艺制成各种制品，这一系列过程被称为果蔬加工。

二、果蔬制品的分类

1. 干制品

干制品是将新鲜的果蔬原料通过人工或自然干燥，脱出一部分水分，使可溶物的浓度提高到微生物难以利用的程度，并始终保持低水分制成的制品。

2. 腌糖制品

腌糖制品是将新鲜的果蔬原料加糖煮浸、加盐腌渍，使制品内含糖、含盐量达到一定浓度，加入香料或副料（也可不加）制成的制品。此类制品主要是利用糖、盐的高渗透压保藏原理制成的。

3. 罐制品

罐制品是将新鲜的果蔬原料经处理后装入缸内，经过排气、密封、杀菌、冷却处理制成的制品。此类制品既能长期保存、便于携带和运输，又方便卫生，是果蔬制品中的主要产品。

4. 速冻制品

速冻制品是将经过预处理的新鲜果蔬置于冻结器中，在 $-25 \sim -30℃$ 温度条件下，在有强空气循环库内快速冻结而制成的制品。此类制品须放在 $-18℃$ 的库内保存直至售出。

5. 果蔬汁

果蔬汁是将经处理的新鲜果蔬压榨或提取汁液，经过调制、密封、杀菌而制成的制品。果蔬汁大致分为浓缩、果馅、果汁粉等。

6. 果酒

果酒是果品通过酒精发酵或利用果汁配制而成的一种含酒精的饮料，果酒可分为蒸馏酒、发酵酒、配制酒。

7. 副产品

副产品是利用果品的下脚料（如残果、落果、果皮、种仁等），经加工制成或提取出来的产品。

实验一　果酱罐头的制作

一、实验目的

（1）掌握果酱罐头不同果肉的制作方法与区别。

（2）掌握果酱罐头的加糖或加酸量以及罐头的制作手法。

二、产品简介

果酱罐头（图6-1）是以鲜果为主料，经去皮、除核、灭菌、杀酶、护色、保味等高科技工艺配方深加工而成的。它虽经高温焙烤，但仍能保持鲜果独有的天然风味，酱体充盈，有流体感，香甜宜人，具有保质期长、易保存等特点。婴幼儿吃果酱可补充钙、磷，预防佝偻病，还能增加血色素，对缺钙性贫血有辅助疗效。果酱含有丰富的钾，能消除疲劳，锌能增强记忆力。不过果酱的含糖量偏高，所以现在市场上低糖果酱越来越

图6-1　果酱罐头

受到消费者的欢迎。另外了为了迎合社会上健康的饮食风尚，人们还陆续研发了一些保健型的果酱。例如，根据抗氧化剂含量选取水果材料制作的抗皱果酱，既能满足对美食的欲望，又能达到防衰老的目的。

三、设备与用具

不锈钢刀、不锈钢小盆、不锈钢盆、1000g天平、台秤、不锈钢锅、电磁炉、组织捣碎机、胶体磨、打浆机、真空浓缩锅、手持糖量计等。

四、实验原料

（1）木瓜果酱原料：成熟度接近7成的木瓜果肉、砂糖、麦芽糖、柠檬

酸、海藻酸钠等。

（2）黄桃果酱原料：黄桃、砂糖、麦芽糖、柠檬酸、海藻酸钠等。

（3）低糖胡萝卜苦瓜果酱：胡萝卜、苦瓜、砂糖、麦芽糖、柠檬酸、海藻酸钠等。

五、工艺流程

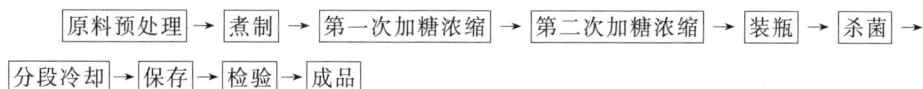

六、操作要点

1. 原料预处理

将木瓜（或黄桃或胡萝卜和苦瓜）洗净、去皮、用刀横切、挖去种子并适当破碎。

2. 煮制

将破碎原料放入不锈钢锅或夹层锅煮制，将其水分蒸发为原重的 1/4～1/3。

3. 第一次加糖浓缩

（1）加糖量（或加酸量）的计算公式为

加糖量（W_1）＝成品重量（W）×成品总可溶性固形物浓度（Z）

－投入生产的原料量（W_0）×原料可溶性固物浓度（Y）

＝$WZ - W_0Y$（单位：kg）

（2）加入成品重的 0.3% 的海藻酸钠。加入按计算所得加糖量的 1/2，浓缩 10～15min。

4. 第二次加糖浓缩

在第一次浓缩的基础上，加入剩余的 1/2 砂糖，浓缩至成品重所需含糖量。将已溶解在已知水量（少许）的柠檬酸和海藻酸钠，加入浓缩果酱中至成品重时起锅。

5. 装瓶

将成品装入已消毒的瓶内，留顶隙 5mm 密封，装瓶后及时手工拧紧瓶盖。瓶盖、胶圈均应经清洗、消毒。封口后应逐瓶检查封口是否严密。

6. 杀菌

采用水杀菌，升温时间为 5min，沸腾状态下（100℃）保温 15min。

7. 分段冷却

将果酱罐头分别在 65℃、45℃ 温水中逐步冷却到 37℃ 以下。

七、成品鉴定

形态：应具有所用原料之色泽，酱体呈细腻或有小肉块形态，酱体为稠状、不流泪。

口感：酸甜可口，有清淡果香味。

理化指标：含糖 30％～35％，含可溶性固形物 35％～40％，含酸 0.4％～0.6％，pH 为 3.5～3.8。

八、思考题

1. 杀菌温度对果酱罐头有何影响？
2. 不同品种果酱罐头的砂糖添加量如何把握？

实验二　果脯的制作

一、实验目的

1. 掌握不同品种果脯的制作方法与区别。
2. 掌握果脯制作的烘干时间。

二、产品简介

果脯（图 6-2）是将果蔬类原材料预处理后，与糖液秘制而成的。产品形态完整、饱满，糖分充分渗透至组织内部，使产品呈透明或半透明，本色或染色，质地柔软，具有应有的风味。果脯严格来说是蜜饯的一种，营养丰富。蜜饯可以分为干态蜜饯、湿态蜜饯和凉果。干态蜜饯表面干燥，无糖霜析出，含水量在 20％以下，含糖量在 75％以上。湿态蜜饯含水量大，在 30％以下，含糖量在 65％～68％，凉果的含糖量不超过 35％。人们利用高浓度糖产生的高渗透压，析出果蔬中的大量水分，抑制微生物的生长活动，达到保藏果脯的目的。经糖渍处理后的果蔬保存时间长，具有独特的风味，因而被消费者喜爱，并且种类越来越齐全。

图 6-2　果脯

三、设备与用具

去皮刀、清洗机、电热恒温两用（鼓风或非鼓风）干燥箱。

四、实验原料

南瓜、柠檬酸、蔗糖、淀粉糖浆、葡萄糖、羧甲基纤维素、苯甲酸钠、黄原胶、明胶、氯化钙、氯化钠、氯化锌、氯化镁、Na_2HPO_4。（均为市售食用级。)

五、工艺流程

去皮、切分、切缝、刺孔 → 保脆和硬化 → 硫化 → 染色 → 预煮 → 糖制 →
烘干 → 成品

六、操作要点

1. 去皮、切分、切缝、刺孔

果皮较厚或含粗纤维较多的糖制原料应去皮。大型果蔬原料宜适当切分成块、条、丝、片等，以便缩短糖制时间。小型果蔬原料，如枣、李、梅等，一般不去皮和切分，常在果面切缝、刺孔。除去不良部分，促进糖制时糖分的渗入，缩短糖制时间。

2. 保脆和硬化

目的：保持果脯制品松脆的质地；提高果肉的硬度，增强其耐煮性。

用量：种类、用量、处理时间试验确定。

注意：糖制前漂洗。

3. 硫化

目的：使制品色泽明亮，防止制品氧化变色，促进糖液对原料的渗透。

方法：使用 $0.1\% \sim 0.2\%$ 硫磺熏蒸；使用 $0.1\% \sim 0.15\%$ 亚硫酸氢钠溶液浸泡。

4. 染色

将原料浸入色素溶液中着色；将色素溶于稀糖溶液中，在煮糖的同时完成染色。

5. 预煮

预煮时用饮用水煮沸，投入原料，预煮水同原料的比例通常为 $1 \sim 1.5 : 1$，预煮时间以原料呈半透明并开始下沉为度。原料预煮后立即投入到流动的清水中漂洗。在预煮中，一些未经盐渍的新鲜原料若含有苦味及麻味，可加入 10% 的盐水，煮沸 $0.5h$ 即可除去苦、麻味。凡经亚硫酸盐保藏、盐腌、染色及硬化处理的原料，在糖制前均须漂洗或预煮，以除去残留的二氧化硫、食盐、染色剂、石灰或明矾，避免对制品外观和风味产生不良影响。

目的：除去粘附的硬化剂；增加产品的透明度；排除过多的果酸，以免蔗糖过多地转化；增大细胞膜的透性，有利于糖分渗入，使细胞组织软化，质地嫩脆。

6. 糖制

糖制是果脯加工的主要操作，果脯按其加工方法分为加糖腌制和加糖煮制两大类。

（1）加糖腌制也被称为蜜制，这种加工方法在糖制过程中不加热或加热时间很短，适宜组织柔嫩、不耐煮的原料。

方法：分次加糖，不断加热，逐步提高糖液浓度，使糖分缓慢扩散浸入内部组织达到平衡。

特点：能很好地保持原料的色、香、味及完整的果形，产品中的维生素C损失较少。

（2）加糖煮制。加糖合煮即为加糖煮制，这种加工方法适宜组织较紧密、耐煮制的原料。

特点：加工迅速，色、香、味俱全，维生素损失较多。

糖制时应掌握的原则：使糖分尽快地渗入到果实里面；使果实充分吸糖，但又要防止失水干缩；要尽量防止色、香、味和营养成分的损失；要防止焦糖等不良现象的发生。

7. 烘干

除湿态果脯外，多数制品在糖制后须行烘干，除去部分水分，使表面不粘手，利于保藏。烘烤温度不宜超过 65℃，时间为 20～24h。制品要求完整、饱满、不皱缩、不结晶，质地柔软，含水量在 18%～22%，含糖量在 60%～65%。

备注：

（1）添加 0.3% 左右的柠檬酸，使产品 pH 降至 3.5 左右，这样可降低甜度，加强保藏性。

（2）通过烘干脱水，控制水分活性在 0.65～0.7，可有效控制微生物的活动.

（3）必要时按规定添加防腐剂，或进行杀菌处理、冷藏等辅助措施。

七、成品鉴定

形态：果脯饱满，呈半透明状态，具有晶莹的光泽。

口感：有清淡果香味，味道酸甜可口。

组织：软硬适中，果肉紧实。

八、思考题

1. 烘烤时间对果脯的品质有何影响？

2. 在果脯制作中，不同原料的处理方式是否相同？

实验三 脱水蔬菜的制作

一、实验目的

（1）了解脱水蔬菜制作的工艺流程和方法。

（2）掌握不同种类蔬菜脱水加工的技术。

二、产品简介

脱水蔬菜（图6-3）又称复水菜，是将新鲜蔬菜经过洗涤、烘干等工序，脱去蔬菜中大部分水分后制成的一种干菜。将鲜菜（含水率80%～95%）加工成干品（含水率5～8%），以形成高度保鲜（保营养成分70%，保色70%，还可保风味及良好的适口性）和方便贮藏与运输的精制菜。蔬菜原有色泽和营养成分基本保持不变。脱水蔬菜既易于贮存和运输，又能有效地调节蔬菜生产淡旺季节。食用时，只要将其浸入清水中即可复原，并保留蔬菜原来的色泽、营养和风味。

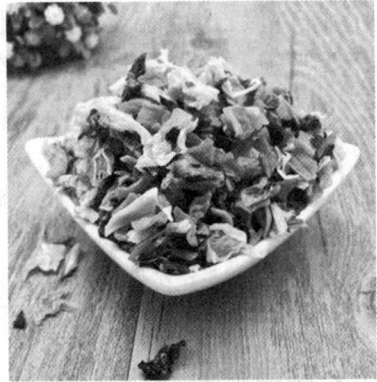

图6-3 脱水蔬菜

三、设备与用具

塑料篮和盆、不锈钢托盘、热风干燥烘箱、台秤、刀具、砧板、清洗机、去皮机、切分机、甩干机。

四、实验原料

有丰富肉质的蔬菜：胡萝卜、食用菌类、白菜、甘蓝、姜等，食盐、葡萄糖、有机酸、护色液。

五、工艺流程

六、操作要点

1. 原料挑选

原料在脱水前应严格选优去劣，剔除有病虫、腐烂、干瘪部分。

2. 清洗

去除蔬菜表面泥土及其他杂质。为去除农药残留，一般须用 0.5％～1％ 盐酸溶液或 0.05％～0.1％高锰酸钾或 600mg/kg 漂白粉浸泡数分钟进行杀菌，再用清水漂洗。用清水冲洗干净，然后放在阴凉处晾干，但不宜在阳光下曝晒。

3. 去皮、切削

根茎类蔬菜应去皮处理，一般要求人工去皮或机械去皮，去皮后立即投入清水中或护色液中，以防褐变。将洗干净的原料根据产品要求分别切成片、丝、条等形状。

4. 烫漂

一般采用热水烫漂，水温随蔬菜品种变化，一般为 80～100℃；时间为几秒到数分钟不等，一般烫漂时间为 2～4min。烫漂时，可在水中加入 0.3％～0.5％食盐，有护色和降低水分活度（water activity，AW）的作用。

5. 冷却、沥水

预煮处理后的蔬菜应立即用冷水冷却，使其迅速降至常温，冷却时间越短越好。沥干冷却后，蔬菜表面会滞留一些水滴，这对冻结是不利的，容易使冻结后的蔬菜结成块，不利于真空干燥。为缩短烘干时间，可用离心机甩水，也可用简易手工方法压沥。待水沥尽后，拌入 5％～10％葡萄糖，装盘烘烤。

6. 烘干

根据不同品种确定不同的温度、时间、色泽及烘干时的含水率。将蔬菜均匀地摊放在盘内，然后放到预先设好的烘架上，保持室温为 70～80℃，同时要不断翻动，使其加快干燥。一般烘干时间为 1h 左右，烘干温度为 65℃ 左右。

七、成品鉴定

形态：色泽一致，无异色片、青筋片、烤焦片、老皮片，片形基本完整。

气味：具有清香味。

理化指标：水分＜6％。

八、思考题

1. 试述脱水蔬菜的干燥过程及影响食品干燥的因素。

2. 不同种类的蔬菜的干燥时间如何把握？

实验四　果酒的制作

一、实验目的

（1）掌握不同种类果酒的制作方法与区别。

（2）掌握果酒酿造手法。

二、产品简介

果酒（图 6-4）是利用酵母菌将果汁中的糖分经酒精发酵转变为酒精等产物，然后在陈酿、澄清过程中经醋化、氧化及沉淀等作用，形成的酒质清晰、色泽美观、醇厚芳香的产品。果酒酿造要经历酒精发酵和陈酿等两个阶段，在这两个阶段中发生着不同的生物化学反应，对果酒的质量起着不同的作用。

酒精发酵是果酒酿造过程中的主要生物化学反应。刚发酵后的新酒浑浊不清、味不醇和、缺乏芳香，不适宜饮用，必须经过一段时间的陈酿，

图 6-4　果酒

使不良物质消除或减少，同时生成新的芳香物质。果酒在酿造过程中，水果中富含的维生素、矿物质、氨基酸等被很好地保存，大大提高了原果液的营养价值。

三、设备与用具

1000mL 的锥形瓶 2 个、保鲜膜、移液管、电炉、250mL 锥形瓶若干、玻璃棒、胶头滴管、榨汁机、纱布等。

四、实验原料

新鲜水果、亚硫酸、果胶酶、酵母菌、异抗坏血酸钠、苹果酸、明胶等。

五、工艺流程

六、操作要点

1. 挑选水果（以苹果为例）

要选择香气浓、肉质紧密、成熟度高、含糖多的苹果，成熟度在 80％～90％。

2. 原料预处理

去除苹果表面的杂质，然后用自来水清洗、沥干、去核、切片、榨汁。

3. 果汁处理

测量苹果汁的糖度和酸度，糖度为 22％，酸度 pH 为 4.5 左右。若不符合要求，则加入适量白砂糖和苹果酸进行调整。1L 苹果汁按 75mg 二氧化硫加入量计算，成分调整好后静置 24h，澄清备用。

4. 分离发酵

将静置了 24h 左右的苹果汁用虹吸的方法去除果渣等沉淀物，在得到的苹果汁中加入 0.02g/L 的果胶酶。将活化好的酵母菌接入分离后的苹果汁中接种，混匀。从混匀的发酵液中取出适量的发酵液检测部分发酵原始参数，如糖度、酸度、菌体数等。封闭瓶盖，在 18℃ 下自然发酵，主发酵约 10 天（具体时间依据参数检测的结果而定）。

5. 观察检测

定期进行相关参数的检测，观察果酒发酵过程中的数值变化规律。

6. 下胶澄清

主发酵结束后，酒液应呈淡黄绿色，糖度降至 7％ 左右，进行下胶处理。根据所得发酵液，将 1％ 明胶 4mL/100mL 发酵液和 10％ 皂土 10mL/100mL 发酵液加入其中，进行澄清处理，使悬浮的胶体蛋白质凝固生成絮状沉淀，慢慢地下沉，使酒液变得澄清。

7. 倒瓶陈酿

下胶后静置澄清 1 天左右，进行初次倒瓶，酒液尽量满瓶，并补加亚硫酸，按 150μg/500mL 酒液进行补加，封闭瓶盖进行陈酿。

8. 催陈

采用超声波处理 5min 进行催陈。超声波可以增强各类物质的分子活化能，提高分子间的有效碰撞，使酯化、缩合、氧化还原等反应加速进行，有利于形成果酒的醇酯酿制香味。超声波还可以促进缔合作用，增强水、醇、醛、酸、酯等极性分子间的亲和力。这样不仅增强了乙醇分子和水分子之间的缔合度，还能够形成更大且更稳固的极性分子缔合群。因此适当地超声波处理能够加速果酒的陈化，改善果酒的品质和口感。

9. 过滤

将果酒中的杂质过滤出去。

10. 贮酒

应选择较为干燥、清洁、光亮和通风较好的地方，相对湿度在 70% 左右为宜。

七、成品鉴定

形态：酒液清亮、透明、没有沉淀物和浮悬物。

色泽：具有果汁本身特有的颜色。

口感：酒液散发着水果清香，喝到嘴里可以隐约品出新鲜水果的味道，清凉爽口。

八、思考题

1. 果酒应储存在怎样的环境中？

2. 主发酵的时间如何把握？

实验五　低盐酱菜的制作

一、实验目的

（1）掌握不同类别酱菜的制作方法与区别。

（2）掌握酱菜腌制的制作技巧。

二、产品简介

酱菜是以茎梗发达的蔬菜为主料，以生姜、大蒜、辣椒为辅料，经过处理、盐腌、配料、腌制、酱渍而成的一种滋味鲜美、风味独特、诱人食欲、营养丰富、保质期长，并深受广大消费者青睐的佐餐食品。众所周知，酱菜中含有大量亚硝酸盐，而亚硝酸盐摄入过量会导致亚硝酸盐中毒。因此，低盐酱菜（图6-5）的出现，既能让消费者品尝到美味，又能保证消费者免于亚硝酸盐中毒。在酱菜制作过程中进行脱盐处理，即可得

图6-5　低盐酱菜

到低盐酱菜。低盐酱菜在工艺上进行了创新，在加工过程中没有加入任何人工防腐剂，因而使产品成为具有酱香、脆嫩、味鲜、卫生、咸味适中、风味独特、食后回味悠长等特点的绿色食品。

三、设备与用具

台秤、天平、温度计、洗涤用具、不锈钢丝筐或竹筐、无毒塑料盆或瓷盆、腌器（使用陶瓷缸或搪瓷桶）、双层锅或不锈钢锅、多功能切菜机或不锈钢刀等。

四、实验原料

（1）主料：黄瓜、竹笋、莴笋等。

（2）辅料：酱油 6.5kg、食盐 1kg、白砂糖 0.8kg、白酒 0.3kg、花生油 200g、辣椒（可根据辣味程度适量添加）、姜 0.6kg、蒜 1kg、味精 50g、氯化钙 40g。

五、工艺流程

六、操作要点

1. 原料验收

根据不同的蔬菜，制定不同的验收标准，根据验收标准，严格进行挑选分级。不合格的蔬菜禁止使用。

2. 辅料处理

辣椒洗涤消毒后，剥开去籽、去椒柄，切成宽 0.8～1cm 的斜圈备用；姜、蒜洗净、晾干、去皮后，切成厚 0.2～0.3cm 的薄片。然后将 3 种蔬菜辅料调和均匀备用。

3. 洗涤杀菌

蔬菜用清水借助毛刷刷洗干净，放入 0.2%～0.3% 过氧乙酸杀菌液中浸泡 1min 左右（时间长了会褪色），取出后用流动的自来水清洗掉蔬菜表面的杀菌液，放置在阴凉通风处，至表面水分蒸干为止。

4. 腌制

鲜蔬菜 10kg，加食盐 1kg，加氯化钙 40g。

将洗净并沥干水的蔬菜置于缸中进行腌制（缸要事先洗净、消毒、晾干），一层盐一层蔬菜（氯化钙混在食盐中）腌在缸里。在腌制期间需要每天倒缸两次，以利腌制均匀，腌制时间跨度为 2～3 天。

5. 脱盐

蔬菜腌透后，将其泡在清水中 7～8h，中间换水 1 次，捞起晾干浮水（一定要晾干，否则会引起霉菌感染）备用。

6. 配调料

将花生油烧到 9 成熟，加入葱花、花椒粒少许，炸至变色后捞起抛掉。锅中加入酱油，烧开后再加入白糖，白糖融化后起锅冷凉，冷至 28℃ 以下加入味精。

7. 拌和

把称好重量的调料加入相适应比例的菜条中，拌和均匀。

8. 酱渍

大陶瓷缸洗净消毒后，首先在缸底先放上一层蔬菜，再撒一层处理好的辅料，依此类推层层排入，然后将调料注入大缸中，最后加入白酒进行酱渍。酱渍期间用塑料薄膜严封缸口，其上再加覆盖物遮光，要严防日晒雨淋，最好在室内进行。在整个腌制过程中要翻缸 1 次，（约在酱渍时间的中间）以利于腌制均匀。经试验表明，春季、秋季一般酱渍 6～7 天即可成熟，夏季 3～4 天，冬季 12～14 天。经一定时间的酱渍后，黄瓜即可达到色香味俱佳的效果。（在生产中，调料可重复使用一次。）

9. 切分

将酱渍成熟的整形蔬菜捞起，切成 1cm³ 左右大小的菜丁，再将酱渍好的蔬菜辅料与蔬菜丁均匀地掺在一起。

10. 杀菌冷却

采用 85℃、8min 蒸汽杀菌，杀菌后通风冷却，防止蔬菜表面水滴滞留，并迅速冷却至室温。

11. 检验

随机抽取样本进行细菌总数检验及亚硝酸盐含量测定。

七、成品鉴定

色泽：蔬菜、青椒色泽深红透绿，蒜白里透红，姜红中显黄。
气味：有多味酱菜所特有的甜香气味；
口感：味辣蒜香，脆嫩爽口，风味鲜美，咸淡适口，无异味。
理化指标：水分≤80％，食盐≤5％，亚硝酸盐（mg/kg）≤22。
砷（mg/kg）≤0.5，铅（mg/kg）≤0.1。

八、思考题

1. 辅料的配置比例对酱菜的品质有什么影响？
2. 不同蔬菜的腌制时间如何把握？

实验六　泡菜的制作

一、实验目的

（1）掌握不同种类泡菜的制作方法与区别。

（2）掌握泡菜腌制时间。

二、产品简介

泡菜制作是以乳酸发酵为主，同时利用食盐的高渗透压作用，兼有蛋白质分解的微生物发酵过程的冷加工方法，对蔬菜的营养成分、色、香、味、体的保存十分有利。泡菜（图6-6）是一种以湿态发酵方式加工制成的浸制品，为泡酸菜类的一种。一般来说，只要是纤维丰富的蔬菜或水果（如白菜、甘蓝、萝卜、辣椒、芹菜、黄瓜、菜豆、莴笋等质地坚硬的根、茎、叶、果），都可以被制成泡菜。泡菜含有丰富的维生素和钙、磷等无机物，既能为人体提供充足的营

图6-6　泡菜

养，又能预防动脉硬化等疾病。因其酸辣爽口的独特风味深受人们喜爱，但其制作方法要求十分严格，不易掌握，探究其制作方法有利于更好地制作并品尝。

三、设备与用具

泡菜坛、不锈钢刀、砧板、小布袋（用以包裹香料）、电子天平、量筒、烧杯、玻璃杯、空盆、锅、长筷子（1副）。

四、实验原料

（1）主料：白萝卜、胡萝卜、卷心菜、藕等。

（2）辅料：嫩姜、去皮老姜、青椒、大蒜、粗盐 100g、白酒 50～60g、八角 3g、桂皮 2g、花椒 3g、红辣椒 5g、白糖 20g、矿泉水 3kg、氯化钙或硫酸钙适量。

五、工艺流程

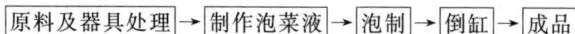

原料及器具处理→制作泡菜液→泡制→倒缸→成品

六、操作要点

1. 原料及器具处理

（1）将所有原料洗净，新鲜原料经过充分洗涤后，应进行整理，不宜食用的部分均应一一剔除干净，体形过大者应进行适当切分，继续晾干。

（2）将泡菜坛彻底洗净，晾干后倒入少许白酒，晃动坛子使白酒均匀洗刷一遍坛子内壁，然后倒掉白酒，倒扣坛子备用。

2. 制作泡菜液

用量筒量取 3kg 矿泉水，倒入无油的锅中，将花椒、八角、桂皮等香料放入小布袋中，放入锅中熬煮；用电子天平分别称取粗盐 100g、白酒 50g，加入锅中，再加入白糖、老姜，煮开后继续煮 5min，彻底放凉。为保证泡菜成品的脆性，应选择硬度较大的自来水，可酌情加少量钙盐，如氯化钙、碳酸钙、硫酸钙等，使其硬度达到 10 度。此外，为了增加成品泡菜的香气和滋味，各种香料最好先磨成细粉后再用布包裹。

3. 泡制

泡菜坛使用前洗涤干净，沥干后即可将准备就绪的蔬菜原料装入坛内，装至半坛时放入香料包，再装入原料放至距坛口 2 寸许时为止。倒入泡菜液，用长筷子搅拌均匀，以完全将各种蔬菜淹没为准，然后在上面放入玻璃瓶以将原料卡压住。随即盖上密封碗，用清水注满坛沿，将泡菜坛置于阴凉处任其自然发酵，保持水槽内的水不要干。泡菜坛翻口处的水不宜过满，以防止生水滴入坛中。泡制 5～6 天即可食用。泡菜不能长时间存放，要随泡随吃。若泡制白色泡菜（嫩姜、白萝卜、大蒜头），则不可加入有色香料，以免影响泡菜的色泽。通常，泡制 1 天后卷心菜就可以食用，2～3 天卷心菜味道最好。5～6 天萝卜味道最好。

4. 倒缸

待原料泡制 3～4 天后进行倒缸，将泡菜坛内的原料取出置于干净的空盆中，用筷子搅拌，使泡菜液、各种辅料及盐液均匀渗入原料中，泡菜的味道更好，同时防止泡菜变质。如果泡菜的味道太咸，则可以加点糖，同时把原有的泡菜液滤掉适当的分量，再加入新的水，与原有泡菜液混合均匀，减轻咸味。

备注：

（1）入坛泡制 1～2 天后，食盐的渗透作用使原料体积缩小，盐水下落，此时应适当添加原料和泡菜液，保持其装满至坛口下 1 寸计为止。

（2）水槽要经常检查，水少时必须及时添加，保持水满状态。为安全起见，可在水槽内加盐，使水槽水含盐量达 15%～20%。

（3）泡菜的成熟期随所泡蔬菜的种类及当时的气温而异，一般新配的盐水在夏季需 5～6 天即可成熟，冬季则需 12～16 天才可成熟。叶类菜（如甘蓝）需时较短，根类菜及茎类菜则需时较长一些。

（4）泡菜坛及捞泡菜的筷子都不能沾油荤，不然泡菜水会"生花"，即泡菜液上长出白色霉点，所以泡菜坛要清洗晾干后再用。泡菜坛盖子的周围要用水密封，切忌进入空气，滋生细菌。遇到"生花"时，应该用干净的器具将霉点捞出，加入适量泡菜盐和白酒，将泡菜坛移至阴凉通风的地方，每天敞开盖子 10min，2～3 天以后可以改善。如果泡菜烂软发臭，则已经变质，不能食用。

（5）如果泡菜的味道太酸，则可以加点盐；如果太咸，则可以加点糖；如果不脆，则可以加点白酒。

七、成品鉴定

形态：原料色泽正常、新鲜，光泽度较好，汤汁无霉花浮膜，无油水分离现象，比较清亮，无菜屑和异物。

气味：具有一定的菜香，辅料添加后的复合香气味道良好，还有腌制过程产生的泡菜固有的香气。

口感：原料质地脆嫩、鲜美，口感偏咸。

八、思考题

1. 不同品种的蔬菜的泡制时间如何把握？
2. 泡制时间对泡菜口感有何影响？

实验七　速冻蔬菜的制作

一、实验目的

掌握蔬菜速冻及冷冻保藏的基本方法和原理。

二、产品简介

速冻蔬菜（图6-7）可以很好地
保持原料原有的风味及营养成分，并
且速冻后的低温环境可极大程度地抑
制酶的活性，也可有效地抑制果蔬中
酶的作用，使得速冻品保存期较长。

三、设备与用具

切菜刀、不锈钢锅、塑料袋、台
秤、速冻机。

图6-7　速冻蔬菜

四、实验原料

鲜菠菜、食盐。

五、工艺流程

选料 → 清洗、切根 → 剔选 → 烫漂 → 冷却、沥水 → 摆盘、速冻、挂冰衣 → 整形、包装、冻藏

六、操作要点

1. 选料

选择色泽深绿色、鲜嫩、无病虫害、无黄枯叶、无损伤和腐烂、高度在
25～35cm之间的菠菜。

2. 清洗、切根

将菠菜在清水中冲洗干净，洗去泥沙、杂草，切去菜根，留根茬 0.2～0.3cm。根较粗时，在根的截面用小刀划一"十"字，以利于烫漂、沥干水分。

3. 烫漂

将 5% 的食盐水（护色和增加硬度）温度控制在 98℃ 左右进行烫漂。烫漂时间：根部的 70s，叶部的 50s。烫漂温度和时间要严格控制，以防烫漂不足或过度。

4. 冷却、沥水

烫漂后立即将菠菜投入 0～5℃ 的冷水中冷却，沥干水分。

5. 摆盘、速冻、挂冰衣

蒋菠菜按长度分级摆放在冷冻盘中（根朝向一端，表面压平，并挤去过多的水分），然后放入速冻机中速冻，冻好后放入 0～2℃ 的冷水中浸泡片刻，使表面结成一层冰衣，以利于保护成品。

6. 整形、包装、冻藏

整理表面使其整齐美观后，装入塑料袋，放入冷冻库中贮藏。（－18℃ 低温贮运。）

七、记载项目

名称	原料重（kg）	净料重（kg）	出品率（%）	速冻效果

八、思考题

1. 影响速冻制品品质的因素有哪些？
2. 叶菜速冻应注意什么问题？产品挂冰衣有何作用？

参考文献

[1] 孙思胜，郭孝辉，李光辉. 苹果果酱的制作工艺研究 [J]. 许昌学院学报，2019（2）：84-88.

[2] 沈冰，刘永智，易志，等. 雪梨-菠萝保健型低糖复合果酱的制作工艺优化 [J]. 安徽农业科学，2017（15）：113-115.

[3] 周杰，周洋，黄建刚. 蓝莓酒渣果酱制作工艺的优化 [J]. 中国酿造，2018，37（4）：201-204.

[4] CONNELLY A. 果酱中的科学与魔法 [J]. 食品安全导刊，2013 (10)：56-57.

[5] 杨玉新，徐晓燕. 山楂复合果酱罐头产品配方及工艺的研发 [J]. 粮油加工：电子版，2014 (4)：78-81.

[6] 杨永利，郭守军，孙翰，等. 番石榴果脯的加工工艺研究 [J]. 广东农业科学，2012 (20)：94-97.

[7] 张佰清. 樱桃番茄果脯加工工艺的试验研究 [J]. 食品与机械，2007 (2)：105-107.

[8] 张婷婷，毛信丽. 桔皮芒果风味果脯的研制 [J]. 宁德师范学院学报：自然科学版，2018 (2)：152-158.

[9] 雷颂，涂庆会，张利，等. 三叶木通果皮制作果脯加工工艺 [J]. 食品研究与开发，2016, 37 (19)：100-104.

[10] 孙小静，刘军，邹宇晓，等. 脱水蔬菜加工过程中品质变化的研究进展 [J]. 食品工业科技，2014, 35 (20)：388-392.

[11] 陈丰，陈晓波，王瑞鸿. 脱水蔬菜加工技术的研究进展 [J]. 农产品加工：下，2012 (12)：117-119.

[12] 张学杰，王金玉，方智远. 我国蔬菜加工产业发展现状 [J]. 中国蔬菜，2007 (4)：1-4.

[13] 李梅. 脱水蔬菜加工技术 [J]. 蔬菜，2007 (6)：30.

[14] 林雨晴，秦丹. 石榴果酒营养成分及加工工艺进展 [J]. 农产品加工，2018 (7)：44-46.

[15] 曹敬华，丁建设，杨裕才，等. 胡柚果酒酿造工艺优化 [J]. 中国酿造，2018, 37 (10)：111-115.

[16] 曾朝珍，康三江，张霁红，等. 苹果树莓复合果酒酿造工艺研究 [J]. 酿酒科技，2019 (4)：96-103.

[17] 李静，谭海刚，陈勇，等. 菠萝果酒的酿造工艺研究 [J]. 青岛农业大学学报：自然科学版，2017, 34 (1)：47-51.

[18] 李朝能，喻忠刚，秦桂群，等. 百香果果酒及其酿造方法 [J]. 江西农业，2017 (4)：51.

[19] 郝林，李召东，贾莉. 软包装芥菜辣丝加工工艺的研究 [J]. 中国调味品，2000 (5)：23-24.

[20] 宦银根. 蔬菜腌制 [J]. 中国调味品，2000 (2)：28-29.

[21] 成惠珍，郭玉荣，马爱民，等. 蒜味黄瓜加工方法 [J]. 保鲜与加工，2002, 2 (5)：34.

[22] 李秀凉，赵辉，李盛贤，等. 乳酸黄瓜的腌制 [J]. 中国调味品，

2001 (10)：16－17，19.

　　［23］罗联钰，庞杰．袋装泡菜的防腐技术［J］．中国调味品，2001 (12)：22－23.

　　［24］张杏媛，林少华，郑立红，等．发酵蔬菜的研究进展［J］．蔬菜，2018 (10)：58－62.

　　［25］许雅楠，池承灯，姚闽娜．四川泡菜的制作工艺及风味形成原理［J］．农产品加工：下，2014 (7)：31－32.

　　［26］汪荣斌，秦亚东，马波．近10年国内泡菜研究进展［J］．农产品加工：下，2018 (3)：71－74.

第七章　蛋制品工艺学实验

一、蛋制品在食品加工中的应用

蛋制品是生产面包、糕点的重要原料之一，尤其是蛋糕、杏元饼干、蛋卷、小蛋黄饼干、鸡蛋面包等，用蛋量很大。蛋制品对面包、糕点的生产工艺及改善制品的色、香、味、形和提高营养价值等方面都起到了一定的作用。蛋制品中应用最多的是鲜蛋、冰蛋、全蛋粉、蛋黄粉、冰蛋白等。蛋制品在食品加工中作为常用原料，有诸多益处，但用量过多时，会产生回复味，即储存过程中产生的一种难以接受的蛋腥味，完全失去新鲜鸡蛋的香味。

二、蛋制品加工的历史、现状和发展前景

1. 世界蛋制品加工的历史、现状和发展前景

国外加工禽蛋的历史已有 140 多年。1865 年，美国提出了蛋粉干燥技术专利，1874 年正式加工蛋粉。1890 年，美国发明了冷冻蛋品技术，延长了保质期。1938 年，欧洲低温消毒的液态蛋加工技术已相当成熟并完全具备商品化生产的能力。加拿大开发了一种速冻全蛋液产品，法国一家公司开发成功"硬蛋三明治"。近 10 年来，发达国家开发出了六七十种不同的蛋粉和蛋液（功能性蛋制品），如发酵蛋白粉、速溶蛋粉（丹麦）、加碘蛋（日本）、浓缩蛋液、鱼油蛋（美国）等，其耗量平均占同期鲜蛋产量的 30%。

2. 我国蛋制品加工的历史、现状和发展前景

我国蛋制品的发展历史较为悠久。松花蛋作为再制蛋制品之一，其加工记载见于《农桑衣食撮要》（1314 年）中，可见其已有 700 多年的历史，作为商品远销海内外也有 200 年的历史。咸蛋、糟蛋加工也有数百年历史，以江苏高邮双黄咸鸭蛋和浙江的平湖糟蛋、四川宜宾的叙府糟蛋、河南陕县的糟蛋最著名。

我国蛋制品加工与发达国家蛋制品加工的差距主要表现在：鲜蛋加工转化率低。我国以鲜蛋消费为主，占总产蛋量的 90% 以上，蛋制品加工的比例只占禽蛋总量的 0.7%～1%，而美国、法国等发达国家禽蛋加工转化程度为

15%～25%。我国蛋类加工现代化程度低，我国蛋制品加工以传统蛋制品为主导优势产品，机械化程度低；国外以液态蛋、冷冻蛋、浓缩蛋、分离蛋、干燥蛋等现代蛋制品为主，蛋制品生产以规模大、机械化程度高、生产效率高而见长。

1950 年，天津蛋厂正式成立，年产冰蛋 1 万吨，是新中国成立后第一个蛋品厂。近年来，各蛋制品加工厂从日本、丹麦、美国等引进了一批具有国际水平的蛋制品加工设备，采用先进技术生产出了优质的冰蛋、蛋粉、蛋黄酱等产品。最近 5 年蛋制品的研究方向为改造传统蛋制品，研究洁蛋、液体蛋和专用蛋粉，蛋品精深加工等。

禽蛋深度加工：从蛋壳、蛋白、蛋内膜（含系带）和蛋黄中提取药品、营养保健品、化妆品等成分，形成高附加值的新产品。目前，国际市场在鲜蛋销售量呈现下降趋势的情况下，蛋制品销售量却在持续增加。

实验一　皮蛋的加工

一、实验目的

（1）了解皮蛋的加工原理和加工过程。

（2）熟练掌握皮蛋的加工技术。

二、产品简介

皮蛋（图 7-1）形成的基本原理是蛋白质遇碱发生变性而凝固。皮蛋加工中所使用的生石灰和纯碱在水中可生成强碱氢氧化钠，氢氧化钠通过蛋壳气孔进入蛋内使蛋内碱度逐渐升高。在氢氧化钠的作用下，蛋白质分子结构受到破坏而发生变性，蛋白部分形成具有弹性的凝胶体，蛋黄部分

图 7-1　皮蛋

形成凝固体。氢氧化钠浓度过高可使凝固的蛋白质重新水解而液化，称为伤碱；而氢氧化钠浓度过低不利蛋白凝固，成熟时间长。料液中氢氧化钠浓度在 4.5％～5.5％为宜。从外观变化上，皮蛋的凝固过程表现为化清、凝固、变色和成熟 4 个阶段。

三、设备与用具

碱性容器、蛋缸。

四、实验原料

盐、茶、碱性物质（如生石灰、草木灰、碳酸钠、氢氧化钠等）。

五、工艺流程

原料蛋的准备 → 配制料液 → 检定料液 → 灌料及管理 → 出缸 → 包泥 → 成品

六、操作要点

1. 原料蛋的准备

选用蛋壳完整，大小一致的新鲜蛋，洗净、晾干，用竹片敲打法或两蛋相碰法挑出裂纹蛋，将合格蛋一一入缸。

2. 配制料液

根据加工蛋量确定料液需要量。使用红茶和食盐用量为料液的 3.5%，氧化铅用量为料液的 0.2%～0.3%，碱：石灰为 1：1 或 1：2 的新配方制备料液。所制成的料液，其氢氧化钠含量均为 5% 左右。

将茶叶投入耐碱性容器或缸内，加入沸水。然后放入生石灰（分多次放入）和纯碱，搅均溶解。取少量料液于研钵内，放入氧化铅，研磨使其溶解，而后倒入料液中，再加入食盐。充分搅均后捞出杂质及不溶物（清除的石灰渣应用生石灰补足量），凉后使用。

3. 检定料液

取少量上清液进行氢氧化钠浓度检查。

4. 灌料及管理

将凉后的料液搅均，灌入蛋缸中，灌至将蛋全部淹没为止。盖上缸盖，注明日期，待其成熟。浸泡成熟期间，蛋缸不许任意移动。室内温度以 20～25℃ 为佳。成熟期为 35～40 天。后期应定时抽样检查，以便确定具体出缸时间。

5. 出缸

将成熟好的松花蛋用特制蛋捞子捞出，然后用残余上清液洗去壳面污物，沥干并经质量检查即可出售。若须存放或运输，则必须进行包泥或涂膜包装。

6. 包泥

用废料液拌黄土使呈糊状进行包制，也可用聚乙烯醇或火棉胶等成膜剂涂膜后包装出售。

七、成品鉴定

形态：优质松花蛋外包泥应均匀、完整、湿润、无霉变，蛋白呈凝固半透明状，有弹性；硬心松花蛋的蛋黄应凝固，中心处有少量糖心；糖心松花蛋的蛋黄呈半粘胶状，中心处为凝固硬心。

色泽：蛋白呈棕褐色、玳瑁色或棕黄色的半透明状，有松花花纹；蛋黄呈深、浅不同的墨绿色、茶色、土黄色和褐色。

气味：具有松花蛋应有的气味，无其他气味。

八、思考题

皮蛋加工过程中为什么要加入生石灰和纯碱？

实验二　咸蛋的加工

一、实验目的

（1）了解咸蛋的加工原理和加工过程。

（2）熟练掌握咸蛋的加工技术。

二、产品简介

咸蛋（图7-2）的腌制过程就是食盐通过蛋壳、蛋壳内膜和蛋白膜不断向蛋内部扩散，而蛋黄和蛋白中的水分不断向蛋外渗透的过程。

图7-2　咸蛋

三、设备与用具

电子秤、蒸煮铜、照蛋器、和泥容器、瓷缸等。

四、实验原料

鸡蛋、食盐、黄泥、白酒等。

五、工艺流程

配料 → 上料 → 成熟 → 成品

六、操作要点

1. 盐泥涂布法

（1）配料：选择砂石杂质少的干黄泥，放在瓷缸或木桶内加水充分浸泡，然后用木棒搅和，使其成浆糊状。加入食盐，继续搅匀。（泥：盐＝5：1），再加入适量白酒，继续搅匀。

（2）上料：将经过挑选的合格的鸡蛋逐枚放入盐泥中（每次3～5个），

使蛋壳上粘满盐泥，取出放入瓷缸内。最后把剩余的盐泥倒在蛋面上，盖上缸盖。

（3）成熟：盐泥咸蛋在春、秋季 35～40 天成熟，在夏季 20～25 天即可成熟。

2. 盐水浸泡法

先用开水把食盐配成 20%～25% 的盐水，待凉至 20℃ 左右，即可将蛋放入盐水中。春季、秋季 25～30 天成熟，夏季 15～20 天即可成熟。

七、成品鉴定

优质咸蛋咸淡适中，蛋清洁白，蛋黄色泽鲜艳、橘黄稍偏红，有光泽，表面渗油。

八、思考题

为什么咸蛋春、秋季成熟的时间比夏季长？

实验三　糟蛋的加工

一、实验目的

了解并掌握糟蛋的加工方法与技术。

二、产品简介

糯米在酿制过程中，产生醇类（乙醇为主），同时部分醇类氧化为乙酸；加上添加的食盐，共同存在于酒精中。这些成分通过渗透和扩散作用进入蛋内，发生一系列物理和化学变化，使糟蛋（图7-3）具有显著的防腐作用。乙醇和乙酸可使蛋白质凝固变性；酒糟中的乙醇和糖类渗入蛋内，使糟蛋带有醇香味和轻微的甜味；乙酸侵蚀碳酸钙，使蛋壳变软、溶化脱落；食盐产生咸味，增加风味和适口性，并且使防腐能力增强。

图7-3　糟蛋

三、设备与用具

蒸锅、坛子、木棒、塑料薄膜等。

四、实验原料

1. 主料

蛋类。

2. 辅料

（1）糯米：要求丰满、整齐、心白、腹白，无异味，杂质少，淀粉多。

（2）酒药酒曲：选用绍药和甜药，色白质松，易捏碎，以具有特殊菌香味者为佳。

（3）食盐：纯净、洁白，符合食用盐卫生标准。

（4）水：符合生活饮用水卫生标准。

五、工艺流程

$\boxed{\text{蒸饭制糟}} \rightarrow \boxed{\text{选蛋击壳}} \rightarrow \boxed{\text{装坛糟制}} \rightarrow \boxed{\text{成品}}$

六、操作要点

1. 蒸饭制糟

每年 3 月、4 月至端午节制作糟蛋。

（1）浸米。100 枚蛋用糯米 9～9.5kg，淘洗干净后放入缸内，加冷水浸泡，气温 12℃ 浸泡 24h，气温每上升 2℃，减少 1h，气温每下降 2℃，增加 1h。

（2）蒸饭。把糯米用冷水冲洗一次，倒入蒸桶（每桶盛放 37.5kg 糯米），铺平。先把锅内水烧开，再将蒸桶放在蒸板上，先不加盖，待蒸汽从锅内透过糯米上升后，再用木盖盖好。约 10min 后，拉开木盖，用洗帚蘸热水洒泼在米饭上，盖好蒸 15min。揭开盖，用木棒将糯米搅一次，再蒸 5min 即可。出饭率达 150% 左右。饭粒松、无白心，透而不烂，熟而不黏。

（3）淋饭。将蒸桶放在淋饭架上，用冷水浇淋，每桶饭用水 75kg，2～3min 淋尽，使热饭温度降低至 28～30℃（手插入不烫）。

（4）拌酒药及糟酿。以 50kg 糯米出饭 75kg 计算，须加入白酒药 165～215g，甜酒药 60～100g，据气温酌情增减。饭和酒药搅匀后，拍平、拍紧，表面再撒一层酒药，中间挖一个直径约 30cm 的潭，上大下小，达缸底，底部不留饭。在缸四周包上草席，缸口用干净草盖盖好。过 20～30h，缸内温度达 35℃，开始有酒液渗出。当潭内有 3～4cm 酒酿时，草盖一侧支起 12cm。每隔 6h 将酒酿用勺泼在糟面上。7 天后，把酒糟拌和，灌入坛内，静置 14 天。

2. 选蛋击壳

每千枚蛋重 65kg 以上，将新鲜鸭蛋洗刷干净，晾干，用竹板轻击蛋壳，要求壳破而膜不破。

3. 装坛糟制

（1）蒸坛。检查所用的坛是否有破漏，用清水洗净后进行蒸汽消毒。消毒时坛底朝上，涂上石灰水，然后倒置在带孔眼的木盖上，再放在锅上，加热锅里的水至沸腾，使蒸汽通过盖孔而冲入坛内加效杀菌。如果发现坛底或坛壁有气泡或蒸汽透出，即是漏坛，不能使用。待坛底水蒸干时，即完毕。把坛口朝上，冷却待用。

（2）落坛。取酒糟 4kg 铺于坛底，摊平后，将蛋放入，大头朝上，直插入糟内，蛋与蛋之间的间隙不宜太宽，也不宜过挤。第一层排好后再放入 4kg 酒糟，同样将蛋放入，再用 9kg 酒糟摊平盖面，然后均匀撒上 1.6～1.8kg 食盐。

（3）封坛。蛋入糟后，用牛皮纸两张，刷上猪血，将坛口密封，再用竹箬包牛皮纸，用草绳沿坛口扎紧。每坛上面标明日期、蛋数、级别，以便检验。

（4）成熟。糟蛋的成熟期为 4.5～5 个月。放在仓库内，应逐月抽样检查，以便控制糟蛋的质量。

七、成品鉴定

经过糟渍后，蛋壳脱落、蛋质软嫩、蛋膜不破，其蛋白呈乳白色，蛋黄呈橘红色，味道鲜美，气味芳香。用筷子或叉轻轻拨破软壳即可食用，若蒸制后食用，则失去糟蛋风味。

八、思考题

1. 糟蛋制作的基本原理是什么？
2. 糟蛋制作过程中有哪些注意事项？

附例：四川宜宾糟蛋的加工

一、实验原料

蛋 150 枚、甜酒糟 7kg、68°白酒 4kg、红砂糖 1.5kg、陈皮 0.025kg、食盐 1.5kg、花椒 0.025kg。

二、制作过程

1. 装坛

将配料（除陈皮、花椒外）混合均匀后，用全量的 1/4 铺平坛底，放入事先破壳的鸭蛋 40 枚，大头向上。加入甜酒糟的 1/4，铺平后放入鸭蛋 70 枚。再加入甜酒糟的 1/4，放入鸭蛋 40 枚。每坛加工 150 枚。最后加入剩下的甜酒糟，并铺在蛋面上，用塑料布密封坛口，使不漏气。

2. 翻坛去壳

在室温下糟渍 3 个月左右，将蛋翻出，逐枚去蛋壳，切勿将内蛋壳膜剥破。

3. 白酒浸泡

将剥去蛋壳的蛋逐枚放入缸内，倒入高度白酒（4kg 左右），浸泡 1～2 天。这时蛋白与蛋黄全部凝固，不再流动，蛋壳膜稍膨胀而不破裂为合格。

4. 加料装坛

将白酒浸泡过的蛋逐枚取出，装入坛内，用原有的酒糟和配料，再加入红砂糖 1kg、食盐 500g、熬糖 2kg（红糖 2kg 加适量的水煎成拉丝状，冷却后加入坛内）、陈皮和花椒，充分搅拌均匀。按照装坛方法，一层糟一层蛋，最后加盖密封，保存于干燥而阴凉的仓库内。

5. 再翻坛

贮存 3～4 个月后，必须再次翻坛，即将上层的蛋翻到下层，下层的蛋翻到上层，使整坛的糟蛋达到均匀糟渍，同时做一次质量检查，剔除次劣糟蛋。翻坛后的糟蛋仍应浸渍在糟料内，加盖密封，贮存于库内。从加工开始至糟蛋成熟，约需 12 个月，成品的糟蛋可存放 2～3 年。

实验四 液蛋的加工

一、实验目的

熟练掌握液蛋制品的加工方法。

二、产品简介

液蛋制品是新鲜鸡蛋经清洗、消毒、去壳后，将蛋清与蛋黄分离（或不分离）、搅匀，经杀菌后制成的一类蛋制品。这类蛋制品易于运输，贮存期长，一般用作食品原料，主要种类有全蛋液、蛋白液、蛋黄液 3 种。

三、设备与用具

打蛋器、洗蛋盆、过滤机、预冷罐、包装材料。

四、实验原料

鸡蛋、消毒剂、硫酸、硫酸铝。

五、工艺流程

原料蛋检验→打蛋→蛋液混合、过滤→预冷→杀菌→冷却→包装→成品

六、操作要点

1. 原料蛋检验

用于液蛋加工的原料蛋必须新鲜可食用（内部品质高），蛋壳坚实，无脏物等附着。通常在打蛋前先用照蛋器检查，发现有异常的蛋应除去。不适合的蛋包括黑蛋、霉蛋、酸蛋、绿色蛋、白蛋、粘壳蛋、异味蛋、胚胎发育蛋、血环蛋、热伤蛋等。

2. 蛋壳清洗、杀菌

槽内水温应较蛋温高 7℃以上，为的是避免洗蛋水被吸入蛋内，也可使蛋温升高，以使打蛋时蛋白与蛋黄容易分离，减少蛋壳的蛋白残留量，提高蛋液的制成率。洗蛋水中加入清洁剂和含有氯的杀菌剂。

（1）洗蛋的方法有两种：一是手工洗蛋法，洗得干净，破壳少，但生产效率低，长时间的冷水操作有害工人身体健康；二是机器洗蛋法，是在洗蛋机中进行，机器洗蛋生产能力大，改善了洗蛋工人的生产条件，有利于工人身体健康，但破壳率较高。经消毒后的蛋用温水清洗，然后迅速晾干，晾干蛋是在吹干室内进行的，室内通风良好、清洁卫生。温度可控制在 45～50℃，蛋在 5min 内被吹干。

（2）常见的蛋壳消毒方法有以下 3 种。

① 漂白粉溶液消毒法：洁蛋壳有效氯含量为 100～200mg/kg，污蛋壳有效氯含量为 800～1000mg/kg。使用时，将该溶液加热至 32℃左右，至少要高于蛋温 20℃，可将洗涤后的蛋在该溶液中浸泡 5min，或采用喷淋的方式进行消毒。

② 氢氧化钠消毒法：通常用 0.4％氢氧化钠溶液浸泡洗涤后的蛋 5min。

③ 热水消毒法：将清洗后的蛋在 78～80℃的热水中浸泡 6～8s，杀菌效果良好。但此法不易控制水温和杀菌时间，稍有不当，易发生蛋白凝固。

3. 打蛋

打蛋方法可分为机械打蛋和人工打蛋视蛋，量多少而选择。

4. 蛋液混合、过滤

蛋内容物并非均匀一致，为使所得到的蛋液组织均匀，要将打蛋后的蛋液混合，这一过程是通过搅拌实现的。过滤即除去碎蛋壳、蛋壳膜、蛋黄膜及系带等杂物，同时也起到搅拌混合的作用。

5. 预冷

预冷是在预冷罐中进行的，蛋液在预冷罐内冷却至 4℃左右即可。如果不进行巴氏杀菌，则可直接包装。

6. 杀菌

蛋液的巴氏杀菌又被称为巴氏消毒，是在最大限度保持蛋液营养成分不受损失的条件下加热彻底消灭蛋液中的致病菌，最大限度地减少杂菌数的一种加工措施。蛋液中的蛋白极易受热变性并发生凝固，因此各国学者一直在探讨比较适宜的巴氏杀菌条件。

7. 冷却

杀菌之后的蛋液须以使用目的确定冷却温度。若供原工厂使用，则可冷却至 15℃左右；若以冷却蛋和冷冻蛋出售，则须迅速冷却至 2℃左右，然后再填充至适当容器中。

8. 包装

液蛋充填容器通常为 12.5～20kg 装的方形和圆形马上铁罐，其内壁镀锌和衬聚附着乙烯袋，容器盖为广口，使其充取方便。

七、成品鉴定

外形：包装完整，匀一、便于携带。

色泽：色泽一致，状态均匀。

气味：无异味，气味正常。

八、思考题

洗蛋时需要注意什么？

实验五　虎皮蛋罐头的加工

一、实验目的

了解并掌握虎皮蛋罐头的加工方法。

二、产品简介

虎皮蛋罐头（图7-4）是以鸡蛋为原料，经煮熟、剥壳、油炸、装罐和杀菌等工艺加工而成的一种蛋类罐头制品。因其成品蛋白起皱、呈深黄色、形似虎皮而得名，它具有形态美观、风味独特、嫩爽可口、营养丰富、耐贮存和携带方便等特点。

图7-4　虎皮蛋罐头

三、设备与用具

折光计、手动封罐机、排气机、杀菌筐、高压灭菌锅、化糖锅（铜制或钢精锅）、手持糖度计、温度计和其他小用具。

四、实验原料

鸡蛋100枚、白砂糖、柠檬酸、精制食油、食盐、酱油、八角、桂皮、味精等。

糖水虎皮蛋罐头汤汁配方：白砂糖18～20kg、水10kg、柠檬酸适量（调汤汁pH值为3.7～4.2）。

五香虎皮蛋罐头汤汁配方：食盐150g、酱油400g、八角15g、桂皮15g、味精15g、水适量。

五、工艺流程

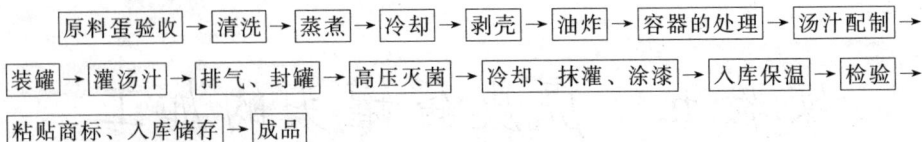

六、操作要点

1. 原料蛋验收

虎皮蛋加工应选择红壳、新鲜、无破损、无变质的鸡蛋为原料，并且个体大小要均匀一致。

2. 清洗

用流动清水洗去蛋壳表面的污物。

3. 蒸煮

将鸡蛋放在清水锅中或蒸笼上蒸煮，火力要适当，不能过猛或过小。鸡蛋要蒸煮熟透。

4. 冷却

鸡蛋煮熟后捞出，立即放入清洁的冷水中冷却。冷却要透，否则蛋壳不易剥离，影响成品外观。

5. 剥壳

鸡蛋冷透后，从冷却水中捞出，沥干水分，手工剥去蛋壳。剥壳要完全且不能使蛋面受损。

6. 油炸

先将精制食油放入油锅加热至180℃，再将剥壳的鸡蛋放入油锅，油炸5～6min，待蛋面"虎皮皱"起齐、色泽赤黄、未焦糊时捞出，沥油，冷却。

7. 容器的处理

虎皮蛋一般用玻璃瓶装，玻璃瓶在使用前应先清洗消毒。一般首先在40～50℃的温水中刷洗，然后在60～70℃的热水中洗涤消毒，最后在60℃的热水中冲洗后，倒置于盘中待用。

同时，还要对瓶盖及其胶圈进行清洗消毒。首先将胶圈在沸水中煮60min以上，然后将胶圈加入洗净的瓶盖内，使用前再将带胶圈的瓶盖用沸水煮2min。

此外，还要在罐盖上打（或印）上生产年、月、日，产品代号等，要求字迹清晰，打字时不得将罐盖压穿。

8. 汤汁配制

汤汁因虎皮蛋罐头种类不同而异。糖水虎皮蛋罐头的汤汁配制方法是按配方将水加热至沸腾，缓慢加入白砂糖，边加边搅拌，再加入柠檬酸，加完搅匀后，再烧开两次即可停火。当糖液温度降至70℃左右时，用5层纱布过滤，得清洁糖液。以折光计校正糖液浓度，糖液的pH为3.7～4.2。五香虎皮蛋罐头的汤汁配制方法是将除味精外的其他辅料加适量水在锅中加热煮沸，至香味散发出来后出锅。冷却后，加入味精，搅拌溶解，过滤待用。

9. 装罐

挑选完整、无破损的虎皮蛋，趁热装入经清洗、沥干的瓶中，每瓶装7枚。装罐时应注意不能将碎屑带入，以免影响成品外观。

10. 灌汤汁

虎皮蛋装罐后，应及时将温度为70℃的汤汁灌入瓶中。瓶内液面距瓶口1cm左右为宜，随即盖上加胶圈的瓶盖。

11. 排气、封罐

汤汁入瓶后，应及时进行排气和封罐。可以使用加热排气的方法，即将罐头放在蒸笼或水锅中加热，通过汤汁中的水分蒸发产生的蒸汽将瓶中的空气排出。一般当罐头中心温度达到80℃时，空气基本排除。这时可趁热在封罐机上封罐，这种方法要求操作迅速。也可在真空封罐机上同时进行抽真空（即排气）和封罐，封罐要严密。

12. 高压灭菌

封罐后，进行高压灭菌，杀菌公式为＝ $(t_1-t_2-t_3)$ ／T℃

t_1——从料温达到杀菌温度所需时间

t_2——维持杀菌温度所需时间

t_3——降温降压所需时间

T——所需杀菌温度

13. 冷却、抹罐、涂漆

罐头经灭菌后，应进行冷却，要求在40min内冷却至40℃以下。冷却时应注意冷却介质与罐头的温差不宜过大，以防玻璃瓶炸裂。冷却后将罐外擦干，并在瓶盖上涂层防锈漆，以防储存期间瓶盖生锈。

14. 入库保温

冷却后，即可将罐头放入保温库保温，其目的在于检查罐头灭菌是否彻底。保温条件为（37±2）℃，时间为7天。

15. 检验

经保温后的罐头再逐瓶进行检查，要求密封良好、无漏气现象、无破蛋、汤汁纯净透明、蛋体外表红亮、形如虎皮。

16. 粘贴商标、入库贮存

经检验合格的虎皮蛋即可贴商标、包装、入库储存。应当指出，在整个加工过程中，蛋品切勿与铁器接触，以免影响成品品质。

七、成品鉴定

1. 感官指标

形态：蛋形完整，无破裂，虎皮皱纹匀称，个体大小均匀一致，不允许存在杂质。

色泽：蛋体为油炸后鲜亮的棕红色，色泽一致，汤汁较透明，允许有不引起浑浊的少许碎屑存在。

气味：应具有该产品应有的风味。

2. 理化指标

净重要求：500g，公差±3%，每批平均不低于净重。

固形物含量：每罐有虎皮蛋 7 枚，并且不低于净重的 55%。

糖水浓度：开罐时按折光计为 18%～22%。

pH：3.7～4.2。

重金属含量：锡≤200mg/kg，铜≤10mg/kg，铅≤3mg/kg。

3. 微生物指标

无致病菌及其他微生物作用所引起的腐败象征。

八、思考题

汤汁配制的过程中加入柠檬酸的目的是什么？

实验六　干蛋白的加工

一、实验目的

掌握干蛋白的加工方法与技术。

二、产品简介

干蛋白（图7-5）是将新鲜蛋液经过干燥脱水处理后的一类蛋制品。干蛋白又称蛋白片或鸡蛋蛋白，其工艺过程包括搅拌过滤、发酵、干燥等。

图7-5　干蛋白

三、设备与用具

离心泵过滤器、木桶、细铜丝布、大陶瓷缸、水流烘架、烘盘、打泡沫板、藤架、铜筛、马口铁箱。

四、实验原料

新鲜蛋液。

五、工艺流程

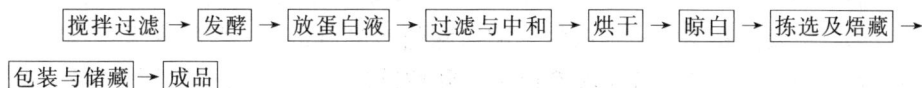

搅拌过滤 → 发酵 → 放蛋白液 → 过滤与中和 → 烘干 → 晾白 → 拣选及焙藏 → 包装与储藏 → 成品

六、操作要点

1. 搅拌过滤

为了使浓厚蛋白与稀薄蛋白混合均匀，便于发酵，同时除去蛋液中的杂质，必须经过搅拌和过滤，过滤使用离心泵过滤器。

2. 发酵

发酵是干蛋白加工过程中的关键工艺。生产干蛋白我国一般采用自然发酵，即通过细菌、酵母菌及酶的作用使蛋白液中的糖分解转化，同时使蛋白质分解变成水样状态。

（1）发酵作用

通过发酵除去糖分，防止蛋白液中还原糖与氨基酸之间发生美拉德反应引起产品出现褐变现象；降低蛋白液的黏度，使蛋白液澄清，提高成品的打擦度（起泡力）、光泽度及透明度；使大分子蛋白质分解成小分子产物以增加成品的水溶物含量。此外，由于发酵后的蛋白液黏性下降，其中的蛋壳碎片、蛋壳膜及其他杂质也易于滤出。蛋白液如果不经发酵而生产干蛋白，则成品的溶解性差、黏性强、打擦度低，在储藏中还会出现赤变和水溶物显著下降的变化，因此，加工干蛋白必须经过发酵。

（2）发酵方法

将蛋白液装入事先经过清洗并消毒的木桶或缸内，随即盖上纱布盖。加液量不应超过容器容积的 75%，否则，发酵时形成的泡沫会溢出桶外。发酵车间温度应保持在 26~30℃，发酵时间在夏季需 30h，其余季节应随气温降低程序适当延长发酵时间。在发酵过程中，由于微生物和酶的共同作用，蛋白液中的糖分被充分利用，大量地产酸、产气，并使大量泡沫出现在蛋白的表面。通过发酵，蛋白液逐渐由碱性变为酸性，黏度逐步降低，打擦度不升高。

3. 放蛋白液

放蛋白液俗称放浆，一般分 3 次进行。第一次放出总量的 75%，剩余蛋白液在原容器内澄清，然后每隔 3~6h 进行第二次、第三次放出，每次放出总量的 10%，剩余的 5% 为杂质与发酵产物，均不能用于干蛋白加工。第一次放出的蛋白液为黄褐色透明液体，无异味，所以其质量最好。第二次、第三次放出的蛋白液呈暗赤色并略带臭气，质量较差。为了提高产品质量，在第一次放蛋白液后，将发酵间的温度降低至 12℃ 以下并静置 3~6h，这样不但抑制了细菌的生长繁殖，而且可以使杂质沉淀、蛋白液澄清、产品无臭气。

因自然发酵易受污染细菌的影响而降低产品质量，一些国家采用细菌纯培养物（如产气杆菌、弗氏埃希氏菌、乳酸链球菌等）或酵母纯培养物（如面包酵母）发酵、酶（葡萄糖氧化酶、过氧化氢酶）法脱糖等技术，使生产出的干蛋白质量大大提高。

4. 过滤与中和

过滤是为了除去发酵蛋白液中的杂质，中和则是调整发酵蛋白液的 pH 为中性或弱碱性。发酵蛋白液呈酸性，若不进行中和，则成品酸度高、品质差，并且酸性的发酵蛋白液在烘干中易产生气泡，这对成品的外观和透明度有影响。另外，用未经中和的蛋白液加工出的干蛋白，不耐储藏，容易破碎。

中和方法：先用细铜丝布过滤蛋白液于大陶瓷缸中，缓慢加入纯净的氨水（要边加边搅拌），使溶液最终 pH 达到 7～8.4。pH 的测定可采用精密 pH 试纸法、pH 计（酸碱度计）测定法、小样滴定法等，生产中根据实际情况选择一种方法测定即可。

5. 烘干

烘干是在不使蛋白液凝固的原则下，利用适宜的温度使蛋白液中的水分逐渐蒸发，将蛋白液烘干成透明的薄晶片。我国多采用热水浅盘烘干法。

（1）烘干所需设备及用具

① 水流烘架。放置蛋白液烘盘，烘架长约 4m，共 6～8 层。每层水流烘架上设有水槽，烘盘放在水槽上面。水槽为马口铁制成，深 20cm，一端（或中间）装进水管，将热水放入水槽；另一端装出水管，水由水泵送回锅炉房或热水池，待加热后，再由水泵送入进水管而进入水槽。

② 铝制烘盘。盛装蛋白液使用，为 30cm×30cm 的方形盘，深 5cm，装于水流烘架上。

③ 打泡沫板。刮泡沫用，为木制薄片，长度与烘盘内径相同。

④ 藤架。用于放置揭起的蛋白片，以便蛋白片上未凝结的蛋白液流入烘盘内。

（2）烘干方法

浇浆前使水流温度升到 70℃ 左右，对烘盘进行烘烤消毒，然后降温并控制水流温度为 54～56℃。在烘制过程中，由于蛋白液加热后产生泡沫，盘底及四周的凡士林在受热后会浮于蛋白液的表面。这些泡沫应及时除去，否则烘干的蛋白片因有气泡而影响成品的光泽度与透明度。因此，在刮蛋白液 2h 后应打水沫，在 7～9h 后打油沫。在刮除泡沫时，水抹和油沫要分别存放。从浇蛋白液开始，经 11～13h 烘制，蛋白液表面凝成一层薄片，再经 1～2h，薄片厚度可选 1mm，这时可进行第一次揭片，放在藤架上，并使其上的蛋白液滴入烘盘内。随后经 1h 左右进行第二次揭片，再经 30min 左右进行第三次揭片。当第三次揭片后，余下的蛋白液往往还要进行一次揭片（但片张一般不完整），然后将烘架及盘内的干蛋白碎屑、粉末收集起来另行处理。

6. 晾白

晾白就是将初步晾干的蛋白片进一步烘干至规定的含水量标准。晾白前蛋白片含水量约 24%，晾白后蛋白片含水量应降至 16% 左右。晾白车间一般利用蒸汽排管加热，室内温度控制在 40～50℃，蛋白片经 4～5h 即可晾干。

7. 拣选及焙藏

将大片干蛋白破碎成 2cm 的小片，同时将厚块、潮块、无光泽的干蛋白及杂质拣除，并将厚块、潮块继续晾干。烘干车间及晾白车间收集的干蛋白碎片，须用孔径 1mm 的铜筛筛去粉末，拣出杂质，再按比例搭配于同批的大片中。对于含少量杂质的干蛋白碎屑及筛分出的干蛋白粉末，应加水溶解后过滤，再烘干成片，作为次品处理。拣选后，将合格的干蛋白小薄片放入铝盘，用干净白布盖好，凉至接近室温时倒入木箱盖好，放置 48～72h，使其自行蒸发或吸收水分达到水分平衡、均匀一致，这一过程被称为焖藏。焖藏时间应根据当地的气温情况适当掌握，以控制其成品的正常含水量。

8. 包装与储藏

先将经过消毒的马口铁箱内铺好衬纸，放入木箱（外包装）内，然后将干蛋白片及碎屑按比例搭配装入箱内，经焊封后，盖上木盖，用钉固定。箱外注明商标、品名、规格、净重等标志。包装好的产品应存放于清洁、干燥、通风良好的仓库内，不能与有异味的物品堆放在一起，库温应控制在 24℃以下。

七、成品鉴定

外形：蓐且均匀，尺寸匀一。

色泽：透明，有光泽度。

八、思考题

简述发酵的作用。

实验七　长蛋的加工

一、实验目的

掌握长蛋的加工方法和技术。

二、产品简介

长蛋（图 7-7）又称卷蛋，其中央部分为圆筒状蛋黄，蛋黄外围包以蛋白，并用塑料薄膜或人造肠衣包装而成的圆筒状水煮冷冻食品。长蛋的营养成分和水煮蛋相同，但携带和食用比较方便。

三、设备与用具

长蛋制造机。

四、实验原料

鸡蛋。

五、工艺流程

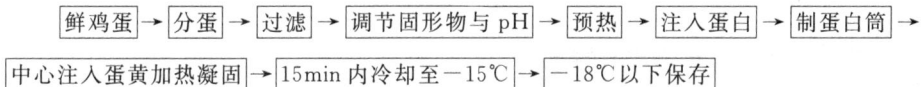

鲜鸡蛋 → 分蛋 → 过滤 → 调节固形物与 pH → 预热 → 注入蛋白 → 制蛋白筒 → 中心注入蛋黄加热凝固 → 15min 内冷却至 −15℃ → −18℃ 以下保存

六、操作要点

长蛋及类似品的制造均已实现机械化，主要设备为长蛋制造机，其制造方法有以下两种：

（1）先注入蛋白。首先在不锈钢的二重管（固定外管内径 4.5cm，活动内管内径 2.8cm）间注入蛋白（约占总量的 62%），用蒸汽加热，使蛋白凝固后抽出内管，注入蛋黄液；然后由管外侧加热，待全部凝固后压出管外，用塑料薄膜包装，两端结扎后再用热风或热水加热杀菌。加热条件依直径大小而不同，如果直径为 4.5cm，则 90.5℃ 加热 20～30min 即可。如果不直接出售而制成冷冻品时，则须在杀菌后 15min 内将成品冷冻至−15℃以下，然后在−18℃以下保存。

（2）先加工蛋黄。先将蛋黄在圆筒中加热凝固成圆筒状后压出，再将其放入固定的外管中央，注入蛋白液后加热，使蛋白凝固后即成。

影响长蛋品质的因素除原料蛋液的品质外，还受加工及储藏条件的影响。

1. 杀菌条件

长蛋在充填包装后的杀菌虽然有利于产品储藏，但会显著损害其品质。杀菌温度过高，易使其蛋白和蛋黄过硬，并且易引起蛋黄变绿或变黑。所以，为维持长蛋的风味、颜色、口感等，在包装后应予以适度杀菌。

2. 冷冻储藏

一般而言，长蛋在常温下仅能储藏 2～3 天，在 0～5℃下冷藏可储藏 1 周左右。冷冻储藏可延长储藏时间，但解冻时会引起蛋白的变性，而有橡胶样的口感，并且这种变化不可逆。防止冷冻变化的方法有以下 3 种。

（1）制品速冻，即用−40℃左右的氟氯烷或液态氮等做冷冻介质，直接撒布于制品上而使其速冻。但这种方法温度过低，常会冻裂产品。

（2）添加糖类，如可添加 50％糊精醇后再加热，即可防止热凝固蛋白的冷冻变性。

（3）添加易吸水的 0.1％～1％淀粉、食用胶、适量油脂或乳化剂等。在添加上述物质的同时调整 pH，可较好地维持蛋白的保水性。

七、成品鉴定

外形：中部黄色，外部洁白，呈圆筒状，外形精巧，携带方便。
色泽：内黄外白，色泽明亮，有光泽。

八、思考题

影响长蛋品质的因素有哪些？

实验八　蛋黄酱的加工

一、实验目的

(1) 了解蛋黄酱的加工原理和加工过程。

(2) 熟练掌握蛋黄酱的加工方法。

二、产品简介

蛋黄酱 (图7-6) 是一种水包油 (oil in water，O/W) 型乳状液，乳化是蛋黄酱生产的技术关键。在乳化剂的作用下，经过高速搅拌机的搅拌和胶体磨的均质，使蛋黄酱成为一种稳定的乳状液。油与水是互不相溶的液体，为使产品稳定，必须进行乳化。乳化不仅要靠强烈搅拌使分散相微粒化，均匀地分散于连续相中，还

图7-6　蛋黄酱

需要乳化剂存在。蛋黄起到乳化剂的作用，其乳化能力主要是由蛋黄中的卵磷脂和蛋白质结合而成的卵磷蛋白形成的。蛋黄可以降低油水两相间的表面张力，有利于分散相微粒化，同时因乳化剂分布在微粒表面，所以防止了微粒的合并。

三、设备与用具

打蛋器、搅拌锅。

四、实验原料

蛋黄150g、植物油790g、食醋20g、芥末5g、糖20g、食盐10g；山梨酸钾2g、奶油香精1g、柠檬酸2g。

五、工艺流程

蛋黄液制备 → 蛋黄液杀菌 → 辅料处理 → 搅拌、混合、乳化 → 均质 → 包装 → 成品

六、操作要点

1. 蛋黄液制备

首先用清水洗涤鲜鸡蛋，并用过氧乙酸及医用酒精消毒灭菌，然后用分蛋器打蛋并分出蛋黄，最后放入搅拌锅中进行搅拌。

2. 蛋黄液杀菌

一般使用加热杀菌。蛋黄是热敏性物料，受热易变性凝固，杀菌时一般要求温度为 60℃，时间为 3～5min，冷却备用。

3. 辅料处理

将食盐、糖等水溶性辅料溶于食醋（60℃，3～5min）中，充分溶解后过滤，冷却备用；芥末等香辛料磨成细末，进行微波杀菌。

4. 搅拌、混合、乳化

首先将辅料（除植物油外）投入蛋黄液，搅拌均匀，然后在不断地搅拌下，缓慢加入植物油。随着植物油的加入，混合液的黏度增大，调整搅拌速度，使加入的植物油尽快分散。

5. 均质

胶体磨均质可使产品组织均匀一致，质地细腻，外观及滋味均匀，进一步增强乳化效果。

6. 包装

蛋黄酱属于多脂食品，为了防止贮藏期间氧化变质，宜采用不透光材料，真空包装。

七、成品鉴定

成品色泽淡黄，柔软适度，呈黏稠态。

八、思考题

蛋黄液杀菌过程的注意事项有哪些？

实验九　冰蛋的加工

一、实验目的

熟练掌握冰蛋加工的方法与技术。

二、产品简介

冰蛋（图7-9）是鲜鸡蛋去壳、预处理、冷冻后制成的蛋制品。冰蛋类是指以鲜鸡蛋或其他禽蛋为原料，取其全蛋、蛋白或蛋黄部分，经加工处理、冷冻工艺制成的蛋制品，如巴氏杀菌冻鸡全蛋、冻鸡蛋黄、冰鸡蛋白。

三、设备与用具

搅拌过滤器、片式热交换器装蛋罐等。

四、实验原料

鲜鸡蛋。

五、工艺流程

搅拌与过滤 → 巴氏杀菌 → 冷却（预冷）→ 灌装 → 冷冻 → 包装 → 冷藏 → 成品

六、操作要点

1. 搅拌与过滤

打蛋后的蛋液须放在搅拌过滤器内，目的是使蛋液中的蛋白与蛋黄混合均匀，组织状态均匀一致，杀菌更完全，搅拌成均匀的乳状液。搅拌时应注意尽量不使其发泡，否则会影响后续加热杀菌的杀菌效果。过滤是为了除去蛋液中的蛋壳碎片、系带、蛋壳膜和蛋黄膜等杂物。

2. 巴氏杀菌

蛋液的巴氏杀菌即对蛋液进行低温杀菌，是在尽量保持蛋液营养价值的条件下，杀灭其中的致病菌，最大限度地减少蛋液中细菌数目的处理方法。

实践证明，蛋液经巴氏杀菌的杀菌效果良好，产品的卫生质量显著提高。目前，蛋液的巴氏杀菌多采用片式热交换器进行。

（1）巴氏杀菌的条件：采用巴氏杀菌法处理蛋液时，为了防止蛋液凝固，加热的温度和时间必须控制在一定范围内。在加热过程中，蛋白比蛋黄更易出现热凝固的现象。因此，在巴氏杀菌时，全蛋液、蛋黄液及蛋白液的加热温度和时间并不相同。全蛋液、蛋黄液的加热温度为 60～67℃，蛋白液的加热温度为 55～57℃，杀菌时间一般控制在 3～4min。

（2）巴氏杀菌的效果：打蛋后的蛋液中常有大量的微生物，如大肠杆菌、葡萄球菌、沙门氏菌等，经过适当时间的巴氏杀菌处理后，蛋液中的细菌总数、大肠菌群大幅度减少，肠道致病菌被全部杀灭。因此，巴氏杀菌对于提高冰蛋的卫生质量和食用安全性具有重要的意义。

3. 冷却（预冷）

杀菌后的蛋液应迅速冷却至 4℃左右。采用片式热交换器进行巴氏杀菌时，杀菌完成以后，蛋液将从保温区进入冷却区直接实现降温。如果蛋液未经巴氏杀菌，则搅拌、过滤后的蛋液应迅速转入冷却罐内冷却至 4℃左右。

4. 灌装

蛋液降温达到要求时即可灌装，冷却蛋液一般采用马口铁罐（内衬塑料袋）灌装。灌装容器使用前须洗净，用 121℃蒸汽消毒 30min，待干燥后备用。为了便于销售，蛋液也可采用塑料袋灌装。

5. 冷冻

将灌装好的蛋液送入低温冷冻间内冻结。在国内，冷冻间的温度一般控制在 −23℃左右，当罐（袋）内中心温度降至 −15℃时即可完成冻结。在普通冷冻条件下完成冻结一般需 60～70h，而在 −35～−45℃的冷冻条件下，一般只需 16h 左右。

在冷冻时，蛋黄的物性将会发生很大的变化。冷冻温度低于 −6℃时，蛋黄的黏度突然增加，而解冻后的黏度也较大，并有糊状物产生。据研究，在 −10℃和 −20℃冷冻时，−20℃冷冻对蛋黄黏性的影响要大得多，但使用液氮冷冻时不会出现蛋黄黏性改变的现象。为了减少蛋黄在冷冻时产生上述的不利变化，可以在 −10℃左右进行冷冻，也可以在蛋黄中先添加 10％左右的蔗糖或 3％～5％的食盐再对其进行冷冻。

6. 包装

冻结完成后，马口铁罐须用纸箱包装，塑料袋灌装的产品也应在其外加硬纸盒包装，以便于保管和运输。

7. 冷藏

将包装好的冰蛋送入 −8℃以下的低温冷库中贮藏。

七、成品鉴定

外形：包装完整，形状均一，携带方便。
质地：新鲜，无异味，光泽度好。

八、思考题

冷冻过程中，温度与时间的把握对成品品质有何影响？

参考文献

[1] 李灿鹏，吴子健. 蛋品科学与技术 [M]. 北京：中国质检出版社，2013.

[2] 李晓东. 蛋品科学与技术 [M]. 北京：化学工业出版社，2005：124.

[3] 于新，李小华. 乳蛋制品加工技术与配方 [M]. 北京：中国纺织出版社，2011.

[4] 任发政. 咸蛋的腌制机理及其加工方法 [J]. 农产品加工，2009 (5)：24-25.

[5] 廖明星，朱定和，黄明宇. HACCP 在咸蛋加工中的应用研究 [J]. 安徽农业科学，2009，37 (23)：11181-11182.

[6] 南庆贤. 肉类工业手册 [M]. 北京：中国轻工业出版社，2008.

[7] 蒋爱民，南庆贤. 畜产食品工艺学 [M]. 2版. 北京：中国农业出版社，2010.

[8] 李慧文. 罐头制品（下）323 例 [M]. 北京：科学技术文献出版社，2002.

[9] 司俊玲. 蛋制品加工技术 [M]. 北京：化学工业出版社，2008.

[10] 马美湖. 禽蛋制品生产技术 [M]. 北京：中国轻工业出版社，2003.

第八章　水产品工艺学实验

　　水产品是海洋和淡水渔业生产的水产动、植物产品及其加工产品的总称。水产品包括：①捕捞和养殖生产的鱼、虾、蟹、贝、藻类、海兽等鲜活品；②经过冷冻、腌制、干制、熏制、熟制、罐装和综合利用的加工产品。水产品营养丰富，风味各异。低值鱼类和加工废弃物等制成的鱼粉、浓鱼汁等是重要的蛋白质饲料。利用水产动植物制成的蛋白质水鲜产品，如油脂、胶类、维生素、激素和其他制品，是有多种用途的化工、医药用品。

　　水产品捕捞后，如果不立即采取有效保鲜措施，则很容易腐败变质。冷却、微冻、冻结和冷藏微生物（包括细菌、酵母和霉菌）的生长繁殖和食品内固有酶的活动，常是导致水产品腐败变质的主要原因。微生物和酶的活动都与温度有关，若降低温度，微生物就会停止繁殖，甚至死亡，酶就会减弱或失去分解能力。因此，当水产品被置于低温环境时，就可抑制微生物的生长和酶的作用，延长水产品的保藏期限。

　　低温保鲜根据保藏温度的不同可分为 3 类，即冷却保鲜、微冻保鲜和冷冻保鲜。

　　冷却保鲜的温度在 0～4℃，主要有撒冰法和水冰法两种。撒冰法是将碎冰直接撒到鱼体表面的保鲜方法，融化成冰水又可清洗鱼体表面，除去细菌和黏液，且失重小。水冰法是首先用冰将清水降低至 0℃，清海水为 −1℃，然后把鱼类浸泡在冰水中，待鱼体冷却至 0℃时取出，改用撒冰保藏，此法一般应用于死后僵硬快或捕获量大的鱼，优点为冷却速度快。

　　微冻保鲜主要有冰盐混合微冻法和低温盐水微冻法，应用于生产的尚不多。

　　如果水产品要长期贮藏，就必须经过冻结处理。冻结方法很多，主要有空气冻结法、盐水浸冻结法和平板冻结法等。在我国，绝大多数采用空气冻结法。平板冻结法发展较快，冻结间的温度在 −25℃以下，当鱼体中心温度降至 −15℃后，移入库温为 −18℃以下的冷藏间冷藏，保藏时间为 6～9 个月。水产品在冷藏过程中所发生的变化与冷却保鲜时基本相同，主要是鱼体的颜色、组织结构和重量发生变化等，但在冷藏过程中的一切变化都极其缓慢。

下面将介绍一些简易的水产品加工和保藏方法。

1. 干制保藏法

水产品的干制加工是在天然条件和人为控制条件下,尽可能地除去水产品原料中的水分,或除去一定的水分再加入添加物,以防止细菌性的腐败和增强保藏性能的一个完整的生产过程。它既包括日干、风干等天然干制法,也包括焙干、烘干、真空、冷却升华干燥等人工干燥方法。

2. 腌制保藏法

水产品的腐败主要是由于细菌和酶的作用,而水分的多少直接影响细菌的生长和酶的活性。一般来说,细菌的发育所需水分在50%以上,水分含量的减少也会使酶的活性受到抑制。在加入食盐腌制过程中,食盐溶液的渗透脱水作用使鱼体的含水量降低,抑制细菌的生长发育和酶的活性,从而延缓鱼的腐败,达到加工保藏的目的。

腌制方法主要有干腌法、湿腌法和混合腌渍法。干腌法又称盐渍法、撒盐法,它是利用固体食盐依靠鱼体中析出的水分形成食盐溶液盐渍鱼的方法。干腌时,食盐溶解吸热,使鱼体受到一定程度的冷却作用,但卤水不能立即形成,使盐渍时间延长。湿腌法又称盐水渍法,它是将鱼体放入容器中,注入预先配制好的食盐溶液进行腌制的方法。该法广泛应用于生产淡水鱼,作为供应干制或熏制的原料,既方便又迅速,但不宜生产各种咸鱼。混合腌渍法是干腌法和湿腌法的结合。在实际生产中,一种是预先将食盐擦于鱼体,装入容器后再注入饱和食盐水,鱼体表面的食盐随鱼体内水分的析出不断溶解,使盐水不被冲淡,既克服了湿腌法的缺点,又使盐渍过程迅速开始,避免了干腌法的缺点;另一种是先用盐水渍后再用干盐渍,或先用干盐渍后再用盐水渍。

3. 罐藏法

水产品的罐藏就是将水产品密封在容器中,经高温处理,将绝大部分微生物消灭掉,同时在防止外部微生物再次入侵的条件下,借以获得在室温下长期存的保藏方法。它的生产过程是原料预处理(包括清洗、非食用部分的清除、切割、检剔、修整等)、预煮、调味或直接装罐、加调味液或免加(即干装),以及后经排气、密封和杀菌、冷却等。在生产上,常用的罐藏容器大致可分为金属罐非金属罐两大类。金属罐中目前使用最多的是镀锡罐和涂料的镀锡铁罐——涂料罐,此外还有铝罐和铬铁罐。非金属罐中使用较多的是玻璃罐,占有很大比重。

实验一 水产品鲜度的感官鉴定

一、实验目的

(1) 明确水产品鲜度鉴定的意义。
(2) 掌握水产品鲜度的感官鉴定的方法。

二、产品简介

水产品的原料种类繁多,包括鱼、虾、蟹、贝及藻类等水产经济动、植物,这些食物不但含有丰富的蛋白质及人体所必需的多种氨基酸,而且含有丰富的不饱和脂肪酸及其他各种营养素,是人们饮食中珍贵的动物蛋白源。但是水产品不同于畜、禽类产品,它具有易腐败、产区集中、产量大、机体组成易变等特点,如果处理不及时,就会产生较大的损失,并且使加工的产品失去其应有的品质。为此,水产品原料鲜度的鉴定有着重要的意义。

鲜度是水产品品质鉴定中的主要内容,水产品的鲜度与其感官性状(如色、香、味、形等)存在着一定的关系,因而通过人的视觉、味觉、嗅觉等感觉可以鉴别、评价水产品品质。

水产品鲜度的鉴定可分为感官鉴定、物理学鉴定、化学鉴定和微生物学鉴定等方法,其中感官鉴定最为简便,在生产上实用意义最大。

感官鉴定是凭借感觉器官(视觉、味觉、嗅觉、触觉等),通过鉴别外形特征(色、香、味、弹性、硬度等)来确定品质好坏的方法。因为感官鉴定不需繁杂的仪器设备、速度快,所以在生产中被普遍采用。

三、设备与用具

切刀、菜板、冰箱等。

四、实验原料

各种鱼类各两条。

五、工艺流程

观察鱼眼的状态 → 观察鳃的状态 → 观察体表 → 观察肌肉的状态

六、操作要点

供试鱼类如果不能立即进行鉴定，则须贮藏在 0～3℃ 的低温条件下，鉴定顺序如下：

1. 观察鱼眼的状态

新鲜鱼：眼透明、饱满。

鲜度较差的鱼：角膜起皱并稍变混浊，有时因内溢血而发红。

劣质鱼：眼球塌陷或干瘪，角膜混浊。

2. 观察鳃的状态

新鲜鱼：鳃色泽鲜红、无黏液。

鲜度较差的鱼：鳃盖较松、鳃丝粘连，呈淡红、暗红或灰红色（有显著腥臭味）。

劣质鱼：鳃丝粘结，被覆有脓样黏液（有腐臭味）。

3. 观察体表

新鲜鱼：体表具有鲜鱼固有的鲜明本色与光泽，黏液透明，鳞片完整、不易脱落（鲳鱼、鳓鱼除外），腹部正常，肛孔凹陷。

鲜度较差的鱼：体表黏液增加、不透明、有酸味，鳍光泽稍差并易脱落，肛孔稍突出。

劣质鱼：鱼鳞暗淡无光且易与外皮脱离，表面附有污秽黏液并有腐臭味，肛孔鼓出，腹部膨胀或下陷。

4. 观察肌肉的状态

新鲜鱼：肌肉坚实有弹性，以手指压后凹陷立即消失，肌肉的横断面有光泽（无异味）。

鲜度稍差的鱼：肌肉松软，以手指压后凹陷不能立即消失，稍有酸味，肌肉横断面无光泽，脊骨处有红色圆圈。

劣质鱼：肌肉松软无力，以手指压后凹陷不消失，肌肉易与骨刺分离，有臭味和酸味。

七、成品鉴定

将供试材料按上述内容进行鉴定并记录鉴定结果。

八、思考题

1. 水产品感官鉴定应从哪些方面着手？

2. 水产品感官鉴定存在哪些问题？

实验二　鱼松的制作

一、实验目的

（1）了解鱼松形成的原理。

（2）掌握鱼松制作的工艺过程和技术要求。

（3）掌握鱼松制作过程的操作方法和调味配方。

二、产品简介

鱼松（图 8-1）是用鱼类肌肉制成的绒毛状、色泽金黄的调味干制品，其蛋白质含量高，含有人体必需的氨基酸、维生素 B1、维生素 B2、尼克酸以及钙、磷、铁等无机盐。鱼松易被人体消化吸收，对儿童和病人的营养摄取很有益处（儿童不宜大量食用鱼松，可能会使体内的氟化物含量超出安全值，导致氟斑牙或氟骨症）。鱼松是营养健康食品。

图 8-1　鱼松

选择肌肉纤维较长的鱼类，通过蒸煮、去皮、去骨、调味炒松、晾干等工艺操作，使鱼类肌肉失去水分，制成的色泽金黄、绒毛状的干制品即为鱼松。

三、设备与用具

切刀、蒸锅、纱布、炒锅、竹帚、电炉、白瓷盘等。

四、实验原料

（1）主料：原料鱼 10kg。

（2）配料：鸡骨汤 600g、水 300g、酱油 300g、白砂糖 140g、葱 160g、姜 160g、花椒 17g、桂皮 100g、茴香 140g、味精 30g。

五、工艺流程

原料鱼预处理 → 蒸煮 → 去皮、去骨 → 拆碎、晾干 → 调味炒松 → 包装 → 成品

六、操作要点

1. 原料鱼预处理

选择肌肉纤维较长的、鲜度标准为二级的鱼，变质鱼严禁使用（以白色肉鱼类为好，褐色肉鱼类的制品较差）。将鱼洗净、去鳞后由腹部剖开，去内脏、黑膜等，再去头，充分洗净，滴水沥干。如果原料为带鱼或为软质细鳞的鲱鱼，则可不去鳞。

2. 蒸煮

将沥水后的鱼，放入蒸笼，蒸笼底要铺上湿纱布，防止鱼皮和鱼肉粘着或脱落到水中。锅中放入清水（约容量的 1/3），然后加热，水煮沸 15min 后即可取出鱼。

3. 去皮、去骨

趁热将蒸熟的鱼去皮，拣出骨、鳍、筋等，留下鱼肉。（蒸煮能使肌肉蛋白凝固、纤维收缩，结缔组织受热使鱼肉容易与骨、刺、鱼皮分离。）

4. 拆碎、晾干

将鱼肉放入清洁的白瓷盘内，在通风处晾干，并将肉撕碎。

5. 调味炒松

调味液要预先配制，配制方法是：首先将原汤汁放入锅中烧热，然后放入酱油、桂皮、茴香、花椒、白砂糖、葱、姜等（最好将桂皮等放入纱布袋中，以防混入鱼松的成品中去），待煮沸熬煎后，加入适量味精，取出放于瓷盘中待用。洗净的锅中加入生油（最好是猪油），等油熬熟后，将晾干并撕碎的鱼肉放入并不断搅拌，再用竹帚充分炒松。约 20min，等鱼肉变成松状，即将调味液喷洒在鱼松上，随时搅拌，直至色泽和味道均很适合为止。炒松要用文火，以防鱼松炒焦发脆。

6. 包装

将炒好的鱼松从锅中取出，放在白瓷盘中，冷却后包装。

七、成品鉴定

形态：色泽金黄，肉丝疏松，无潮团。

气味：无焦味及异味。

口感：味道鲜美，生津开胃，允许有少量骨刺存在。

八、思考题

1. 将制作好的鱼松依照其质量要求进行感官检查，找出问题并分析问题出现的原因。

2. 哪些操作会影响鱼松的疏松程度？

实验三　调味类罐头的制作

一、实验目的

（1）掌握调味类罐头的工艺流程。

（2）掌握调味类罐头制品的保藏原理。

二、产品简介

食品罐藏是将经过一定处理的食品装入包装容器中，经密封杀菌使罐内食品与外界隔绝而不再被微生物污染，如图8-2所示，同时又使罐内绝大部分微生物被杀死并使酶失活，从而获得在室温下长期贮存的保藏方法。

罐藏原理是借助罐藏条件（排气、密封和杀菌）杀灭罐内引起败坏、产毒、致病的微生物，破坏原料组织自身的酶活性，并保持密封状态，使罐头不受外界微生物的污染。

图8-2　调味类罐头

预处理及调味加工等随原料的种类和产品类型而异，但排气、密封和杀菌冷却为必经阶段，因此，后三者为罐头食品的基本生产过程。

在加工过程中，高温高压加热使鱼骨头变酥、变软，让其中的钙大量溶出。因此，罐头鱼的含钙量比鲜鱼增加了10倍以上。按照加工方法的不同，鱼罐头分为红烧、茄汁、鲜炸、清蒸、烟熏、油浸、水浸等类别。

三、设备与用具

砧板、不锈钢刀、纱布、杀菌锅、全涂料罐、不锈钢桶等。

四、实验原料

（1）主料：原料鱼 100kg。

（2）配料：酱油 4kg，白砂糖 3.5kg，植物油 2kg，精盐 0.5～1kg，味精 0.3～0.5kg，姜汁、五香粉、食用色素适量。

五、工艺流程

原料验收 → 原料处理 → 盐渍 → 油炸 → 装罐 → 加调味液 → 真空封罐 → 杀菌冷却 → 保温试验 → 包装 → 成品

六、操作要点

1. 原料验收

（1）采用新鲜或冷冻良好的鲤鱼，不得采用二级鲜度以下的变质鱼。

（2）原料鱼重 100kg。

2. 原料处理

（1）鲜鱼以清水洗净；冻鱼以自来水解冻，解冻至鱼体半冻状态即可。

（2）除去鱼头、尾、鳍和内脏，刮净鱼鳞。

（3）用流水洗净鱼体表面的黏液和杂质，腹腔内血污、内脏和黑膜。水温不超过 25℃。

（4）大条鱼按罐型要求切成适当大小的鱼块。

（5）在处理过程中，应将变质和机械损伤等不合格的原料剔除。

3. 盐渍

（1）盐渍所用的食盐质量必须符合 GB/T 5461—2016 的有关规定。

（2）配制成饱和食盐水，过滤备用。

（3）食盐水浓度为 18°Bé（波美度），盐渍时间为 10～15min。当原料为鲜鱼时，盐渍时间应增加 2～3min。

（4）食盐水与鱼块的重量之比为 1∶2。

（5）食盐水可连续使用 5 次，但每次使用后应补加浓食盐水至规定浓度。

（6）半冻鱼应以清水解冻完全后再盐渍。

（7）在盐渍过程中，务必使鱼体全部浸没在食盐水里。

（8）根据鱼块大小、气温高低和原料区别，适当调节盐渍时间。

（9）盐渍后，将鱼块用清水冲洗一遍，沥干待炸。

4. 油炸

（1）油炸所用的精炼植物油质量应符合 GB 2716—2018 的有关规定。

（2）盐渍后的鱼块要充分沥干水分，然后投入温度为 180～210℃的精炼植物油中。投料时，油温应不低于180℃。

（3）油炸时间一般为4～8min。炸至鱼块上浮时，轻轻翻动，防止鱼块粘结和破皮。炸至鱼肉有坚实感，表面呈金黄色至黄褐色时，即可捞出沥油冷却。（控制脱水率在35%～40%。）

（4）原料应先来先炸，不得积压。

（5）生鱼块和熟鱼块应分别用专用容器存放，以免造成交叉污染。

（6）经过长时间炸过的油，在高温和空气的作用下色泽变暗或发黑，鱼屑结成颗粒沉积锅底。因此，每炸完一锅要清除一次鱼屑，每隔0.5h要掺入新油一次，每隔2h要更换新油。

5. 装罐

（1）空罐应符合质量标准，并且经严格检查合格，方可使用。

净重（g）	罐型
156	589
200	763
256	860
425	7116

（2）空罐应洗净，用82℃以上的热水或蒸汽消毒，倒置沥干备用。

（3）589号、763号、860号和7116号罐型的装入量分别为122g、156g、200g和332g。同一罐内条段不得混装。装罐时，大头在下，装不进时可少量大头在上交错竖装，不得弯曲。每罐允许添加小块1块。

6. 加调味液

（1）配料质量要求：精盐、白砂糖、酱油、味精、八角、白酒的质量应分别符合GB/T 5461—2016、GB/T 317—2018、GB 2717—2018、GB/T 8967—2007、GB/T 7652—2016的有关规定；生姜、胡椒、辣椒干、桂皮、丁香的质量应符合要求。

（2）调味液配方：酱油4kg，白砂糖3.5kg，植物油2kg，盐0.5～1kg，味精0.3～0.5kg，姜汁、五香粉、食用色素适量。

（3）调味液制法：按配方将洗净的桂皮、八角、丁香、辣椒干、胡椒、生姜投入夹层锅中，加水煮沸，并保持微沸40min；然后将香料捞出，控制出锅量为150kg（蒸发的水用开水补足）；用纱布过滤后，加入酱油、白砂糖、精盐、味精，并加热，搅拌溶解；煮沸后，关闭蒸汽，加入白酒，过滤备用。（上述香料可连续使用2次，但第二次须补加一半的新料。）

（4）装罐完毕后，应随即加注调味液。589号、763号、860号和7116号罐型加注调味液的量分别为35g、45g、56g和95g。

（5）调味液温度不低于 70℃。

7. 真空封罐

（1）罐盖应冲洗干净，并用 82℃以上的热水或蒸汽消毒备用。代号打印按有关规定进行。

（2）封罐真空度：589 号罐为 37330/55995Pa，763 号、860 号罐为 40000/46663Pa，7116 号罐为 33330/40000Pa。

（3）封罐后，逐罐检查密封是否良好，剔除不合格罐。

（4）派专人检查净重。

（5）洗罐机洗罐。①洗涂液配方：烧碱浓度 1.5％～2％，红矾钠浓度 0.5％。②洗涂液配制：洗罐机容量按 500kg 水计算，即配制时加固体烧碱 7.5kg、红矾钠 2.5kg。为便于碱液补充操作，把固体烧碱和红矾钠按 3∶1 的比例置于不锈钢桶内加热水溶解均匀备用。（33％浓碱液配制，即 1kg 红矾钠、3kg 固体烧碱加 6kg 热水。）③洗涂条件：洗涂温度不低于 70℃，洗涤时间 4～6s，洗涤后必须以流动水冲洗干净，防止杀菌后产生花斑。

8. 杀菌冷却

（1）封罐后应及时杀菌。

（2）杀菌公式：589 号罐型为 10℃/55℃/118℃；860 号罐型为 10℃/60℃/10℃/118℃；763 号罐型为 10℃/55℃/10℃/118℃；7116 号罐型为 15℃/60℃/15℃/118℃。

（3）杀菌后及时冷却至 40℃，取出擦拭干净。

9. 保温试验

经杀菌冷却后的罐头，存放于 37℃的保温室内保温 7 天。逐罐叩击检查真空度，剔除不合格罐头。

10. 包装

按 GB—7098—2015 标准进行。

七、成品鉴定

形态：鱼块按鱼段竖装，排列整齐。

色泽：肉色正常，呈金黄色至黄褐色。

口感：肉质细腻鲜美，鲜香多汁，美味不油腻。

组织：组织紧密不松散，小心从罐内向外倒时不碎散。

八、思考题

1. 罐头制品的保藏原理是什么？

2. 鱼罐头的制作要点有哪些？

实验四　调味鱼片的制作

一、实验目的

（1）掌握水产品干制加工的方法。
（2）掌握鱼片制作的工艺流程。

二、产品简介

调味鱼片（图8-3）是以鱼类为原料，通过剖片、漂洗、调味、烘干、滚压拉松等工艺操作，制成的水分含量较低的片状鱼制品。它具有制造工艺简单、营养丰富、风味独特、携带和食用方便等特点。

制作调味鱼片的原料可以是淡水产的鲢鱼、草鱼等，也可以是海产的低值鱼类，以创造较高的经济效益。

图8-3　调味鱼片

三、设备与用具

剖片刀、滚压机、干燥设备、漂洗用筐或水槽等。

四、实验原料

（1）主料：鱼片5kg。
（2）辅料：白砂糖5％～6％、精盐1.5％～2％、味精1％～1.8％、黄酒1％～1.5％（均为与鱼的重量比例）。

五、工艺流程

原料选择与整理 → 剖片 → 检片 → 漂洗沥水 → 调味渗透 → 摊片 → 烘干 →
揭片 → 烘烤 → 滚压拉松 → 检验 → 称量 → 包装 → 成品

六、操作要点

1. 原料选择与整理

选用新鲜鲢鱼（因其质量受原料鱼质量的直接影响，所以应选用无公害的新鲜鱼或冷冻鱼为原料，其理化指标及安全指标应符合有关标准，并且要求鱼体完整，气味色泽正常，肉质紧，有弹性），先清洗，刮鳞，去头、内脏、皮，洗净血污。

2. 剖片

用剖片刀割去胸鳍，一般由尾端下刀剖至肩部，力求出肉率高。

3. 检片

将剖片时带出的黏膜、大骨刺、杂质等检出，保持鱼片洁净。

4. 漂洗沥水

漂洗是提高制品质量的关键。漂洗可在漂洗槽中进行，也可将鱼片放入筐内，再将筐浸入漂洗槽，用循环水反复漂洗干净，漂洗后的鱼片洁白有光，肉质较好。漂洗后捞出，沥水。

5. 调味渗透

将白砂糖、精盐、味精、黄酒，用手翻拌均匀，使调味液充分均匀渗透，静置渗透 1.5h（15℃）。

6. 摊片

将调味的鱼片摊在烘帘上烘干，摆放时鱼片与鱼片的间距要紧密，片形要整齐、抹平，两鱼片的搭接部位尽量紧密，使整片厚度一致，以防爆裂，相接的鱼片肌肉纤维要纹理一致，使鱼片成型美观。

7. 烘干

烘干温度以不高于 35℃（30～35℃）为宜，将鱼片烘至半干时移出，使内部水分向外扩散后再行烘干，最终达到规格要求。

8. 揭片

将烘干的鱼片从网上揭下，即得生片。

9. 烘烤

烘烤温度为 160～180℃，时间为 1～2min。烘烤前向生片喷洒适量水，以防鱼片烤焦。

10. 滚压拉松

烤熟的鱼片在滚压机中进行滚压拉松，滚压时要沿着鱼肉纤维的垂直（即横向）方向进行。一般须经二次拉松，使鱼片肌肉纤维组织疏松均匀、面积延伸增大。

11. 检验

经拉松后的鱼片，去除剩留骨刺，根据市场需求确定包装大小（聚乙烯袋或聚丙烯袋均可）。

七、成品鉴定

形态：色泽呈黄白色，边沿允许略带焦黄色，鱼片平整，片形基本完好。

气味：具有烤淡水鱼的特有香味，无异味。

口感：肉质疏松，有嚼劲，无僵片，滋味鲜美，咸甜适宜。

八、思考题

1. 影响鱼片制品质量的关键因素是什么？

2. 如何计算鱼片剖片后的得率？

3. 如何计算鱼片成品的得率？

实验五　鱼香肠的制作

一、实验目的

（1）掌握鱼香肠的制作方法。

（2）理解鱼糜形成的原理。

二、产品简介

鱼香肠（图8-4）是以鱼肉为主要原料灌制的香肠，它的优点是有外包衣，便于商品流通，卫生条件较好，是一种实用、携带方便的快餐食品。鱼香肠以新鲜的小杂鱼为主料，辅以畜肉等原料，调味后充填于肠衣中，经密封、杀菌等处理制成较为耐藏的肠制品。

图8-4　鱼香肠

将鱼肉绞碎，经加盐擂溃，会产生黏稠状的肉糊。肉糊经调味混匀，做成一定形状后，进行水煮、油炸、焙烤、烘干、烟熏等加热或干燥处理，就成了具有一定弹性的鱼糜制品。鱼糜制品使鱼肉食品的口感和味道都别具特色。

鱼糜制品的原料来源丰富，不受鱼种、大小的限制，能就地、及时地处理旺季的渔货，从而保证原料的鲜度，有利于防止蛋白质变质。鱼糜制品可按消费者的爱好，进行不同口味的调制，形状可以任意选择，产品的外观、滋味、质地与原料鱼皆不同。鱼糜制品加工较其他水产品加工更具有灵活性、开放性。鱼糜制品营养价值高，原料鱼在加工过程中将原有的营养素很好地保存下来，并加工成为营养配伍、科学合理、人体消化吸收率更高的优质食品。

评价鱼糜制品品质的重要指标之一是制品的弹性，所以在鱼糜制品的加工过程中要注重原料的凝胶形成能力。

三、设备与用具

搅拌肉机、擂溃机、连续式香肠结扎机等。

四、实验原料

(1) 主料：鱼糜 80kg、猪肉 8kg、板油 6kg、淀粉 4.5kg。
(2) 辅料：精盐 1.8kg、咖喱粉 0.35kg、胡椒粉 0.05kg、味精 0.16kg。

五、工艺流程

原料选择与整理 → 配料擂溃 → 灌肠结扎 → 煮熟 → 冷却 → 干燥 → 成品

六、操作要点

1. 原料选择与整理

鱼香肠的原料一般以新鲜的小杂鱼为主。将原料洗净加入搅拌肉机并适当加入一定数量的其他鱼肉（如大、小黄鱼，乌鲗，淡水产的青鱼、草鱼、鲢鱼等）和少量的畜肉（猪肉），并添加适当的调料，使之具有独特的口味。

2. 配料擂溃

将鱼糜、猪肉、板油连同各种配料掺在一起放在擂溃机中，擂溃 20～30min。在擂溃过程中不断加入水或冰块，使鱼糜呈酱状，有黏性。

3. 灌肠结扎

把鱼糜酱泵入连续式香肠结扎机料斗中，开启结扎机，进行充填结扎。要求：灌肠结扎成形的香肠无气泡、长短一致、粗细均匀、粘合牢固，将不符合要求的挑出。

4. 煮熟

煮肠时间须视鱼香肠的具体情况及条件而定。先将水烧开，再使水温降到 90℃ 左右，将香肠放入，使水温保持在 80～95℃，煮 30～35min；也可采用二段加热法，即先于 80～85℃ 的水中加热 30min，再将温度升至 120℃，加热 5～25min，取出。

5. 冷却

将香肠放入 20℃ 的水中冷却 0.5h 左右，取出。若使用天然肠衣，则须将肠衣再加热至 95℃，以去除表面的皱褶。

6. 干燥

冷却后的鱼香肠沥去水分即为成品。

七、成品鉴定

形态：光滑有光泽，具有一定的弹性。

口感：味道鲜美，风味独特。

八、思考题

1. 鱼香肠制作过程中为什么要添加一些畜肉？

2. 鱼香肠加热操作前应注意什么？

实验六　酶香鱼的制作

一、实验目的

熟悉酶香鱼的制作原理并掌握其制作方法。

二、产品简介

酶香鱼（图 8-5）是一种具有特殊风味的鱼制品，其制作原理是利用鱼体酶类的自溶作用及微生物在食盐抑制下的部分分解作用，使蛋白质、核酸等分解成为氨基酸、核苷酸等呈味物质，从而使制品具有特殊的酶香风味。

三、设备与用具

小木棒、腌制容器、压石、刀具、木箱或竹筐、竹叶等。

图 8-5　酶香鱼

四、实验原料

（1）主料：鱼 0.75kg 以上。

（2）辅料：盐（一般用盐量为鱼质量的 30%～38%）。

五、工艺流程

原料选择与整理 → 撞盐 → 腌制发酵 → 压石 → 包装 → 成品

六、操作要点

1. 原料选择与整理

原料选用单潮捕获的鳞片完整、无创伤、鲜度良好、重 0.75kg 以上的鲜鱼。不宜选用冰藏原料，因为冰藏原料鱼体组织中的酶类的自溶作用受到抑制，影响发酵。将鱼逐条揭开鳃盖，压断鳃骨，打破眼球内膜，摘除鳃耙及内脏，用清水洗除鱼体黏液及血水。将鱼头部向下，逐条排列于竹筐中，滴干腹腔血水，再用清洁干布吸干表皮水分。

2. 撞盐

掀开鳃盖，拨入盐堆，用小木棒从鳃盖捅入腹腔，但不能捅破腹肉，以免影响发酵。用小木棒自鳃孔向腹腔塞肚盐，肚盐和鳃盐的用量总共为鱼重的 8%～10%。然后将鱼排列在竹箕上，放到池或桶中发酵。

3. 腌制发酵

下池腌制前先在池底撒一层厚 1cm 的盐，然后把抹好盐的鱼小心地背朝上，平斜排入池中，排叠时头尾相间压紧，鱼体间要十分紧密，以免成品鳞片松弛。各层鱼体之间应均匀撒一层隔体盐，用盐量应自下而上逐渐增加，装满时应将鱼体全部盖没。用盐量须根据季节、鱼体大小及鲜度而定，一般用盐量为30%～38%。春季、秋季时，鱼重 0.75kg 以上的用盐量为 32%，0.75kg 以下的用盐量为 30%；夏季时，鱼重 0.75kg 以上的用盐量为 38%，0.75kg 以下的用盐量为 35%。用盐必须适量，过多影响发酵，过少容易腐败。

鱼体下池腌制 24h 内变化不大，过后由于发酵分解，鱼体逐渐膨胀，经过 2～3 天，鱼体即开始产生特有的酶香味，即可进行压石。

4. 压石

鱼体产生酶香味后，表明其肌肉已经发酵，此后不会再松软，故压石不宜太重，以免鱼体互相黏着。压石重量以卤汤浸没鱼体为度，通常为鱼重的8%～10%，压石时间视发酵程度及气温状况来控制，一般为 2 天，鱼体中的盐分即可渗透均匀。

5. 包装

捞起成品，放于竹筐中滴干卤水后，进行包装。一般用木箱或竹筐包装，四周和底部先铺上一层竹叶，然后把鱼体排叠入箱（筐），加入 3%～5% 的隔体盐，装满后盖上竹叶片，加盖，及时调运。

七、成品鉴定

形态：具有酶香鱼固有色泽，眼球不发红，肌肉不发软。
气味：浓郁的酶香味。

八、思考题

1. 酶香鱼的制作对原料有什么要求？
2. 制作酶香鱼时应注意哪些问题？

实验七 鱼面的制作

一、实验目的

掌握鱼面的制作方法和操作要点。

二、产品简介

鱼面（图 8-6）是我国传统的地方特产，是湖北地区的名吃。此类制品不但风味独特，而且营养成分齐全，食用后可提高营养成分的消化吸收率。鱼面以黄鱼或马鲛鱼为主料，去掉鲜鱼的刺和皮，剁其肉至泥酱状，加入一定比例的面粉、食盐揉搓成团，用擀面杖将面团擀成蒲扇大小的薄面饼，然后卷成卷。将面卷放入蒸笼猛火蒸 20～30min，出笼后摊开，待冷却后用刀横切成薄饼，于日光下晒干即成。鱼面可单炖，可加肉

图 8-6 鱼面

同炖，可做火锅主料，亦可油炸而食。它炖熟后为面条状，故称鱼面，其味鲜美，虽然为鱼制品，但吃起没有鱼的味道，实乃一绝。鱼面制品分生熟两种，与普通面条一样可用来煮食、炒食或炸食。

三、设备与用具

刀、采肉机、滤布、斩拌机、轧面机、砧板等。

四、实验材料

(1) 主料：草鱼（或白鲢）100kg。

(2) 辅料：面粉 50kg、食盐 3.5kg、砂糖 0.6kg、黄酒 1kg、味精 0.2kg、

鸡蛋清 5kg、姜汁 0.3kg。

五、工艺流程

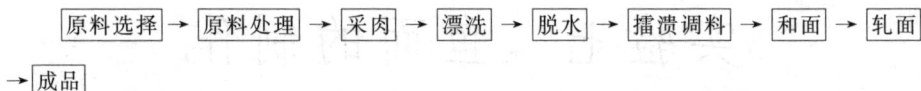

原料选择 → 原料处理 → 采肉 → 漂洗 → 脱水 → 擂溃调料 → 和面 → 轧面
→ 成品

六、操作方法

1. 原料选择

鱼面的加工原料来源较为丰富，不受鱼种大小的限制，既可以是海水鱼，如鳗鱼、马鲛鱼等；又可以是淡水鱼，如白鲢，草鱼等。鱼的个体以 500～1000g 为宜，并且原料鱼要求新鲜，不得腐败变质，否则会影响成品的质量。

2. 原料处理

将冻结的鱼从冷库中取出，置于水槽中过夜，利用室温缓慢融化，如果急于融化，则可用自来水冲淋。待鱼解冻后，用刀将头从鳃下斩去，然后剖开肚腹，将内脏去除，并将鱼体从鱼脊椎处剖开，但使两片尚连在一起，用自来水冲洗干净并沥干，去鳞处理。将鱼的内脏、头分别收集处理。

3. 采肉

事前先将采肉机清洗干净。采肉时注意调节皮带与滚桶之间的松紧程度，以保证采肉的质量。采肉时，剖开的鱼肉部分朝向滚桶，鱼皮朝向皮带，以增加采肉得率，并减少鱼皮被采进鱼糜的量。如果有必要，则可进行两次采肉。第一次采肉时使皮带与滚桶之间保持放松，这种方式采得的肉质量较好，相应地做出的鱼糜制品的质量也就较高；第二次采肉时使皮带与滚桶之间绷紧，这种方式采得的肉质量稍次，以利于采肉。采肉结束将鱼糜和骨渣分别称重。

4. 漂洗

内脏去除不净、采肉时鱼皮采进鱼糜等原因，往往使采肉所得鱼糜带有较深的颜色，须进行漂洗处理。漂洗时，将鱼糜置于容器内，放入 3～5 倍的水。搅拌后，静置 10～15min，然后将漂洗在水面的鱼皮等漂浮物掏去，并将水倒出，注意防止鱼糜的流失。第二次漂洗同理。在用水进行的两次漂洗中，鱼肉组织吸水膨胀，不利于后面的脱水。因此，第三次采用盐水漂洗，加盐量为鱼糜重量的 0.5%～1%，盐水漂洗可使鱼肉组织中的水分易于析出。

5. 脱水

漂洗结束，可用滤布将水滤去，并进行充分挤压，以减少鱼糜中的含水量。如果有条件的话，则可以用脱水机或压榨机进行脱水。

6. 擂溃调料

擂溃是鱼糜生产中重要的工序之一，擂溃的工艺操作是影响鱼糜成品弹性的关键所在。擂溃通常用专门的擂溃机或用斩拌机代替，在擂溃过程中要添加淀粉和各种调料。擂溃时，首先空擂数分钟，加入食盐，充分擂溃，使盐溶性蛋白质完全溶出；然后将黄酒、姜汁分多次加入；最后加入面粉，并继续擂溃到均匀为止。擂溃必须使添加的辅料充分混合均匀，并根据具体情况控制擂溃的时间，至鱼糜呈较好的黏着性。

7. 和面

将擂溃好的鱼糜置于砧板上，添加面粉进行揉和。面粉应分多次均匀撒在鱼糜上，不能一次添加太多，以免揉和不匀。揉面至基本达到所要求的硬度即可结束。

8. 轧面

轧面对面团硬度要求比较高，若面太软，则轧出的面易碎，不成形。可利用轧面机辊压操作将面团硬度达到轧面的要求，具体操作如下：首先将轧面机辊轴间距调大，将小块面块压成饼状，表面撒一层薄薄的面粉，对折后再压，如此反复 3～4 次，然后将辊轴间距调小，操作同上。待上述操作完成，就可进行轧面了。轧面时，摇臂用力要均匀，这样就能得到又细又长的鱼面了。

七、成品鉴定

形态：光滑细长，有弹性。
口感：面鲜弹牙，汤鲜味浓。

八、思考题

1. 鱼面制作工艺的关键步骤有哪些？
2. 鱼面制作中的主要影响因素有哪些？

实验八 鱼糕的制作

一、实验目的

掌握鱼糕的制作方法。

二、产品简介

鱼糕（图8-7）属于较高级的鱼糜制品，它的特点是弹性好、色泽洁白，也可以做成双色、三色鱼糕。消费者可以将鱼糕切成各种形状，配制色泽鲜艳的菜肴。

图8-7 鱼糕

三、设备与用具

擂溃机、ALH-C型电子秤、SF-200型封口机、恒温培养箱、手提式高压灭菌锅。

四、实验原料

（1）主料：新鲜鲢鱼（1.5kg以上为宜）。净鱼肉780g。

（2）配料：淀粉20g、食盐10g、新鲜鸡蛋2个、鸡精2g、味精2g、糖等。鱼露10g、姜20g、葱150g、水150g、胡椒粉1g。

五、工艺流程

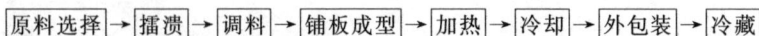

原料选择→擂溃→调料→铺板成型→加热→冷却→外包装→冷藏

六、操作要点

1. 原料选择

鱼糕属于较高级的鱼糜制品，对弹性、色泽的要求较高，因此作为鱼糕生产用的原料应新鲜、含脂量少。

2. 原料处理

鲢鱼经过去头、去鳞、去内脏之后，一般用清水漂洗 3 次。

3. 擂溃

擂溃对确保鱼糕的良好弹性尤为重要。擂溃的方法分空擂、盐擂、拌擂。即按配方比例称取鱼肉，置于擂溃机内，先不加入配料开动擂溃机工作一定时间，以起到破坏鱼肉细胞纤维的作用，擂溃时间一般为 20～30min。

4. 调配

用电动搅拌机将淀粉、鸡蛋、食盐、鸡精、味精、糖等充分搅拌均匀后，分次加入鱼肉中搅打均匀。

5. 铺板成型

小规模生产时，鱼糕的成型往往是将调配好的鱼糜用刀具手工成型。

6. 加热

一般蒸煮加热温度在 95～100℃，中心温度达 75℃以上。加热时间对鱼糕制品的口感有显著影响，一般为 20～30min。

7. 冷却

蒸煮完成后的鱼糕应立即放入冷水（10～15℃）中迅速冷却，目的是使鱼糕吸收加热时失去的水分，在无内包装时还可防止因表面蒸汽逸散而发生皱皮和褐变等。由此可弥补因水分蒸发所减少的重量，并使鱼糕表面柔软且有光滑感。

8. 外包装

完全放冷的鱼糕须做外包装，尤其是未经内包装的。在外包装前应将每块鱼糕浸入液体防腐剂中，不须停留即可捞出，进行表面防腐，再用自动包装机进行符合卫生的包装后即为成品。

9. 冷藏

一般制好的鱼糕在常温环境下（15～20℃）可存放 3～5 天，在冷库中可存放 20～30 天。国内很少采用鱼糕包装机，因而大部分鱼糕是生产后及时销售。

七、成品鉴定

形态：弹性好、色泽洁白。
口感：鱼鲜味足，无异味，爽滑细腻。

八、思考题

鱼糕制作中的主要影响因素有哪些？

实验九　调味海带丝的制作

一、实验目的

掌握调味海带丝的制备工艺流程与操作要点。

二、产品简介

调味海带丝（图 8-8）是一种小包装汤菜，主要有香辣、五香和蚝油风味，其主料为熟干海带丝，调料为食盐、白砂糖、味精、辣椒面、五香面等。调味海带丝既可用开水冲泡成为鲜美的汤菜，又可作为烹制其他菜肴的调味品。调味海带丝的做法：将淡干海带经过浸醋等处理后，以酱油为主调料，并加入白砂糖和其他调料一起蒸煮，减少水分，使之具有浓厚的味道，然后用复合包装袋包装。

调味海带丝的水分含量一般在 70% 左右，含盐量为 5%～8%，产品

图 8-8　调味海带丝

一般用聚乙烯、聚酯或铝箔等复合材料包装，常温保存可达 3 个月以上。但有些调味海带丝为了耐久保存，经烘干后制成干制品不包装。在调味海带丝中，还可以加入各种蔬菜、鱼虾、贝类或其他配料，加工成各种风味的调味食品。

三、设备与用具

切丝机、砧板、蒸煮锅、离心机、不锈钢刀、热风干燥机、封口机等。

四、实验原料

（1）主料：经切丝、水洗、蒸煮、干燥处理后的原料海带 1kg。

（2）调料：白砂糖 216g、香油 58.3g、食盐 23g、味精 150g、辣椒面 150g。

五、工艺流程

原料处理 → 切丝 → 浸泡 → 蒸煮 → 沥水、烘干 → 调味 → 杀菌、包装 → 成品

六、操作要点

1. 原料处理

选择藻体肥厚、成熟度适宜的淡干海带，去掉根部、黄白边及腐烂斑疤和有孔洞的部位。

2. 切丝

将选好的海带输入切丝机中切丝，丝可宽可窄但要求均匀，一般为 0.2mm。

3. 浸泡

将切好的海带丝放在稀酸溶液中浸泡 15～20min，再用清水冲洗 2～4min去除杂质。

4. 蒸煮

将海带丝放在蒸煮锅中煮沸 2～3min，杀死海带丝表面微生物，并将其煮熟。

5. 沥水、烘干

将蒸煮后的海带用离心机尽量把水分甩干净，冷却后即进行干燥。干燥方法有人工干燥和自然干燥两种，在生产中多采用人工干燥。海带丝经烘干后要求水分含量在 12% 以下。

6. 调味

不同的产品有不同的要求和特点，目前生产的调味海带丝有香辣、五香等品种，其主要调料有辣椒面、味精、食盐、白砂糖、花生油、香油等。将各种调料按不同的比例搭配与烘干海带丝充分混合，便可制作出风味不同的调味海带丝。

7. 杀菌、包装

调味海带丝在经紫外线杀菌消毒后，用塑料袋复合包装，一般大袋装150g，小袋装 15g。成品在干燥、阴凉的仓库中贮存期为 6 个月。调味海带丝色泽为绿色、褐色；组织形态要求形状均一；滋味为咸甜适宜，口味正常；无泥沙等杂质。

七、成品鉴定

形态：长条丝状。

口感：鲜嫩清脆，既具有海带原有风味，又具有各自的独特风味，味道纯正，香辣适宜，香甜可口。

八、思考题

浸醋处理的目的是什么？

实验十　海带酱的制作

一、实验目的

掌握海带酱的工艺流程和操作要点。

二、产品简介

海带为大叶藻科植物、大叶藻的全草，中药名称为"昆布"。我国的海带资源十分丰富，北部地区和东南沿海地区均有大量养殖。海带中含有大量对人体健康有益的物质，每 100g 可食部分约含蛋白质 8.2g、碳水化合物 56.2g、粗纤维 9.8g、钙 1177mg、磷 216mg、铁 150mg、尼克酸 1.6mg，还含有甘露醇、海带聚糖、藻胶素、维生素 A、维生素 V、维生素 B_2 及微量元素。海带性味咸寒，具有软坚散结、利水泄热等功效。随着现代科学技术的发展，人们逐渐发现海带在医疗保健方面有更多的功能，如调节血脂、降血糖、降血压、抗凝血、抗肿瘤、抗突变和防辐射、抗病毒、增强免疫功能等。海带对儿童、妇女、老年人的保健均有重要作用。因此，充分发挥海带在膳食结构中的作用，丰富含碘食品的种类，开发大众化海带食品尤其重要。

将干海带配以紫菜、香菇等辅料，制成海带酱（图8-9）的加工工艺，有利于提高海带加工的附加值，满足市场对即食海带制品的需求。

图 8-9　海带酱

三、设备与用具

打浆机、夹层锅、黏度计、封罐机、杀菌锅等。

四、实验原料

(1) 主料：水发海带 1000g，水发紫菜 400g、水发香菇 300g。

(2) 辅料：白糖 150g、苏打粉 15g、色拉油 180g、酱油 180g、味精 25g、

白醋 25g、米酒 100g、姜片 50g、柠檬酸 5g、琼脂 5g、海藻酸钠 5g。

五、工艺流程

原料预处理 → 脱腥处理 → 打浆 → 煮制 → 调味 → 杀菌 → 成品

六、操作要点

1. 原料预处理

海带要求选用叶片厚，平直部分为褐色至黄褐色，无霉变、无海带根，海带间无粘贴，无黄白梢等的一级海带，除去头、尾、泥沙等杂质；紫菜、香菇洗干净。海带、紫菜、香菇均切成丝，待用。

2. 脱腥处理

将海带丝放入 2‰醋酸溶液中浸泡 1min，再放入沸水中热烫 90s。

3. 打浆

将海带丝放入打浆机中打浆 2～3min，加入一定量的紫菜和香菇，一起打浆 3～5min，加入少量姜片和适量水。

4. 煮制

先在锅中加入少量色拉油，待锅热时，再倒入海带、紫菜、香菇混合浆，不断翻炒，以免粘锅、烧焦，并加入适量的浸涨的琼脂。

5. 调味

待浆体将熟时，依次加入酱油、白糖，翻炒 1min 后关火。先加入适量的味精，此时温度控制在（100±1）℃，再加入适量的海藻酸钠，最后加入适量米酒、白醋或柠檬酸调味。

6. 杀菌

经装罐、排气、密封的海带酱在 100℃下，水浴杀菌 30min，冷却至室温。

七、成品鉴定

形态：呈棕褐色，酱体黏稠，无肉眼可见的外来杂质。
口感：具有海带酱产品应有的滋味，无异味。

八、思考题

海带的营养价值有哪些？

第九章　饮料工艺学实验

软饮料（soft drink 又称清凉饮料、无醇饮料），是指酒精含量低于 0.5%（质量比）的天然的或人工配制的饮料。软饮料所含酒精指溶解香精、香料、色素等用的乙醇溶剂或乳酸饮料生产过程的副产物。

软饮料的主要原料是饮用水、矿泉水、果汁、蔬菜汁或植物的根、茎、叶、花、果实的抽提液，有的含甜味剂、酸味剂、香精、香料、食用色素、乳化剂、起泡剂、稳定剂和防腐剂等食品添加剂。它的基本化学成分是水分、碳水化合物和风味物质，有些软饮料还含有维生素和矿物质。软饮料的品种很多。饮饮料按原料和加工工艺分为碳酸饮料、果汁（浆）及其饮料、蔬菜汁饮料、含乳饮料、植物蛋白质饮料、饼装饮用水饮料、茶饮料和固体饮料 8 类；按性质和饮用对象分为特殊用途饮料、保健饮料、餐桌饮料和大众饮料 4 类。世界各国通常采用第一种分类方法（但在美国、英国等国家，软饮料不包括果汁（浆）及其饮料和蔬菜饮料），具体内容如下。

（1）碳酸饮料：是将二氧化碳气体和各种不同的香、水分、糖浆、色素等混合在一起而形成的气泡式饮料，如可乐、汽水等。碳酸饮料主要成分包括碳酸水、柠檬酸等酸性物质以及白糖、香料，有些含有咖啡因。碳酸饮料不包括由发酵法自身产生二氧化碳的饮料，其成品中（20℃时容积）二氧化碳容量不低于 2 倍。碳酸饮料可分为果汁型、果味型、可乐型、低热量型及其他型。

（2）果汁（浆）及饮料：包括果汁（浆）、果汁饮料两类。果汁（浆）是用成熟适度的新鲜或冷藏水果为原料，经加工所得的果汁（浆）或混合果汁类制品。果汁饮料是在果汁（浆）制品中，加入糖液、酸味剂等配料所得的果汁饮料制品，可直接饮用或稀释后饮用。果汁（浆）及其饮料可分为原果汁、原果浆、浓缩果汁、浓缩果浆、果汁饮料、果肉饮料、果粒果汁饮料和高糖果汁饮料。

（3）蔬菜汁饮料：是一种或多种新鲜或冷藏蔬菜（包括可食的根、茎、叶、花、果实、食用菌、食用藻类及蕨类）等经榨汁、打浆或浸提等制得的制品。蔬菜汁饮料可分为蔬菜汁、混合蔬菜汁、混合果蔬汁、发酵蔬菜汁和其他蔬菜汁饮料。

（4）含乳饮料：是以鲜乳或乳制品为原料，未经发酵或经发酵后，加入水或其他辅料调制而成的液状制品。含乳饮料可分为乳饮料、乳酸饮料及乳酸菌类饮料。

（5）植物蛋白饮料：是用蛋白质含量较高的植物的果实、种子，核果类和坚果类的果仁等与水按一定比例磨碎、去渣后，加入配料制得的乳浊状液体制品。它的蛋白质含量不低于 0.5%。植物蛋白饮料可分为豆乳饮料、椰子乳（汁）饮料、杏仁乳（露）饮料和其他植物蛋白饮料。

（6）瓶装饮用水饮料：是密封在塑料瓶、玻璃瓶或其他容器中可直接饮用的水。它的原料水除允许使用臭氧外，不允许有外来添加物。瓶装饮用水饮料可分为饮用天然矿泉水和饮用纯净水。

（7）茶饮料：是将茶叶经抽提、过滤、澄清等加工工序后制得的抽提液直接灌装或加入糖、酸味剂、食用香精（或不加）、果汁（或不加）、植（谷）物抽提液（或不加）等配料调制而成的制品。茶饮料可分为茶饮料、果汁茶饮料、果味茶饮料和其他茶饮料。

（8）固体饮料：是以糖（或不加）、果汁（或不加）、植物抽提液或其他配料为原料，加工制成粉末状、颗粒状或块状的经冲溶后饮用的制品，其成品水分小于 5%。固体饮料可分为果香型固体饮料、蛋白型固体饮料和其他型固体饮料。

实验一　果汁饮料的制作

一、实验目的

（1）熟悉和掌握果汁饮料制作的工艺过程和生产操作。

（2）了解主要生产设备的性能和使用方法以及防止出现质量问题的措施。

二、产品简介

果汁饮料（图 9-1）有不同的种类，生产的工艺和使用的设备也不一样，新技术和新设备在不断地应用。果汁饮料的生产采用物理方法，如压榨、浸提、离心等，破碎果实制取汁液，再通过加糖、酸、香精、色素等混合调整后，杀菌灌装而制成。在果蔬汁饮料的生产中常出现浑浊、沉淀、变色、变味等质量问题。引起果

图 9-1　果汁饮料

汁饮料变色、变味的主要原因是酶促褐变、非酶褐变和微生物的生长繁殖。在加工过程中，可以采取加热漂烫钝化酶的活性；添加抗氧化剂、有机酸；避免与氧接触等措施和加强卫生管理、严格灭菌操作等手段，防止出现质量问题。

三、设备与用具

不锈钢锅、打浆机、榨汁机、胶体磨、脱气机、均质机、压盖机、糖度计、玻璃瓶、皇冠盖、温度计、烧杯、台秤、天平等。

四、实验原料

参考配方：原果浆 35%～40%，砂糖 13%～15%，稳定剂 0.2%～0.35%，甜味剂，酸味剂，抗氧化剂，香精、色素少量。

五、工艺流程

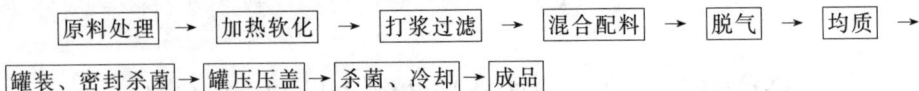

六、操作要点

1. 原料处理

采用新鲜，无霉烂、病虫害、冻伤及严重机械伤的水果，成熟度为 8～9 成。将水果以清水清洗干净，并摘除过长的果把，用小刀修除干疤、虫蛀等不合格部分，最后再用清水冲洗一遍。

2. 加热软化

将洗净的水果以 2 倍的水进行加热软化，沸水下锅，加热软化 3～8min。

3. 打浆过滤

软化后的水果趁热打浆，浆渣再以少量水打一次浆。用 60 目的筛过滤。

4. 混合配料

按产品配方加入甜味剂、酸味剂、稳定剂等，在配料罐中进行混合并搅拌均匀。

5. 空脱气

用真空脱气罐进行脱气，料液温度控制在 30～40℃，真空度为 55～65KPa。

6. 均质

均质压力为 18～20KPa，使组织状态稳定。

7. 灌装、密封

均质后的果汁经加热后，灌入事先清洗消毒好的玻璃瓶中，轧盖密封。

8. 杀菌、冷却

轧盖后马上进行加热杀菌，杀菌条件为 20～30min，100℃，杀菌后分段冷却至室温。

七、成品鉴定

色泽：具有原料果特有的色泽。

气味：具有原料果应有的香味和气味。

组织：果肉细腻并均匀地分布于液汁中。

八、思考题

1. 稳定剂的不同种类及不同添加量对成品品质有什么影响？

2. 产品的稳定性与哪些因素有关？怎样保证和提高产品的稳定性？

3. 果汁饮料的制作必须配备哪些设备？

实验二　植物蛋白饮料的制作

一、实验目的

（1）了解植物蛋白饮料的一般制作过程，理解各步骤的要点及作用。

（2）掌握影响植物蛋白饮料稳定性的主要因素。

（3）重点掌握豆腥味的产生及去腥方法。

二、产品简介

植物蛋白饮料（图9-2）是指用蛋白质含量较高的植物果实、种子，橡果类或坚果类的果仁等为原料，与水按一定比例磨碎、去渣后加入配料制得的乳浊状液体制品。成品蛋白质含量不低于0.5%。

三、设备与用具

磨浆机、胶体磨、高压均质机、高压杀菌锅、真空脱气机、离心沉淀

图9-2　植物蛋白饮料

机、电子天平、温度计、不锈钢桶、不锈钢锅、量筒、汤匙、烧杯、药匙。

四、实验原料

大豆、全脂奶粉、小苏打、白砂糖、单甘酯、香精、饮料瓶、瓶盖。

五、工艺流程

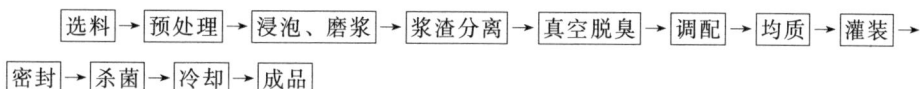

选料→预处理→浸泡、磨浆→浆渣分离→真空脱臭→调配→均质→灌装→

密封→杀菌→冷却→成品

六、操作要点

1. 浸泡、磨浆

将除杂后的大豆浸入沸腾的 1% 小苏打溶液中，大豆与小苏打溶液的比例为 1：8，迅速加热至沸腾，保持 6min，取出沥干；再用 82℃ 以上的热水冲碱洗豆。大豆洗净后加入 0.1% 小苏打溶液（>90℃）磨浆，大豆与小苏打溶液的比例为 1：8～10（纯豆奶 1：18～20），磨浆时料温不得低于 82℃。大豆与水的比例为 1～3；大豆吸水量为 1：1～1.2，即增重至 2.0～2.2 倍。

2. 浆渣分离

热浆黏度低，趁热离心分离。

3. 真空脱臭

26.6～39.9KPa；或煮沸除部分豆腥味。

4. 调配

配方（m/v%）：豆奶基料 50、白砂糖 8、全脂奶粉 5（鲜奶 30）、单甘酯 0.1，乳化剂融化后加热水（>80℃）溶解。

加料顺序：先加白砂糖、还原奶，再加稳定剂。

5. 均质

均质时温度为 75～80℃，第一次压力 20～25MPa，第二次压力为 25～35MPa。

6. 杀菌

高温杀菌 121℃，15～30min。

七、成品鉴定

形态：乳白色，无分层、沉淀现象。
气味：具有纯正乳香味。

八、思考题

1. 大豆浸泡时为什么用小苏打？
2. 均质的目的是什么？

实验三　果汁乳饮料的制作

一、实验目的

（1）了解果汁乳饮料的一般制作过程，理解配方中各组分的作用。

（2）掌握果汁乳饮料 pH 的测定方法。

（3）重点掌握影响果汁乳饮料稳定性的主要因素。

二、产品简介

含乳饮料是以鲜乳或乳制品为原料（经发酵或未经发酵），经加工制作而成的。它可以分为两类，一类为配制型（非发酵型）含乳饮料，是以鲜乳或乳制品为原料，加入水、糖液等调制而成的制品；另一类为发酵型含乳饮料，是以鲜乳或乳制品为原料，向乳酸菌类培养发酵制得的乳液中加入水、糖液等调制而成。酸乳饮料是含乳饮料的一种，也可以相应地分为配制型酸乳饮料和发酵型酸乳饮料。果汁乳饮料（图 9-3）即含有牛奶中丰富的蛋白质，脂肪乳糖、矿物质、维生素，又含有果汁中丰富的维生素及微量元素。果汁乳饮料酸甜爽口，果香自然，是一种口味宜人的健康饮品。

图 9-3　果乳饮料

三、设备与用具

手持糖量计、pH 计、温度计、轧盖机、电子天平、搅拌器、高剪切混合乳化机、不锈钢桶、不锈钢锅、量筒、烧杯、汤匙、药匙。

四、实验原料

白砂糖、脱脂乳粉、柠檬酸、柠檬酸钠、橙浓缩果汁、香精（鲜奶、橙香精）、羧甲基纤维素钠、果胶、蔗糖酯 SE（HLB15）、饮料瓶、瓶盖。

五、工艺流程

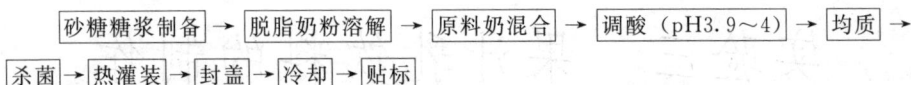

六、操作要点

1. 原料奶制备

将脱脂奶粉与 42℃的温水按照 1：6 的比例充分搅拌混匀，搅拌速度不宜过快，防止蛋白质离心沉淀，静置 2h 使其充分溶胀；砂糖糖浆制备将稳定剂与白砂糖按照 1：5 的比例混合均匀，边搅拌边加入到 70～80℃的热水中，充分分散后静置 0.5h 左右使其充分溶胀成 2‰～3‰的胶体溶液；砂糖糖浆的制备（糖度为 65）：加水时一定不要过量；刚开始煮开时注意火候及搅拌，用微火煮沸 5min，趁热过滤，取样冷却后用手持糖量计测糖度。

2. 混合

在配料容器中依次加入砂糖糖浆、还原奶、稳定剂，如果有固体用料，则须预先用水将其充分溶解。将各组分搅拌混匀，冷却至室温。橙浓缩果汁加适量水稀释并在搅拌条件下将其缓慢加入上述溶液中，充分混匀。

3. 调酸

用柠檬酸溶液（2‰～3‰）调酸至 pH3.9～4。滴酸速度不宜过快，防止出现局部酸度过高而产生蛋白质变性现象。

4. 均质

将调好酸的料液于 18±2MPa 温度 65℃～70℃下热均质两次。于 5 杀菌灌装 115℃，维持 15s 下进行一次杀菌并热灌装入 350PET（polyethylene-terephthalate，聚对苯二甲酸乙二酯）瓶，封盖，冷水冷却。

七、成品鉴定

口感：口感爽滑，果汁感强，不糊口，无水感。

气味：奶香浓郁，兼有果香。备注稳定性评定：

（1）快速判断法：在洁净的玻璃杯内壁上倒少量的饮料成品，若其形成牛乳似的均匀薄膜，则证明该饮料质量稳定。

（2）自然沉淀观察法：将饮料成品在室温下静置于水平桌面上，观察其沉淀产生的时间，沉淀产生得越早，证明该饮料越不稳定。

八、思考题

砂糖糖浆的制备需要注意什么？

实验四　淀粉糖浆的制作

一、实验目的

（1）了解双酶法制作淀粉糖浆的基本原理。

（2）掌握双酶法制作淀粉糖浆的实验方法。

二、产品简介

淀粉糖浆（图9-4）是淀粉水解后的产物，为无色、透明、黏稠的液体。糖浆的成分主要是葡萄糖、麦芽糖、低聚糖、糊精等。本实验通过双酶法制备淀粉糖浆，首先以 α-淀粉酶使淀粉降解成小分子糊精，然后再用糖化酶将糊精、低聚糖中的 $\alpha-1,6$ 糖苷键和 $\alpha-1,4$ 糖苷键切断，最终得到淀粉糖浆。

图9-4　淀粉糖浆

三、设备与用具

大烧杯、搅拌器、水浴锅、真空浓缩机等。

四、实验原料

淀粉200g、碳酸钠、α-淀粉酶、糖化酶、活性炭。

五、工艺流程

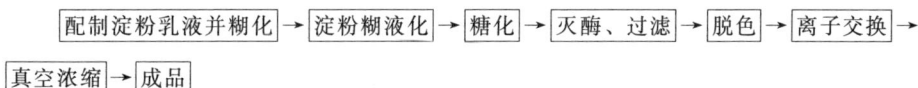

配制淀粉乳液并糊化 → 淀粉糊液化 → 糖化 → 灭酶、过滤 → 脱色 → 离子交换 → 真空浓缩 → 成品

六、操作要点

1. 配制淀粉乳液并糊化

取 200g 淀粉置于 2L 的大烧杯中，加入 1000mL 水搅拌均匀，配制成淀粉乳，于 85~100℃下用搅拌机搅拌糊化。

2. 淀粉糊液化

将淀粉置于 85℃的水浴锅中，加入碳酸钠调 pH 至 6.2 左右，加入液化型 α-淀粉酶，不断搅拌使其液化，液化 30min。

3. 糖化

将淀粉糊化液冷却至 55~60℃，加入碳酸钠调 pH 至 4.5 左右，加入糖化酶，然后进行搅拌，保温糖化 5h。

4. 灭酶、过滤

升温至 100℃保持 5min 灭酶活，然后进入净化工序，过滤除去淀粉糖化液中的不溶性杂质。

5. 脱色

向糖化液中加入一定量的活性炭，控制糖化液温度为 80℃左右，搅拌 0.5h 进行抽滤，利用活性炭的吸附作用脱色。

6. 离子交换

进行离子交换处理以进一步除去糖化液中的水溶性杂质。

7. 真空浓缩

经真空浓缩得到浓度较高的淀粉糖浆。

七、成品鉴定

成品呈无色或微黄色，清亮、透明、黏稠的液体，无可见杂质，甜味纯正、温和，无不良气味。

八、思考题

1. 脱色的原理是什么?
2. 灭酶活为什么要控制时间?

实验五　蛋乳发酵饮料的制作

一、实验目的

熟练掌握蛋乳发酵饮料的制作方法与技术。

二、产品简介

蛋乳发酵饮料（图9-5）是以新鲜鸡蛋和牛乳为原料，经乳酸菌发酵而成的一种新型饮料。蛋乳发酵饮料采用了营养价值较高的蛋、乳为主要原料，并且采用了乳酸菌发酵工艺，从而使其含有丰富的营养成分，其B族维生素的含量较所用原料还要高，而且易被人体消化吸收。蛋乳发酵饮料具有治疗胃肠道疾病的功效，因此，是一种高营养功能性食品。

图9-5　蛋乳发酵饮料

三、设备与用具

电子天平、精密pH剂、恒温培养箱、离心机、红外测温仪等。

四、实验原料

全蛋液6.5%～7.0%、脱脂奶粉1.5%、鲜牛乳25%～30%、稳定剂0.3%、发酵剂3%、白糖8.0%、水50%及培养基所需材料等。

五、工艺流程

料1：鲜蛋→去壳→加水搅拌→杀菌→冷却

料2：奶粉→溶解（或鲜奶）→加糖浆→均质→杀菌→冷却

料1、料2混匀→调pH→过滤→接种（乳酸菌工作发酵剂）→分装→发酵→冷却→成品

六、操作要点

1. 菌种的选择

可用于蛋乳发酵饮料生产的乳酸菌种类较多，如嗜热链球菌、乳酸链球菌、保加利亚乳杆菌等。目前应用最多的是保加利亚乳杆菌和嗜热链球菌且多为混合使用，其原因在于这两种菌的特性较为近似，其混合比例大体上为1∶1，接种量为 2.5%～3%。嗜热链球菌最适生长温度为 40～45℃，保加利亚乳杆菌最适生长温度为 40～45℃；耐盐均为 2%，嗜热链球菌产酸为0.8%～1%，保加利亚乳杆菌者产酸为 1.5%～2%。这两种菌在发酵时有良好的配合性，且产品风味较好。

2. 培养基制备

在发酵剂制备前，须先制备培养基，应制备的培养基有脱脂牛乳培养基和蛋白胨葡萄糖培养基。

（1）脱脂牛乳培养基制备。取鲜牛乳 1000mL，盛于三角烧瓶内，放入阿诺流动蒸汽灭菌器内加热 30min，冷却后放入冰箱内。1 周后，乳脂上浮，取出下面的牛乳便是脱脂乳。将脱脂乳分装于试管或小三角烧瓶内，高压灭菌备用；或用离心法进行脱脂后，杀菌备用。

（2）蛋白胨葡萄糖培养基制备。所需成分是蛋白胨 10g、葡萄糖 10g、酵母膏 30g、氯化钠 50g、蒸馏水 1000mL。制法是将上述成分混合搅匀，加热助溶，调节 pH 至 2±0.1，分装，于 121℃高压下，灭菌 15min，取出备用。

为了使培养物适应在鸡蛋液中生长繁殖，在培养基内加入适量无菌鸡蛋液。

3. 发酵剂制备

用无菌吸管吸收适量纯培养物，接种于脱脂牛乳培养基或蛋白胨葡萄糖培养基内，37℃培养 18h 左右。取该培养物反复接种 2～3 次，使发酵菌保持一定的活力，然后用于调制发酵剂。

4. 工作发酵剂制备

取发酵剂接种于脱脂牛乳培养基或蛋白胨葡萄糖培养基内，接种量为培养基的 1%～2%。充分搅拌均匀，放入所需温度下进行培养，达到长菌旺盛，取出放入冰箱内备用。

乳酸菌发酵剂的质量必须符合下列要求（以脱脂牛乳培养基为准）。

（1）凝乳块应有适当的硬度、均匀而细滑、富有弹性，表面无变色、龟裂，不产生气泡及乳清分离等现象。

（2）具有优良的酸味和风味，不得有苦味、腐败味、酵母味等异味。

（3）凝块完全，粉碎后质地均匀、细致滑润，不含块状物。

（4）按上述方法培养后，在规定时间内产生凝固，无延时现象，活力测检（滋味、酸度、挥发酸、感官）符合规定指标。

5. 加工技术要点

（1）蛋液的用量及处理加工

蛋乳发酵饮料可用全蛋液，也可用蛋白液或蛋黄液，但目前多用全蛋液。蛋液的用量对产品的风味、组织状态、色泽等均有重要影响。若蛋液用量过多，则会使产品浓稠、腻口；若蛋液用量过少，则显不出蛋品的风味。有试验结果表明，加入 6.5%～7% 的蛋液所制得的产品风味、组织状态、色泽均较好。

在将蛋液与其他配料混合前，要对蛋液做如下处理：将鲜鸡蛋清洗消毒后去壳，对蛋液进行充分搅拌，使其均匀，加入适量水混匀，再加热至 65～70℃，保持 20～30min 杀菌。蛋液灭菌温度不宜低于 50℃，否则不能杀灭细菌，特别是沙门氏菌等致病菌，但也不能高于 70℃，否则会使蛋液中的蛋白质变性凝固。

蛋液中的蛋白质的热稳定性相对较差，过度受热会变性凝固。因此，为了确保杀菌效果，又不致使蛋白质变性凝固而影响产品质量，可以利用糖、乳品对蛋白质的保护作用（即增加蛋液中的蛋白质的抗变性和凝固性）。先将蛋液与处理好的乳品混合液充分混合，然后再进行杀菌操作。

（2）乳品的用量及处理

蛋乳发酵饮料的生产可用鲜牛乳，也可用脱脂乳、炼乳、乳粉等。添加一定量乳品不但有利于乳酸菌生长繁殖，而且可以增强蛋液的抗凝固性，改善产品的风味和营养价值。乳品加入量因乳品品种及蛋液的不同而异。一般用蛋白液时，乳品加入量要少些；用蛋黄液时，乳品加入量可多些。鲜牛乳加入量可控制在 10%～50%，脱脂乳粉添加量为 30%～50%。但不论用何种乳品，均不宜超过 50%，否则会使产品失去蛋的风味，也会影响产品的色泽及组织状态。有试验结果表明，以加 25%～30% 的鲜牛乳和 1.5% 的脱脂乳粉配合，效果较好。

乳品混合液的制备方法是取 1.5% 的脱脂乳粉与 1/2 的白砂糖混匀，加入适量水溶解成乳糖液。首先将 25% 的脱脂乳加热至 50℃，然后将乳糖液和 CMC 加到脱脂乳中，不断搅拌，使其均匀；再在温度 50℃，14.7～19.6MPa 压力下均质；最后将乳品混合液加热至 90℃，保持 10min 杀菌，冷却至 70℃ 备用。

（3）白砂糖与稳定剂的用量及处理

糖的用量不但对产品的风味和口感具有重要影响，而且加糖可增强蛋液的抗凝固性。可用的糖有蔗糖、葡萄糖和乳糖，但目前多用白砂糖（即蔗糖）。糖的用量一般在 5%～10%。有试验结果表明，以添加 8% 左右的白砂糖较好。加糖量若超过 10％，则产品显得过甜，若少于 5％，则甜味不足。

为了防止饮料中蛋白质颗粒沉降，影响产品的稳定性，可添加适量稳定剂（如 CMC）。因为稳定剂本身是一种亲水性高分子化合物，可形成保护胶体，防止凝胶沉淀。稳定剂的用量为 0.3％。

为了增强稳定剂的作用，可将酸性 CMC 与部分白砂糖配成 CMC 糖浆使用。CMC 糖浆的配制方法：取 0.3％酸性 CMC 与 1/2 白砂糖干搅均匀，再加入 60～70℃的热水中溶解即可。

6. 酸的用量及 pH

酸的用量对产品风味、稳定性及发酵有着重要影响。在饮料加工中，最常用的酸是柠檬酸，也可以用盐酸。酸的用量一般根据要求的 pH 而定，蛋乳发酵饮料中含有对酸不太稳定的蛋白质。蛋液的主要蛋白质卵白蛋白的等电点是 4.5～4.8，乳品中的主要蛋白质酪蛋白的等电点为 4.6，而球菌的最适 pH 为 6.5，杆菌在 pH 为 5.5 时发育最旺盛，同时考虑在发酵过程中会产生乳酸，故可将混合液的 pH 调至 6.5～7。在调整 pH 时，先将柠檬酸加水配成 10％的溶液，再滴加或喷洒到混合液中，边加边搅拌。添加酸液时不可过快、过集中，以防止引起蛋白质变性凝固。

7. 过滤

当混合液调配好并调整了 pH 后，还需要对其进行过滤，其目的在于除去混合液中的杂质及杀菌、调整 pH 过程中所形成的凝固物（在加热及 pH 变化时，可能有部分蛋白质变性凝固），以保证产品纯洁。

8. 接种发酵

接种即将发酵剂加入过滤后的混合液中。将过滤后的混合液温度控制在 45℃左右，加入混合液量 3％左右的发酵剂，搅拌均匀。然后在 40℃左右条件下进行发酵。发酵时间因发酵温度高低、配料及所用菌种等的不同而有所差异，但总的要求是使发酵液的 pH 降至 4 左右。实验证明，按上述情况，在 40～50℃的温度下，发酵 3h 左右，再冷却至 4℃，发酵液的 pH 可降至 3.8～4。

关于接种后的工序有多种情况。有的是接种后进行分装、加盖、密封，然后进行发酵，发酵后冷却即为成品；而有的是接种后不分装进行发酵，再加入糖、稳定剂、香精等，搅拌均匀后再进行分装、加盖、密封，然后进行杀菌（杀菌条件与前述蛋液杀菌相似），冷却后即为成品。

七、成品鉴定

成品内容物分布均匀，口感细腻，无蛋腥味，甜度适中。

八、思考题

蛋乳发酵饮料的制作难点主要有哪些？

第十章　高新技术在
食品加工中的应用

食品工业是国民经济的重要支柱之一，是保障国家粮食和食物安全的基础，同时也是承载着国民营养健康的民生产业。随着当前全球一体化、自然资源短缺与环境压力、国际金融危机和人们对食品营养质量与安全的广泛关注。食品工业将面临巨大的挑战，高新技术在食品工业中的应用可以有效提高食品资源利用率和增值加工程度，实现食品工业的可持续发展，满足人民群众日益增长的物质生活需求。

实验一　臭氧杀菌技术

一、实验目的

（1）学习臭氧化水产生装置的使用、浓度的控制。

（2）了解臭氧处理果蔬后延长货架期的效果和不适宜浓度对果蔬的伤害作用等。

二、产品简介

臭氧的化学分子式为 O_3，即三原子形式的氧。它在常温、常压下为无色，是带有特殊臭味的气体，具有强氧化作用，在水中的氧化还原电位为 2.07V，仅次于氟（2.87V），氧化能力高于氯（1.36V）和二氧化氯（1.5V）。臭氧在常温、常压下分子结构极不稳定，很快自行分解成氧气和单个氧原子，后者具有很强的活性，对病原菌有极强的氧化作用，可抑制其生长繁殖或将其杀死，多余的氧原子则会自行重新结合成为普通氧原子。因此，利用臭氧杀菌技术不存在任何有毒残留物，故称无污染消毒技术。臭氧杀菌技术的操作方法为：先利用臭氧发生器产生一定浓度的臭氧化水（或臭氧化空气），再利用臭氧化水浸泡处理一定时间进行杀菌或臭氧化空气密闭处理一定时间进行杀菌。臭氧不但对多种细菌和病毒（包括肝炎病毒、大肠杆菌、铜绿假单胞菌等）有极强的杀灭能力，而且对霉菌也有良好的杀灭效果。一般认为臭氧杀菌的基本原理有以下几个方面：

（1）氧化分解细菌内部氧化葡萄糖所必需的葡萄糖氧化酶。

（2）直接与细菌、病毒发生作用，破坏其细胞器和核糖核酸，分解 DNA、RNA、蛋白质、脂质类和多糖等大分子聚合物，使细菌的新陈代谢受到破坏，导致细菌死亡。

（3）渗透细胞膜组织，侵入细胞膜内作用于外膜脂蛋白和内部的脂多糖，使细胞发生通透畸变，导致细胞溶解死亡。

本实验采用臭氧化水浸泡处理果品和蔬菜。

三、设备现用具

高浓度臭氧水发生装置（采用氧气源、臭氧产量大于 10g/h，水中臭氧浓度不小于 5mg/L，如 TCA - 20 高浓度臭氧水发生装置）、高浓度臭氧水在线分析仪（一般分析测量，精度为 5%；高精度研究测量，精度为 1%）、打孔 PE（Polyethylene，聚乙烯）包装袋、显微镜、塑料容器等。

四、实验原料

植物性或动物性原料，以新鲜黄瓜和葡萄作为蔬菜和水果的代表。

五、工艺流程

六、操作要点

1. 材料挑选

选取成熟度一致、大小均一、无病虫伤害和无机械伤的果蔬。

2. 臭氧水浓度的制备

可通过先制备高浓度，随时间推移逐步得到所需要浓度的方式。

3. 打孔 PE 包装袋

用 PE 包装袋包装的目的是减少臭氧水处理后的试材在观察期间的水分散失，便于效果观察；在包装袋上打孔且采用免口方式的目的是尽量排除包装的简易气调作用。

七、实验结果

1. 处理条件的确定

得出臭氧化水处理供实验的果品和蔬菜的实用参数，即臭氧化水的浓度、浸泡时间、水温的最佳组合。

2. 处理效果的确定

与对照浸水组相比，臭氧化水处理对产品的外观、病害发生情况、货架寿命、果蔬表面带菌量的影响。

八、思考题

1. 为什么臭氧处理要综合考虑浓度与时间的综合效应？

2. 臭氧化水处理参数不适宜的后果是什么？

实验二 超临界流体萃取技术

一、实验目的

掌握利用超临界流体萃取技术分离提取某种成分，如风味物质、色素的提取等。

二、产品简介

超临界流体萃取是一种新型的萃取分离技术。任何物质都具有气、液、固三态，对一般物质而言，当液相和气相在常压下呈平衡状态时，两相的物理性质，如黏度、密度等差别很大；而在较高的压力下时，这种差别逐渐缩小；当达到某一温度与压力时，两相之间的差别消失，合并成一相，此状态点称为临界点。临界点的温度与压力分别称为临界温度与临界压力，当温度和压力略超过临界点时，其流体的性质介于液体和气体之间，称为超临界流体。该技术利用流体（二氧化碳溶剂）在临界点附近某一区域（超临界区）内，与待分离混合物中的溶质，具有异常相平衡行为和传递性能，它具有对溶质溶解能力随温度和压力改变而在相当宽的范围内变动这一特性，从而达到溶质的分离。它可以从多种液态或固态混合物中萃取出待分离的组分。

超临界流体的密度与压力和温度有关。因此，在进行超临界流体萃取操作时，通过改变体系的温度和压力，改变流体密度，进而改变萃取物在流体中的溶解度，以达到萃取和分离的目的。在各种可作为超临界流体物质中，二氧化碳的临界温度为 31.1℃，接近室温，临界压力为 7.24MPa；溶解力强；挥发性强；无毒、无残留，安全，不会造成环境污染；价格便宜，纯度高；性质稳定，避免产物氧化；节能。因此对保护热敏性和活性物质十分有利，更适于作为天然物质的萃取剂。

通常，超临界流体萃取系统主要由 4 部分组成：①溶剂压缩机（即高压泵）；②萃取器；③温度压力控制系统；④分离器和吸收器。

本实验将利用超临界流体萃取技术从干姜中萃取姜油。

三、设备与用具

干燥箱、粉碎机、天平、分析筛等；钢瓶装二氧化碳气体：纯度 99.5％以上（食品级）；国产超临界萃取设备。

四、实验原料

市售鲜姜 5kg。

五、工艺流程

鲜姜预处理 → 过筛 → 二氧化碳钢瓶 → 冷凝器 → 高压器 → 加热器 → 萃取罐 → 过滤 → 减压 → 分离罐（二氧化碳循环）→ 姜油

六、操作要点

1. 鲜姜预处理

鲜姜清洗后，去皮、切成 2～3mm 的薄片，在干燥箱内 45～50℃低温烘干，粉碎至 20 目左右备用。

2. 萃取分离

称取 0.5kg 的干姜粉，加入萃取罐中，通入二氧化碳提高萃取压力到预定试验值，加热升温并保持在设定温度，用一定流量的超临界二氧化碳流体连续萃取。溶于二氧化碳流体的油脂流入分离罐，经降温降压。二氧化碳在分离釜中重新汽化，并且循环压缩、冷却为二氧化碳流体使用。姜油从分离罐底部取出。

七、实验结果

1. 萃取条件的确定

萃取压力为 25MPa、萃取温度为 50℃、萃取时间为 2h 时的萃取率较高。

2. 产品质量指标

先将萃取物（姜油）称重计算萃取率，再做进一步分析。超临界二氧化碳萃取的姜油为棕黄色、油状液体，具有姜的天然香气和辛辣味；折射率（20℃）为 1.495～1.499；密度（25℃）为 0.86～0.91g/cm³；微生物及重金属检查应符合国家标准。

八、思考题

1. 干姜为什么要粉碎到一定的细度？

2. 除了萃取压力、温度和时间，还有哪些因素影响姜油的萃取率？

实验三　微胶囊造粒技术

一、实验目的

（1）了解微胶囊造粒技术的基本知识，掌握常用的一种包埋方法。

（2）熟练掌握离心喷雾干燥的操作原理。

二、产品简介

微胶囊造粒技术是将固体、液体或气体物质包埋、封存在一种微胶囊内，成为一种固体微粒产品的技术。这样能够保护被包裹的物质，使之与外界隔绝，最大限度地保持其原有的色、香、味、性能和生物活性，防止营养物质的破坏和损失。

本实验将采用离心喷雾（微胶囊包埋）技术制作粉末油脂。

三、设备与用具

均质机、离心喷雾干燥设备、电热恒温水浴箱、搅拌器、台秤、天平、扫描电子显微镜等。

四、实验原料

芝麻油、乳化剂（亲水亲油平衡值：4～6）、包埋剂（麦芽糊精、变性淀粉、羧甲基纤维素钠等）。

五、工艺流程

原料混合 → 乳化原液的制备 → 均质 → 喷雾干燥 → 包装

六、操作要点

1. 乳化原液的制备

先将包埋剂加水，搅拌、水浴加热溶解；芝麻油与乳化剂混合，稍加热；搅拌溶解后倒入包埋剂溶液中，搅拌制成乳化原液，温度控制在 45～55℃。

2. 均质

将乳化原液倒入均质机中，进行两次均质。第一次均质压力控制在 15～25MPa；第二次均质压力控制在 30～40MPa。经均质后，得到均匀稳定的 O/W 型乳化液。

3. 喷雾干燥（微胶囊包埋）

开始操作时，先开启电加热器，并检查是否正常，如正常即可运转，预热干燥器；预热期间关闭干燥器顶部用于喷雾转盘的孔口及出料口，以防冷空气漏进，影响预热；当干燥器内温度达到预定要求时，开动喷雾转盘，待转速稳定后，开始进料进行喷雾干燥；根据设定的工艺条件，通过电源调节和控制所需的进风温度、出风温度、进料速度，将乳化液送入离心喷雾干燥机内，进行脱水干燥。进风温度控制在 130～140℃，出风温度控制在 60～75℃。

喷雾完毕后，先停止进料再开动排风机出粉，停机后打开干燥器，用刷子扫刷室壁上的粉末，关闭干燥器再次开动排风机出粉；必要时对设备进行清洗和烘干。

五、实验结果

1. 膜表面结构的观察

取少量粉末芝麻油样品，用扫描电子显微镜进行观察。胶囊颗粒表面光滑，有凹陷。喷雾造粒不可能均匀一致，因此其颗粒大小不同。

2. 产品评价

感官指标：颜色为淡黄色；具有芝麻油正常的香味，无异味；入口有滑感。

溶解性：热水冲泡就能很快溶解。

乳化性：无油滴上浮，无分层结膜现象，冲调后呈均匀的乳状液，乳状液稳定性好。

吸潮性：不易吸潮。

卫生指标：应符合国家标准。

八、思考题

1. 试分析离心喷雾干燥时，进料速度对产品的影响。

2. 在离心喷雾干燥微胶囊的过程中，所有的油脂是否都被包埋了，为什么？

实验四　真空冷冻干燥技术

一、实验目的

了解真空冷冻干燥的基本知识及设备的操作过程。

二、产品简介

水有 3 种相态，即固态、液态和气态，3 种相态之间既可以相互转换又可以共存。真空冷冻干燥是把新鲜的食品，如蔬菜、肉类、水产品等预先快速冻结，并在真空状态下，将食品中的水分从固态升华成气态，再解吸干燥除去部分结合水，从而达到低温脱水干燥的过程。冻干食品不仅保持了食品的色、香、味、形，还最大限度地保存了食品中的维生素、蛋白质等营养成分。冻干食品具有良好的复水性，食用时只要将该食品加水即可在几分钟内复原。

真空冷冻干燥设备通常由干燥室、制冷系统、真空系统、加热系统和控制系统组成。

本实验将利用真空冷冻干燥技术对香蕉片进行冻干。

三、设备与用具

速冻设备（−38℃以下）、真空冷冻干燥机、真空包装机、包装袋、台秤与天平等。

四、实验原料

市售成熟的香蕉 10kg。

五、工艺流程

前处理 → 速冻 → 真空脱水干燥 → 后处理

六、操作要点

1. 前处理

将新鲜成熟的香蕉切成厚 4～5mm 的片状，称重后放在托盘中（单层铺放）。冻干食品的原料若按其组织形态来分，则可分为固态食品和液态食品。固态食品原料的前处理过程包括选料、清洗、切分、烫漂和装盘等。液态食品原料的成分和浓度各不相同，若将它们直接干燥成粉末，耗能太大，一般采取真空低温浓缩或冷冻浓缩的方法进行前处理。前处理的目的是清除杂物，使原料易升华干燥。在此过程中避免加热过度，无论是蒸煮还是浸渍，都要按工艺要求加工，只有把前处理做好，才有可能生产出高品质的冻干食品。

2. 速冻

将装好的香蕉片速冻，温度在 −35℃ 左右，时间约 2h。冻结终了温度约 −30℃，使物料的中心温度在共晶点以下（溶质和水都冻结的状态被称为共晶体，冻结温度被称为共晶点）。

速冻的目的是将食品内的水分固化，并使冻干后食品与冻干前食品具有相同的形态，以防止在升华过程中抽真空而使其发生浓缩、起泡、收缩等不良现象。一般来说，冻结得越快，食品中结晶越小，对细胞的机械损坏作用也越小。冻结时间短，蛋白质在凝聚和浓缩作用下，不会发生变质。

3. 真空脱水干燥

真空脱水干燥包括升华干燥和解析干燥两个阶段。

（1）升华干燥。冻结后的食品须迅速进行真空升华干燥。食品在真空条件下吸热，冰晶就会升华成水蒸气而从食品表面逸出。升华过程是从食品表面开始逐渐向内推移的过程，在升华过程中，由于热量不断被升华热带走，要及时供给升华热能，来维持升华温度不变。当食品内部的冰晶全部升华完毕时，升华过程便完成。首先，将冷库预冷至 −35℃，打开干燥仓门，装入预冻好的香蕉片并关上仓门，启动真空机进行抽真空，当真空度达到 30～60Pa 时进行加热，这时冻结好的香蕉片开始升华干燥。加热不能太快或过量，否则香蕉片温度过高，超过共熔点，冰晶融化，会影响质量。所以，在该过程中料温应控制在 20～25℃ 之间，时间为 3～5h。

（2）解吸干燥。升华干燥后，香蕉片中仍含有少部分的结合水，较牢固。所以必须提高温度，才能使其达到冻干食品所要求的水分含量。料温由 −20℃ 升到 45℃ 左右，当料温与板层温度趋于一致时，干燥过程即可结束。

真空脱水干燥时间为 8～9h。此时水分含量减至 3% 左右，停止加热，破坏真空，出仓。如此干燥的香蕉片能在 80～90s 内用水或牛奶等复原，复原后仍具有类似于新鲜香蕉的质地、口味等。

4. 后处理

当仓内真空度恢复至接近大气压时打开仓门，开始出仓，立即对已干燥的香蕉片进行检查、称重、包装等。

冻干食品的包装是很关键的。由于冷冻食品保持坚硬，外逸的水分逸出留出孔道，冻干食品组织呈多孔状，与氧气接触的机会增加，为防止其吸收大气水分和氧气可采用真空包装或充氮包装。为保持干制食品含水在5%以下，包装内应放入干燥剂以吸附微量水分。包装材料以密闭性好、强度高、颜色深的为好。

5. 实验设计

在真空冷冻过程中，影响因素有很多，如物料厚度、预冻温度和升华真空度等条件，可进行多因素多水平的实验设计，通过实验结果确定最佳工艺参数。

七、实验结果

1. 食品的脱水率

冻干食品的脱水率的计算公式为

$$冻干食品的脱水率 = (W_1 - W_2)/W_1 \times 100$$

式中，W_1 表示冻干前的质量，单位为 g；W_2 表示冻干后的质量，单位为 g。

2. 产品评价

感官指标：外观形状饱满（不塌陷）；断面呈多孔海绵样疏松状；保持了原有的色泽；具有浓郁的芳香气味，复水较快，复水后芳香气味更浓。

卫生指标：应符合国家标准。

八、思考题

1. 加热升华时是不是温度越低越好？为什么？

2. 冻干食品与传统干燥食品相比有哪些优点？

实验五　膜分离技术

一、实验目的

（1）了解膜分离技术的应用。

（2）掌握超滤设备的原理和基本操作。

二、产品简介

膜分离技术是近几十年迅速发展起来的一类新型分离技术。膜分离技术是用天然或人工合成的高分子薄膜，以外界能量或化学位差为推动力，对双组分或多组分的溶质与溶剂进行分离、分级、提纯和富集的方法。膜分离技术具有无相态变化、设备简单、分离效率高、占地面积小、操作方便、能耗少、适应性强等优点。它主要包括超滤、微滤、纳滤、反渗透、电渗析等方法。本实验将采用超滤技术处理茶汁，故下文只介绍超滤的相关内容。

超滤（Ultrafiltration，UF）是介于微滤和纳滤之间的一种膜分离技术，是指应用孔径为 1～20nm（或更大）的超滤膜来过滤含有大分子或微粒粒子的溶液，使大分子或微粒粒子从溶液中分离的过程。它是一种以膜两侧的压力差为推动力，利用膜孔在常温下对溶液进行分离的膜技术，所用静压差一般为 0.1～0.5MPa，料液的渗透压一般很小，可忽略不计。超滤膜一般为非对称膜，要求具有选择性的表皮层，其作用是控制孔的大小和形状。超滤膜对大分子的分离主要是筛分作用。超滤膜已发展了数代，第一代为醋酸纤维素膜；第二代为聚合物膜，如聚砜、聚丙烯膜、聚丙烯腈膜、聚醋酸乙烯膜、聚酰亚胺膜等，其性能优于第一代膜，应用较广；第三代为陶瓷膜，强度较高。超滤膜的膜组件型式为片型、管型、中空纤维型及螺旋型等。

三、设备与用具

超滤设备、200 目滤布、台秤、天平、容器、烧杯等。

四、实验原料

市售茶叶 5kg。

五、工艺流程

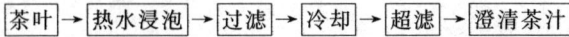

茶叶 → 热水浸泡 → 过滤 → 冷却 → 超滤 → 澄清茶汁

六、操作要点

1. 茶汁的制备

根据实验用量，配置浓度为 2% 的茶汁。先称取一定重量的茶叶放入容器中，加入开水浸泡，保持温度在 85～95℃，时间约 30min。然后用 200 目滤布过滤，冷却后备用。

2. 超滤膜的选择

在茶饮料的生产过程中，由于技术原因，茶制品存放一段时间后呈浑浊状态，出现絮状物，俗称"冷后浑"。经研究发现，"冷后浑"现象与茶叶中所含的咖啡碱、多酚类物质及高分子量蛋白质、多糖、果胶等物质有关。超滤法是在保证茶饮料原有风味的前提下，保持茶饮料良好的澄清状态。可选用截留分子质量为 7 万～10 万的超滤膜，使茶叶中的蛋白质、果胶、淀粉等大分子物质得以分离，从而获得低黏度、澄清、稳定的茶饮料。

3. 操作压力的确定

在采用超滤技术过滤时，随着时间的延长，超滤膜内所截的大分子和胶体物质增多，阻碍了超滤膜的通量。此时，不能用提高操作压力的措施加快通量，否则，在较强的压力差的作用下，超滤膜会破裂。虽茶汁通量增加，但滤液质量会受很大影响。一般采用 0.3～0.35MPa 的操作压力效果较好。

七、实验结果

感官指标：具有原有的茶色，茶香较浓，清澈透明，无沉淀。
卫生指标：应符合国家标准。

八、思考题

1. 超滤是否会使茶叶中的风味物质如茶多酚、咖啡碱损失，为什么？
2. 超滤膜的清洗和保养方法有哪些？

实验六　超微粉碎技术

一、实验目的

（1）了解超微粉碎的形式和超微粉碎产品的特点。

（2）掌握超微粉碎设备的操作。

二、产品简介

超微粉碎一般是指将 3mm 以上的物料颗粒粉碎至 $10\sim25\mu m$ 以下的过程。颗粒的微细化导致其表面积和孔隙率增加，超微粉体具有独特的物理化学性能，微细化的食品具有很强的表面吸附力和亲和力。因此，具有很好的固香性、分散性和溶解性，特别容易消化吸收。

本实验将采用超微粉碎技术处理茶叶。

三、设备与用具

干燥箱、粉碎机、分析筛（40～400 目）、超微粉碎机等。

四、实验原料

市售茶叶 5kg。

五、工艺流程

茶叶的干燥 → 粗粉碎 → 过筛 → 超微粉碎 → 筛分 → 茶粉

六、操作要点

1. 茶叶的干燥

称取一定量的茶叶，放入干燥箱内干燥，温度在 50℃ 左右，干燥一定时间，使茶叶有脆性，便于粉碎。

2. 粗粉碎

将干燥完毕的茶叶进行粗粉碎，以获得微粒，从而有利于超微粉碎。

3. 过筛

将粗粉碎后的茶粒用 40 目标准筛过筛。

4. 超微粉碎

将过筛后的茶粒加入超微粉碎机内，开机、粉碎。

5. 筛分

超微粉碎完毕后，使茶粒过 400 目筛达到一定标准，再用标准筛进行筛分，以获得不同目数的产品。

七、实验结果

1. 产品的得率

分别计算不同目数的产品得率。

2. 产品评价

感官指标：超微粉碎茶粉具有原有的茶色，茶香较浓，口感细腻。

卫生指标：应符合国家标准。

八、思考题

不同目数的产品的溶解性、颜色、口感有何不同？

实验七　冷杀菌技术

一、实验目的

（1）掌握冷杀菌技术的分类。

（2）掌握超高压杀菌技术的操作方法。

二、产品简介

食品工业采用的杀菌方法主要有热杀菌和冷杀菌两大类。传统热杀菌虽可杀死微生物、钝化酶活力、改善食品品质和特性，但同时也造成了食品营养与风味成分的很大损失，特别是食品热敏性成分。与传统热杀菌比较，冷杀菌是指在常温或小幅度升温的条件下进行杀菌，不仅能杀灭食品中的微生物，并且能较好地保持食品固有的营养成分、质构、色泽和新鲜度，符合消费者对食品营养和原味的要求。

冷杀菌技术可以分为物理杀菌和化学杀菌。物理杀菌方法主要有超高压杀菌、高压脉冲电场杀菌、高压脉冲磁场杀菌、脉冲强光杀菌、超声波杀菌、辐照杀菌、紫外线杀菌等；化学杀菌方法主要有臭氧杀菌、高压二氧化碳杀菌、二氧化氯杀菌、生物杀菌等。

本实验将利用超高压杀菌技术对哈密瓜汁进行冷杀菌处理。

三、设备与用具

600MPa 超高压装置一套、HL - 60 榨汁机、胶体磨、均质机、超净工作台、pH38 型酸度计、糖度计。

四、实验原料

植物性或动物性原料（以哈密瓜为例）。

五、工艺流程

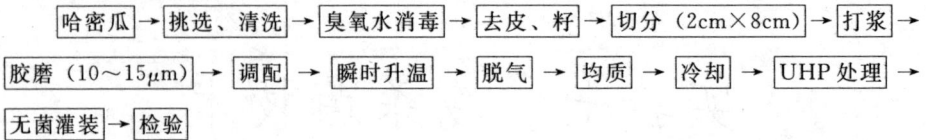

哈密瓜→挑选、清洗→臭氧水消毒→去皮、籽→切分（2cm×8cm）→打浆→胶磨（10～15μm）→调配→瞬时升温→脱气→均质→冷却→UHP处理→无菌灌装→检验

六、操作要点

1. 原料挑选

哈密瓜要求 8～9 成熟，糖度大于 12°Brix，香气浓郁，肉色橘红，可利用率为 70% 以上，无腐败变质。

2. 原料初菌数的控制

最大限度地控制并减少食品原料中的初菌数有助于提高超高压杀菌的效果和效率，延长食品的保质期。原料初菌数主要受原料种植、采后处理，以及在车间生产线上的挑选、清洗消毒、去皮、切分、打浆、贮料温度等加工环节和因素的影响。新鲜哈密瓜用臭氧水清洗消毒后可将原料的初菌数控制在 10000cf/mL 左右。切分、破碎的温度控制在 15～18℃，果汁待料时间小于 30min，这样可降低哈密瓜榨汁后微生物的繁殖速度。

3. 脱气、均质和冷却

哈密瓜经过打浆、胶磨后会产生大量空气泡沫，采用瞬时升温 60～65℃、450～470kPa 脱气，除去空气泡沫，避免超高压处理过程中压缩的高浓度氧对哈密瓜香气成分造成氧化破坏。40MPa 压力均质后可保持产品组织状态的均一性。冷却的目的是降低哈密瓜汁在超高压处理过程的温度，减轻加热对哈密瓜汁香气的破坏。

4. 样品超高压处理

将经过冷却的哈密瓜汁装到 100mL 的复合袋中热封口，设计超高压处理条件。高压条件设计为 400MPa 和 500MPa，处理时间设计为 5min、10min、15min 和 20min。超高压设备有效体积为 3L，升压速度为 100MPa/min，解压时间为 12s，腔内油温为 20～22℃。

5. 包装材料和贮藏条件

超高压杀菌时根据物料特点和设备条件可将食品包装后杀菌或杀菌后再包装。若采用将食品包装后杀菌的方式，则要求包材有一定的柔韧性和可变形性，生产中一般采用复合软包装袋。若采用杀菌后再包装的方式，则包材只要适合食品无菌包装的要求即可。例如，饮料可使用利乐包、铝箔无菌袋、PET 瓶、玻璃瓶等。

一般超高压处理不能使微生物、酶完全死亡和失活。因此，超高压食品贮藏、运输、销售的条件要比传统热杀菌的食品要严格得多。超高压食品需冷链系统的支持才可保持食品优良的品质和商业无菌的状态。实验结果表明，在2～8℃的冷藏条件下可使超高压处理后的哈密瓜汁中残存的微生物的活力限定到最低程度，而对食品的品质没有影响。

七、实验结果

1. 超高压条件的确定

超高压压力为400MPa、处理时间为20min时，哈密瓜汁的果味浓郁、杀菌效果好。

2. 产品评价

经过超高压处理的哈密瓜汁外观为黄色或绿黄色的透明的液体，具有哈密瓜的天然香气和柔和的清鲜气味，符合饮料食品的卫生安全要求。

八、思考题

1. 超高压杀菌是否压力越高、时间越长杀菌效果越好？

2. 冷杀菌技术的优缺点有哪些？

实验八　冷冻粉碎技术

一、实验目的

（1）了解冷冻粉碎技术的基本知识。

（2）掌握冷冻粉碎技术的工艺流程。

二、产品简介

冷冻粉碎技术是利用物料在低温状态下的低温脆性，即物料随温度的降低，其硬度和脆性增加，而塑性和韧性降低，在一定温度下用一个很小的力就能将其粉碎。物料的低温脆性与玻璃化转变现象密切相关。首先使物料低温冷冻到玻璃化转变温度或脆化温度以下，然后用粉碎机将其粉碎。

在金属材料中，除面心立方体晶格的金属外，其余金属材料都明显存在低温脆性。其表现为随着温度降低，机械与物理性质发生变化，如抗拉强度与硬度增高，塑性与韧性降低，体积也发生变化。因此，在脆点温度以下，可以用一个较小的冲击力使其破碎。

一般非金属材料，随着温度降低，其抗拉强度、硬度和压缩强度增高，冲击韧性和延伸率降低，即呈现脆性。大部分非金属材料在低温下具有独自的脆化点或玻璃化转移点，但并非所有的非金属材料都有明显的脆点温度。

冷冻粉碎原理如图 10-1 所示：随着温度降低，曲线 C 不像曲线 A 或 B 那样呈明显的脆性转变，其冲击韧性均匀降低。因此，这种性质的材料没有明显的脆点温度，但随着温度下降材料变脆、易于粉碎这一规律与曲线 A、B 一致。一般食品、水产品的低温特性与曲线 C 类似。在食品产品中，快速降温会造成内部各部位不均匀地收缩而产生内应力，在内应力的作用下，物料内部薄弱部位微裂纹，并导致内部的结合力降低。在外部较小作用力下就能使内部裂纹迅速扩大而破碎。快速冻结使食品原料降低了黏性、弹性、变脆，从而容易粉碎。

冷冻粉碎中目前常用的制冷方法有两种：制冷剂制冷和空气膨胀制冷。

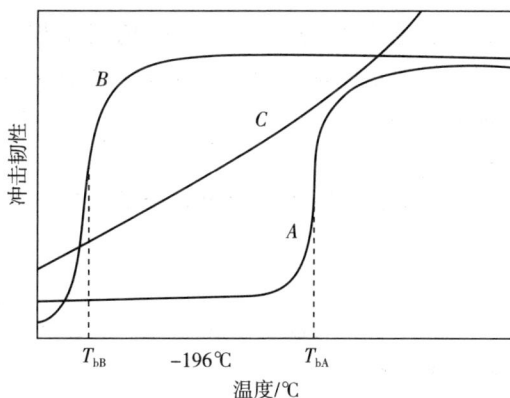

图 10-1　冷冻粉碎原理

常用制冷剂有二氧化碳、液氮和冰。二氧化碳制冷剂升华点为—75℃，不能贮于密闭容器中，运输损耗大，大量使用可使大气中缺氧，对人产生危害；液氮的沸点为—196℃，容易达到—100℃以下，几乎所有的易挥发性有害物（氢除外）都能被冷冻，液氮具有惰性，即使是剧烈粉碎，也能防止物料被氧化，液氮可直接输入粉碎机内，减少预冷时间，简化装置。空气膨胀制冷的原料为空气，其来源广、无环境污染、制冷效果好且成本低。

通常，冷冻粉碎机是一整套机械设备的组合，根据加工工艺的需要，它除粉碎机外，还有粉碎物的回收装置及粉碎过程气体导入保护设备等。冷冻粉碎机一般由贮料预冷仓、螺旋推进器、低温粉碎机、低温鼓风机、旋风分离器、粉尘过滤器及电控柜组成。

本实验将利用冷冻粉碎技术生产蔬菜粉。

三、设备与用具

振荡筛或离心机、冷冻粉碎机、天平等。

四、实验质料

常温下易褐变的蔬菜或水果（以山芋为例）。

五、工艺流程

选料、清洗、切片 → 护色、漂烫 → 冷淋、沥水 → 速冻、粉碎 → 包装、贮藏

六、操作要点

1. 选料、清洗、切片

选取新鲜山芋，用流动的水清洗干净。去皮后切成厚度为 2mm 的薄片。

2. 护色、漂烫

将山芋片立即放入护色液中进行护色，护色液由柠檬酸 0.5%、食盐 1.5%组成。在 95～100℃的水中预煮 2min，以减弱酶活力并排除组织中的氧气，从而抑制褐变的发生。

3. 冷淋、沥水

漂烫后，将山芋片迅速放入冷水中冷淋，降低温度，然后用振荡筛或离心机脱水。

4. 速冻、粉碎

将山芋片置于−35～−30℃的温度下冻结 15min 后，放进冷冻粉碎机在低温状态下将冻菜粉碎成粉末。

5. 包装、贮藏

称量与包装在−5℃的环境中进行。包装材料须进行预冷和紫外线杀菌。成品在−25～−18℃的冷库中贮藏即可。

七、实验结果

1. 冷冻粉碎条件的确定

在冷冻粉碎设备一定的条件下（即冷冻粉碎机的转速和冷源一定的条件下），需要确定冷冻粉碎温度和成品的粉碎细度（粒度）。

2. 产品

将粉碎后的山芋称重并测量粒度。冷冻粉碎后的山芋应颗粒细小均一，具有山芋的颜色、香气和口感，微生物及理化指标应符合相关国家标准。

八、思考题

1. 为什么说蔬菜水果采用冷冻粉碎更好？
2. 影响冷冻粉碎后的蔬菜水果品质的因素有哪些？

实验九　微波加热技术

一、实验目的

能够利用微波加热技术干燥果蔬原料或解冻肉制品等。

二、产品简介

微波与无线电波、红外线、可见光等属于电磁波，它们之间的区别在于频率不同，频率是电磁波每秒振动的次数，每秒振动 1 次称为 1 周，每秒振动 100 万次称为 1 兆周。通常所说的微波指的是频率在 300 兆周到 3000 千兆周之间的超高频率的电磁波。频率低于 300 兆周的电磁波是通常的无线电波（包括长波、中波、短波），高于 3000 千兆周的电磁波依次属于红外线、可见光等。可见它们本质上是同一种物质（电磁波），只是由于频率相差很多，量变引起质变，才各自表现出不同的性质，具有不同的用途。

微波加热规定了若干专用频率，这样一方面是为了所用器件装置的规格化，便于配套互换；另一方面是为了避免使用更多的频率，以免对雷达和微波通讯产生干扰。目前，世界上比较多的国家采用微波加热专用波段，其中最常用的是 915 兆周和 2450 兆周两个波段，这两个波段也是目前我国常用的。

微波管是产生微波的电子管，微波加热所用的微波管主要有两种。一种叫磁控管，其主要特点是：能给出中等功率（几十到几千瓦），最高可达 30kW，高效率（50%～80%），所需电压较低（几百到几千伏），中等寿命（约 2000h），结构简单，体积和重量较小，价格较低。另一种叫多腔速调管，其主要特点是：大功率（从几千瓦到兆瓦级），中等效率（约 40%～60%），需要电压（约几十到几百千伏），长寿命（10 000h 以上），结构较复杂，体积和重量都大，价格较高。此外还有正交场放大管等。目前，一般中等功率微波加热大量使用的是磁控管。

微波加热的原理基于微波与物质分子相互作用被吸收而产生的热效应。一般物质按其性质大致可分为两类：第一类是可以导电的导体，如银、铜、铝等金属都是良导体，微波在良导体的表面产生全反射而极少被吸收，所以一般不能用微波来加热；第二类是不导电的介质，如玻璃、陶瓷、石英、云母及某些塑料等都是良好的介质，微波在其表面产生部分反射，其余部分透入介质内部继续传播而很少被吸收，所以这些良好的介质也不能用微波加热。此外还有一些吸收性介质，微波在其中传播时会显著地被吸收而产生热，这就是热效应。各种介质对微波的吸收各有不同，水能强烈地吸收微波，所以含水物质都是吸收性介质，都可以用微波来加热。

本实验以苹果为原料，利用微波加热技术生产苹果片。

三、设备与用具

微波炉、切片机、天平。

四、实验原料

果蔬或冷冻肉制品原料（以苹果为例）。

五、工艺流程

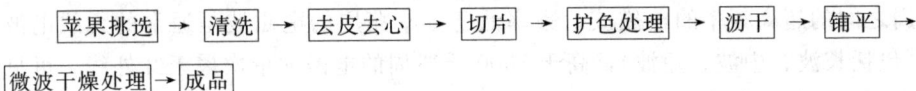

苹果挑选 → 清洗 → 去皮去心 → 切片 → 护色处理 → 沥干 → 铺平 → 微波干燥处理 → 成品

六、操作要点

1. 苹果预处理

用清水将苹果表面冲洗干净，去除表面的泥沙及杂质，去皮、去核后，切成半圆形薄片，再进行护色处理。护色处理的具体操作如下：将切好的苹果片放入护色液中浸泡，护色液是由质量分数为 0.5％柠檬酸、0.2％亚硫酸氢钠、0.4％氯化钙、0.5％无水氯化钠所配置而成的水溶液，浸泡时间为 0.5h。苹果片护色处理后，将其捞出，反复冲洗干净，然后沥干苹果片表面的水。

2. 微波干燥

称取一定质量的苹果片，单层、均匀平铺于微波炉转盘内，采用不同微波功率进行干燥（含水率均以干基含水率计），定时记录样品质量，记录干燥过程。

3. 含水量的计算

含水量与干燥速率的计算公式为

$$含水量 = (M_0 - M_g) / M_0 \times 100\%$$

$$干燥速率 = \Delta m / \Delta t$$

式中，M_g 为干物质量；M_0 为物料初始质量；Δm 为相邻两次测量的失水质量；Δt 为相邻两次测量的时间间隔。

七、实验结果

1. 萃取条件的确定

如微波的功率、干燥的时间等。

2. 产品质量指标

将得到的产品进行理化指标分析，是否符合国家标准。

八、问题讨论

1. 苹果片为什么要进行护色处理？

2. 影响产品干燥速率及质量的有哪些因素？

实验十　辐射杀菌技术

一、实验目的

（1）掌握辐射杀菌的机理。

（2）了解辐射杀菌设备的结构及操作方法。

二、产品简介

辐射杀菌的机理是利用穿透力很强的 γ 射线（如 60Co 或 137Cs）或电子束杀死食品表面和内部的寄生虫和致病菌，达到提高食品的卫生质量和延长保质期的目的。辐射杀菌目前已被广泛应用于保健食品、药用食品、蜂制品、熟食制品、豆制品、蔬菜和中成药等的杀菌和保鲜中。在辐射杀菌中应用最多的是利用 60Co 产生的 γ 射线。60Co 产生的 γ 射线有很强的穿透能力，一方面，高能 γ 射线能直接作用于生物体内部的活性分子，使核酸、蛋白质等产生电离和激发，引起这些生物大分子结构与功能的破坏；另一方面，γ 射线也能使细胞内的水分子发生电离和激发，产生各种活性自由基团，进而与生物大分子发生作用，使其结构和功能发生改变，表现出辐射对机体的间接作用。当这种作用达到一定程度时，会引起机体代谢功能紊乱，细胞不能正常生长繁殖，从而达到杀菌的目的。

本实验将对即食菜肴进行辐射杀菌。

三、设备与用具

真空包装机、聚乙烯复合薄膜真空包装袋 60Co 辐照源、恒温培养箱、冰箱、硫酸亚铁剂量计（Fricke）、重铬酸银计量计。

四、实验原料

酱羊肉。

五、工艺流程

真空包装 → 辐射杀菌 → 冷藏 → 成品

六、操作要点

1. 真空包装

酱羊肉制作完成并冷却后装袋，真空密封。包装材料为聚乙烯复合薄膜真空包装袋。每袋样品为 200~250g。辐照前在冰箱内 0~5℃预冷。

2. 辐射杀菌

预冷的酱羊肉用 60Co 辐照源辐照，用塑料泡沫盒保持辐照温度为0~5℃。

3. 冷藏

辐照样品置于冰箱内 0~5℃贮藏。

七、思考题

1. 辐射杀菌的机理是什么？

2. 影响辐射杀菌效果的因素有哪些？

3. 辐射杀菌有哪几种剂量，其应用范围是什么？

实验十一　喷雾干燥技术

一、实验目的

(1) 了解喷雾干燥设备的使用流程和结构。

(2) 了解喷雾干燥设备的系统组成及离心雾化原理。

(3) 熟悉和掌握喷雾干燥设备的操作过程。

(4) 分析热风温度、进料速度、物料含水量等因素对干燥效果的影响。

二、产品简介

喷雾干燥是液体工艺成形和干燥工业中最广泛应用的干燥方式之一。喷雾干燥技术的工作原理是通过机械力的作用，采用雾化器将物料喷成雾滴分散在热气体（热空气、氮气或过热蒸汽，常用热空气）中，物料与热气体呈并流、逆流或混流的方式互相接触，使水分迅速蒸发，从而获得产品的一种干燥方法。空气经过滤和加热，进入干燥器顶部的空气分配器，热空气呈螺旋状均匀地进入干燥室。同时借着压力或离心力的作用，将料液通过（雾化器）喷成极细小的雾状液滴，以增加其表面积，加速水分蒸发速率。雾状液滴与热空气接触，水分便在瞬间被蒸发除去，使料液的微细雾滴变为干粉。在离心力的作用下，粉粒随同热空气被引入旋风分离器内并被分离，最后收集于旋风分离器下料口处的集粉瓶内。

雾滴干燥时，经历了恒速第一干燥阶段和降速第二干燥阶段。雾滴与空气接触，热量由空气经过雾滴四周的界面层即饱和蒸汽膜传递给雾滴，使雾滴中的水分汽化，水分通过界面层进入到空气中，因而这是热量和质量传递同时发生的过程。此外，雾滴离开雾化器时的速度要比周围空气的速度大得多，因此，二者之间还存在动量传递。雾滴的表面温度相当于空气的湿球温度。在第一阶段雾滴有足够的水分可以补充表面水分损失。只要从雾滴内部扩散到表面的水分可以充分保持表面润湿状态，蒸发就以恒速进行。当雾滴的水分达到临界点以后，雾滴表面形成干壳，干壳的厚度随着时间而增大，蒸发速度也逐渐降低，直到完成干燥为止。

喷雾干燥系统在工业上的应用有多种形式，但其基本组成包括：空气加热系统（包括空气过滤器、鼓风机、空气加热器、热风分配器等）；雾化系统（包括料液贮存器、过滤器、供料装置、雾化器等）；干燥室（立式或卧式干燥塔）；产品收集系统［包括出粉器、贮粉装置、产品冷却装置、产品粒度筛分（分级）装置等］；废气排放及微粉回收系统（包括捕粉装置、排风装置等）；系统控制装置及废热回收装置。

三、设备与用具

分析天平、离心式喷雾干燥机。

四、实验原料

新鲜牛奶、淀粉或奶粉等。

五、工艺流程

喷雾干燥机预热 → 称取、调配原料 → 喷雾干燥—检验干燥效果 → 报告结果

六、操作要点

1. 设备检测

熟悉压缩机、鼓风机、测试仪表的使用，启动抽风机（离心机），检查排风系统有无漏气。

2. 配制液体物料

将牛奶浓缩至干物质含量为 45%～50%，并保持料液温度为 50℃左右（或将奶粉溶解成干物质贮量为 45%～50%，并保持料液温度为 50℃左右）。另取该物料 10～20g，用称量衡重方法测定物料的湿含量，计算出料液浓度。

3. 喷雾干燥机预热

接通电源，为喷雾干燥塔预热（在预热期间注意将干燥器顶部孔口和旋风分离器下料口堵塞，防止冷空气漏进而影响预热效果）。

4. 进料

将物料倒入进料装置，缓慢进料。

5. 喷雾干燥

开启空气压缩机，驱动离心式喷雾干燥机。开启料液控制阀，均匀滴加料液至雾化器，和压缩空气混合喷射进入干燥室雾化，与热空气接触进行干燥。此时从观察罩处可观察料液的雾化状况，并读取其流出干燥器时的温度。

6. 产品收集

开启风机，利用物料分离器收集粉料。开启干物料控制阀，收集干燥产

品，与此同时，应取 10～20g 产品样，用称量衡重法测出产品含湿量。

7. 关闭设备

关闭电加热器、风机、压缩机和总电源。卸下离心式喷雾干燥机，清洗、晾干，以专用木箱保管。

备注：

干燥流程：料液由料液槽，经过滤器由料泵送到雾化器，被分散成无数细小雾滴。作为干燥介质的空气经空气过滤器由风机经加热器加热，送到干燥塔内。热空气经过空气分布器均匀地与雾化器喷出的雾滴相遇，经过热质交换，雾滴迅速被干燥成产品进入塔底。已被降温增湿的空气经旋风分离器等回收夹带的细微产品粒子后，由排风机排入大气中。

七、实验结果

1. 喷雾干燥条件的确定

调节进料量、进风强度、进风量，测量成品水分含量、排风温度、排风湿度、微粒大小，并计算出总干燥强度、空气消耗量等参数。

2. 产品质量指标

(1) 对干燥粉料进行感官评价，分析其干燥效果。

(2) 考查产品的溶解性。

八、思考题

1. 影响喷雾干燥速率的因素有哪些？

2. 物料在干燥室内干燥相当长的时间后能否得到绝干物料？

3. 如何提高喷雾干燥的热利用率？

实验十二　气调保鲜技术

一、实验目的

（1）掌握气调保鲜袋的一般规格和制作方式。

（2）学会气调保鲜袋内气体成分的测定分析，观察不同果蔬对气调贮藏的反应。

二、产品简介

气调保鲜是指在低温贮藏的基础上，通过人为改变环境中的气体成分来达到对肉、果蔬等贮藏物保鲜贮藏目的的一项技术。换句话说，气调保鲜就是在保持适宜低温的同时，降低贮藏或包装环境中氧的含量，适当改变二氧化碳和氮气的组成比例。

选择一定厚度的塑料包装材料，根据需要制成一定规格的塑料包装袋，作为调节气体的微环境。将进行气调保鲜的鲜活农产品装入塑料袋内，并放置在适宜的低温环境中，通过产品的呼吸作用，包装袋内产生低氧气高二氧化碳的气调环境，这是自发气调贮藏，也是许多果蔬气调保鲜的主要方式。

水果蔬菜在收获后仍具有生命力，其生命活动所需能量是通过呼吸作用分解生长期积累的营养物质来获得的。因此，果蔬保鲜的实质是降低果蔬呼吸作用以减少营养物质的消耗。通过减少环境中呼吸作用所必需的氧气含量，可以显著地抑制呼吸强度，推迟跃变型果蔬呼吸高峰的出现；适当提高二氧化碳浓度可延缓果实硬度的降低和叶绿素的减少，从而保持果蔬良好的质地，以及绿色蔬菜和果品的绿色。对多数果蔬而言，采用气调保鲜技术可使其在较长的贮藏期内较好地保持果蔬原有质地、风味和营养。

在肉制品特别是肉的腌制品、腊制品、熏制品的贮藏中，不饱和脂肪酸的氧化和霉菌污染造成的腐败、变质，是肉制品保藏期内需要解决的主要问题。通过适当的包装，降低包装容器中氧气的含量，适当增加二氧化碳的含量，可明显抑制过氧化脂的生成，防止霉菌的生长，达到保鲜防腐的效果。

三、设备与用具

高频热和机，氧气、二氧化碳测定仪，果实硬度计（或质构仪），0.025mm 聚乙烯吹塑膜（规格为 65cm×65cm），0.05mm 聚氯乙烯吹塑膜（规格为 120cm×70cm），塑料扎口绳。

四、实验原料

鲜活农产品选取刚采收的果品和蔬菜。果品为富士苹果、皇冠梨；蔬菜为蒜薹和青椒（甜椒）。

五、工艺流程

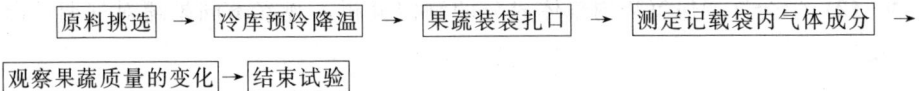

原料挑选 → 冷库预冷降温 → 果蔬装袋扎口 → 测定记载袋内气体成分 → 观察果蔬质量的变化 → 结束试验

六、操作要点

1. 原料挑选

选取成熟度一致，大小均一，无病虫伤害和机械伤的果蔬。

2. 冷库预冷降温

所有的实验果蔬在扎口进入气调状态前，必须认真预冷，使产品温度（品温）和贮藏温度尽量相近后，方可扎口封袋，这是防止袋内结水或结露的关键步骤。

3. 果蔬装袋扎口

取气样测定时，要抖动袋子，使所取的气样具备良好的代表性。取气结束后，用透明胶带将针孔粘合。

4. 测定袋内气体成分

实验所用果蔬的生产性参考贮藏期限为：富士苹果 6～7 个月、黄冠梨 4 个月、蒜薹 9～10 个月、青椒 1.5 个月、气体成分不适宜，特别是二氧化碳浓度高时，富士苹果和黄冠梨容易产生果肉褐变；青椒对高二氧化碳比较敏感；蒜薹对二氧化碳忍耐性较强，但是要根据测气情况，开袋放风。

七、实验结果

(1) 不同果蔬在贮藏条件下包装袋内气体成分的变化规律（变化曲线）。

(2) 气调果蔬与对照果蔬在贮藏期和贮藏质量上有哪些主要区别？

(3) 塑料包装袋内有无异味、果皮和果肉伤害等气体不适宜伤害现象。

八、思考题

1. 简易气调贮藏和正规气调贮藏的最大区别是什么？
2. 气调过程中，氧气、二氧化碳的相互作用效果如何？
3. 怎样避免低氧和高二氧化碳的伤害？

第十一章　乳制品工艺学实验

一、乳制品的定义

乳制品也被称为奶油制品，是指使用牛乳或羊乳及其加工制品为主要原料，加入或不加入适量的维生素、矿物质和其他辅料，符合法律法规及标准规定所要求的条件，经加工制成的各种食品。

二、乳制品的种类

乳制品包括液体乳类（巴氏杀菌乳、酸乳、灭菌乳等）、乳粉类（乳粉、配方乳粉等）、炼乳类、乳脂肪类、干酪类、乳冰淇淋类、其他乳制品类（干酪素、乳清粉、复原乳、发酵乳、地方特色乳制品等）。

1. 液体乳类

（1）巴氏杀菌乳：以生鲜牛（羊）乳为原料，经过巴氏杀菌处理制成的液体产品。经巴氏杀菌后，生鲜乳中的蛋白质及大部分维生素基本无损，但是没有100％地杀死所有微生物，所以杀菌乳不能常温储存，须低温冷藏储存，保质期为2～15天。

（2）酸乳：以生鲜牛（羊）乳或复原乳为主要原料，添加或不添加辅料，使用保加利亚乳杆菌、嗜热链球菌等菌种发酵制成的产品。酸乳按照所用原料的不同，分为纯酸牛乳、调味酸牛乳、果料酸牛乳；按照脂肪含量的不同，分为全脂、部分脱脂、脱脂等品种。

（3）灭菌乳：以生鲜牛（羊）乳或复原乳为主要原料，添加或不添加辅料，经灭菌制成的液体产品。由于生鲜乳中的微生物全部被杀死，灭菌乳不须冷藏，常温下保质期为1～8个月。

2. 乳粉类

（1）乳粉：以生鲜牛（羊）乳为主要原料，添加或不添加辅料，经杀菌、浓缩、喷雾干燥制成的粉状产品。乳粉按照脂肪含量、营养素含量、添加辅料的区别，分为全脂乳粉、低脂乳粉、脱脂乳粉、全脂加糖乳粉、调味乳粉和配方乳粉。

（2）配方乳粉：针对不同人群的营养需要，以生鲜牛（羊）乳或乳粉为主要原料，去除其中的某些营养物质或强化某些营养物质（也可能二者兼而有之），经加工干燥而成的粉状产品。配方乳粉包括婴儿、老年及其他特殊人群需要的乳粉。

3. 炼乳类

炼乳类是指以生鲜牛（羊）乳或复原乳为主要原料，添加或不添加辅料，经杀菌、浓缩，制成的黏稠态产品。炼乳类按照添加或不添加辅料，分为全脂淡炼乳、全脂加糖炼乳、调味/调制炼乳、配方炼乳。

4. 乳脂肪类

乳脂肪类是指以生鲜牛（羊）乳为原料，用离心分离法分出脂肪，此脂肪成分经杀菌、发酵或不发酵等加工过程，制成的黏稠状或质地柔软的固态产品。乳脂肪类按照脂肪含料不同，分为稀奶油、奶油、无水奶油。

5. 干酪类

干酪类是指以生鲜牛（羊）乳或脱脂乳、稀奶油为原料，经杀菌、添加发酵剂和凝乳酶，使蛋白质凝固，排出乳清，制成的固态产品。

6. 其他乳制品类

其他乳制品类主要包括干酪素、乳清粉、复原乳、发酵乳、地方特色乳制品等。

（1）干酪素：以脱脂牛（羊）乳为原料，用酶或盐酸、乳酸使所含酪蛋白凝固，然后将凝块过滤、洗涤、脱水、干燥而制成的产品。

（2）乳清粉：以生产干酪、干酪素的副产品——乳清为原料，经杀菌、脱盐或不脱盐、浓缩、干燥制成的粉状产品。

（3）复原乳：又称还原乳或还原奶，是指以乳粉为主要原料，添加适量水制成的与原乳中水、固体物比例相当的乳液。

（4）发酵乳：以生乳为原料，添加乳酸菌，经发酵制成的饮料或食品，大多尚未经过调味。发酵乳又称优酪乳，固体状的又称优格。发酵乳中所含的乳酸菌有很多种，其中有一些能在人体肠道中生长繁殖，具有整肠作用，有一些则不能在人体肠道中繁殖。但整体而言，发酵乳中所含蛋白质、矿物质（尤其是钙）、维生素更为丰富。

（5）地方特色乳制品：以特种生鲜乳（如水牛乳、牦牛乳、羊乳、马乳、驴乳、骆驼乳等）为原料，经加工制成的各种乳制品，或具有地方特点的乳制品（如奶皮子、奶豆腐、乳饼、乳扇等）。

实验一　干酪的制作

一、实验目的

了解和熟悉干酪的制作工艺、操作过程和加工原理。

二、产品简介

干酪（图 11-1）是指以乳、稀奶油、脱脂乳或部分脱脂乳、酪乳或这些原料的混合物为原料，经凝乳酶或其他凝乳剂凝乳，并排除部分乳清而制成的新鲜或经发酵成熟的产品。

三、设备与用具

干酪槽、压榨机、干酪切刀、医用纱布、干酪模、温度计、干酪耙、压板、筛子、一次性 PE 手套、pH 试纸等。

图 11-1　干酪

四、实验原料

凝乳酶（按说明书配制）、氯化钙、鲜牛乳、干酪发酵剂、硝酸盐、色素。

五、工艺流程

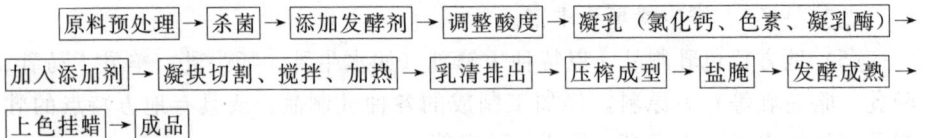

原料预处理 → 杀菌 → 添加发酵剂 → 调整酸度 → 凝乳（氯化钙、色素、凝乳酶）→ 加入添加剂 → 凝块切割、搅拌、加热 → 乳清排出 → 压榨成型 → 盐腌 → 发酵成熟 → 上色挂蜡 → 成品

六、操作要点

1. 原料预处理

牛乳在贮存过程中其矿物质和乳蛋白会发生变化（钙以磷酸钙的形式沉

淀，酪蛋白胶束上的 β-酪蛋白分离），故在 4℃ 以下贮存或热击。（热击是指温度为 65℃，时间为 15s 的低温短时间加热方法。）

2. 杀菌

杀菌的目的是消灭乳中的致病菌和有害菌，并破坏有害酶类，使干酪质量稳定。杀菌质量的高低，直接影响产品质量。如果杀菌温度过高，时间过长，则受热变性的蛋白质增多，用凝乳酶凝固时，凝块松软，且收缩作用变弱，往往形成水分过多的干酪。杀菌方法多采用温度为 63℃，时间为 30min 的保温杀菌或温度为 71～75℃，时间为 15s 的高温短时杀菌（high temperature short time pasteurization，HTST）。

3. 添加发酵剂

添加发酵剂，使乳糖分解产生乳酸来保藏干酪，以及使发酵菌对乳蛋白和乳脂肪的分解成熟。将杀菌乳冷却到 30℃ 左右，倒入干酪槽中，添加 1%～2% 的工业发酵剂（一般用乳油链球菌和乳酸链球菌的混合发酵剂）。在加入之前，发酵剂本身应充分搅拌，必须没有小凝结块。经过 1h 发酵后，其酸度达 20～24°T 时即可。发酵时应根据原料的情况、发酵时间、干酪达到酸度和水分来反复试验，以确定较合适的发酵剂用量。

4. 加入添加剂

为了抑制原料乳中的杂菌，提高加工过程中凝块的质量，需要向生产干酪的原料中加入下列几种添加剂。

（1）硝酸盐。干酪原料乳中含有丁酸菌或产气菌时，就会产生异常发酵。这时可以使用硝酸盐（硝酸钠或硝酸钾）来抑制这些细菌，但其用量应参照原料乳的成分和生产工艺等精确计算，不宜过多使用硝酸盐。若过多地使用硝酸盐，则将抑制发酵剂中细菌的生长，可能影响干酪的成熟。通常最大的允许添加量为每 100kg 原料乳中加入 20g 硝酸盐。

（2）色素。牛乳的色泽随季节和所喂饲料而异，羊乳则因缺乏胡萝卜素，使干酪颜色发白。为使成品色泽一致，也就是使牛乳干酪或羊乳干酪均带微黄色，须在原料乳中加入适量色素。所用色素及用量：通常用安那胥（胭脂橙）有碳酸钠抽出液或粉末；用量随季节、市场需要而定，通常为每 1000kg 原料乳加入 30～60g 浸出液。加入方法：首先将色素用 6 倍灭菌水稀释，然后将其加入杀菌后的原料中，充分搅拌，混合均匀。

（3）凝乳酶

牛乳的凝结是干酪制造工艺中最重要的环节，一般使用皱胃酶或胃酶或胃蛋白酶来凝结，而以皱胃酶制作的干酪品质优良。凝乳酶的用量应在使用前测定其效价后再决定，一般 1 份皱胃酶在 30～35℃ 温度下，可凝结 10 000～15 000 份的牛奶。凝结过程取决于温度、酸度、效价和钙离子浓度。

确定凝乳酶的量后，保持温度 35℃ 以下，经 30～40min 后，将牛乳凝结成半固体状态，凝结稍软，表面平滑无气孔。

5. 凝块切割、搅拌、加热

当凝块达到一定硬度后（约经 30min），首先用专门的干酪刀或不锈钢丝将其纵、横切割成 7～10mm 的立方体小块。然后进行轻微的搅拌，使凝块粒悬浮在乳清中，使乳清分离。加热可使凝块粒稍微收缩，有利于乳清从凝块中排出。开始加热要缓和，逐渐提高温度，一般每分钟提高 1～2℃，直到槽内温度为 32～36℃ 为止。在加热时应不断搅拌，以防凝块粒沉淀。经加热后的凝块体积缩小为原来的一半。当加热温度提高和切割较细时，可加速乳清的排出而使干酪制品含水量降低。若加热过快，则会使凝块表面结成硬膜，使凝块粒内外硬度不一致而影响乳清排出，从而降低干酪品质。

6. 乳清排出

当干酪粒已收缩到适当硬度时，即可排出乳清。此时乳清酸度达到 0.12％ 左右。排放时防止凝块损失。若酸度未达到而过早排出乳清，则会影响干酪的成熟；若酸度过高，则产品过硬，带有酸味。

7. 压榨成型

将排出乳清后的干酪凝块均匀地放在压榨槽中，用压板或干酪压榨机把凝块粒压成饼状凝块，使乳清进一步排出。再将凝块分成相等大小的小块，装入专门模具，用压榨机械压制成型。必须防止空气混入干酪中。加压的温度为 10～15℃，时间为 6～10min。

8. 盐腌

盐腌可改善干酪风味、硬化凝块和增强防腐。盐腌方法有干盐法和湿盐法。干盐法是把粉碎的盐撒在干酪表面，通过干酪的水分将盐溶液而渗透到内部去的方法。湿盐法是将成型的干酪浸泡在 22％ 浓度的食盐水中，时间为 3～4 天，盐水温度为 8～10℃，最终使干酪中食盐含量达 1％～2％ 的方法。（为了防止各种微生物的生长繁殖，可将盐水煮沸和加防腐作用的添加剂。）

9. 发酵成熟

盐渍后的干酪在一定温度和湿度下经发酵成熟，才能使干酪具有独特风味，组织状态细腻均匀。干酪发酵成熟的要求是贮存温度为 10～15℃，相对湿度为 65％～80％，软质干酪达 90％。一般软质干酪的成熟时间为 1～4 个月，而硬质干酪的成熟时间为 6～8 个月。降低成熟温度，会延长所需要的成熟时间，但产品风味较好。

10. 上色挂蜡

为了防止水分的损失、外界的污染、霉菌的生长和良好的外形等，应对成熟后的干酪进行包装。硬质干酪通常涂挂有色素的石蜡，如我国生产的荷兰硬质干酪就是用红色石蜡涂色制成的；而半硬干酪和软质干酪常用塑料薄膜包装，再装入纸盒或铝箔中。

七、成品鉴定

形态：呈半固体，具有淡淡的黄色或奶白色。

口感：奶香气浓郁，味道鲜美。

组织：细腻松软，组织均匀。

八、思考题

1. 干酪制作过程中的预发酵有何作用？

2. 干酪的凝乳机理与酸奶的凝乳机理有何不同？

3. 影响凝乳酶凝乳的因素有哪些？

实验二　乳粉的制作

一、实验目的

（1）掌握原料乳和乳粉质量检验的方法。

（2）掌握各种乳粉的配方设计原则以及乳粉的制作方法和加工工艺。

（3）了解在浓缩、喷雾干燥时，工艺参数对制品品质的影响。

二、产品简介

乳粉（图 11 - 2）的制作过程：空气经过滤和加热，进入干燥器顶部空气分配器，热空气呈螺旋状均匀地进入干燥室；料液经塔体顶部的高速离心雾化器，（旋转）喷雾成极细微的雾状液珠，与热空气并流接触，在极短的时间内即可干燥为成品。成品连续地由干燥塔底部和旋风分离器中输出，废气由风机排出。

图 11 - 2　乳粉

三、设备与用具

喷雾干燥器、浓缩设备。

四、实验原料

牛奶 10kg。

五、工艺流程

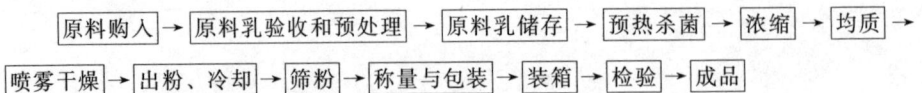

原料购入 → 原料乳验收和预处理 → 原料乳储存 → 预热杀菌 → 浓缩 → 均质 → 喷雾干燥 → 出粉、冷却 → 筛粉 → 称量与包装 → 装箱 → 检验 → 成品

六、操作要点

1. 原料购入

（1）选择合格的供应商，确定原料来源。

（2）收奶站或牧场原料乳的贮存温度应保持在 4℃ 以下，在 24h 以内使用专用奶槽保温车运往工厂。

2. 原料乳验收和预处理

（1）原料乳必须新鲜，不能混有异常乳。

（2）工厂收奶员从奶车上准确采样须进行一系列检测，检测合格后方可收入。例如，牛奶比重应为 1.028～1.032（20℃），酸度不超过 20°T，含脂率不低于 3.1%，乳固体含量不低于 11.5%，杂菌数不超过 20 万个/毫升。检测合格后的原料乳要进行过滤和净化等处理。

3. 原料乳储存

经检测合格的原料乳迅速冷却至 4℃ 后收入奶缸储存，储存温度保持在 3～5℃。

4. 预热杀菌

预热杀菌目的是杀死原料乳中的微生物和破坏酶的活性。一般采用高温短时杀菌法，或超高温瞬时杀菌法。若使用片式或管式杀菌器，则通常采用的杀菌条件为温度 80～85℃，保持 30s，或温度为 95℃，保持 24s；若用超高温瞬时杀菌装置，则杀菌条件为温度 120～150℃，保持 1～2s。

5. 浓缩

原料乳经杀菌后，应立即进行真空浓缩，一般浓缩至原料乳体积的 1/4 左右。浓缩设备：一般小型乳品厂多用单效真空浓缩锅，较大型的乳品厂则都用双效或三效真空蒸发器，也有采用片式真空蒸发器的。浓缩结束后，将浓缩乳进行过滤，一般采用双联过滤器。

6. 均质

使物料在 13～200MPa 的压力下进行均质。

7. 喷雾干燥

将过滤的空气由鼓风机吸进，通过空气加热器加热至 130～160℃ 后，送入喷雾干燥室。同时将经过过滤的浓缩乳由高压泵送至喷雾器或由奶泵送至离心喷雾转盘，喷成 10～20μm 的乳滴与热空气充分地接触，进行强烈的热交换和质交换，迅速地排除水分，在瞬间完成蒸发、干燥。随之沉降于干燥室底部，通过出粉机构不断地卸出，及时冷却。最后进行筛粉和包装。

8. 出粉、冷却

喷雾干燥室内的乳粉要求迅速连续地卸出并及时冷却，以免受热过久，降低制品质量。

乳品工业常用的出粉机械有螺旋输送器、鼓型阀、涡旋气封阀和电磁振荡出粉装置等。先进的生产工艺将出粉、冷却、筛粉、输粉、贮粉和称量包装等工序联接成连续化的生产线。出粉后应立即筛粉和晾粉，使制品及时冷却，喷雾干燥乳粉要求及时冷却至 30℃ 以下。目前一般采用流化床出粉冷却装置。

9. 称量与包装

乳粉冷却后应立即用马口铁罐、玻璃罐或塑料袋进行包装。根据保存期和用途的不同要求，乳粉的包装可分为小罐密封包装、塑料袋包装和大包装。

备注：

喷雾干燥是液体工艺成型和干燥工业中应用最广泛的工艺，最适用于从溶液、乳液、悬浮液和可塑性糊状液体原料中生成粉状、颗粒状或块状固体产品。因此，当成品的颗粒大小分布、残留水分含量、堆积密度和颗粒形状必须符合精确的标准时，喷雾干燥是一道十分理想的工艺。

七、成品鉴定以全脂乳粉为例）

1. 感官指标

成品呈淡黄色的干燥粉末，不应有凝结的硬块及其他杂质，具有消毒牛乳的滋味和气味。

2. 理化指标

水分含量不高于 3%，脂肪含量不低于 26%，复原乳酸度不高于 20°T，溶解度指数不低于 1.5mL，杂质度不高于 16ppm，铅（以 pb 计）不高于 0.5ppm，铜（以 Cu 计）不高于 4ppm，汞（以 Hg 计）不高于 0.03ppm，六六六不高于 0.3ppm，DDT（双对氯苯基三氯乙烷）不高于 0.2ppm。

3. 微生物指标

杂菌数不大于 50 000 个/g，大肠菌群（近似值）不大于 90 个/100g，致病菌不得检出。

八、思考题

1. 如何鉴别真假乳粉？
2. 目前我国市场乳粉种类繁多，你如何选择品牌？
3. 谈谈你对我国乳粉行业的现状及未来的一些看法？
4. 我国乳粉制作企业该如何应对来自国外制作业的竞争？

实验三　酸奶的制作

一、实验目的

进一步了解和熟悉酸奶的制作方法、工艺过程和制作原理。

二、产品简介

酸奶是经乳酸发酵制成的乳制品，它以鲜乳为原料，经灭菌后，接种乳酸菌类发酵而成。由于乳酸菌利用鲜乳中的乳糖生成乳酸，升高了鲜乳的酸度，当酸度达到蛋白质等电点时，酪蛋白因酸而凝固，即成酸奶。

三、设备与用具

搅拌型酸乳生产线（包括配料缸、均质机、板式换热器、发酵罐、缓冲缸）、奶桶 25L 的 2 个、手提式高压灭菌器 1 台、电炉 2 个、酸奶瓶及瓶盖 150 套、酒精灯 2 个。

四、实验原料

鲜乳 25kg、白糖 6.5kg、香精 1 瓶、淀粉 0.5kg、氯化钙 1 瓶、奶粉 2 袋。

五、工艺流程

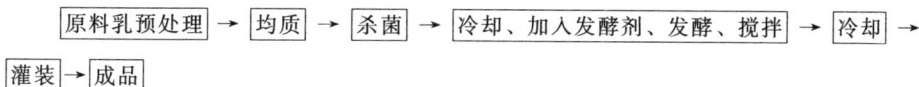

原料乳预处理 → 均质 → 杀菌 → 冷却、加入发酵剂、发酵、搅拌 → 冷却 → 灌装 → 成品

六、操作要点

1. 原料乳预处理

鲜乳过滤须用 4 层纱布，然后脱脂或不脱脂，加热至 60℃。乳粉先用水冲洗成复原乳（比例为 1∶7），再与 60℃ 的鲜乳混合，同时加入 6％～9％（W/W）的白砂糖，溶解后过滤，加热至 85℃ 杀菌 30min。

2. 加入稳定剂

加入氯化钙 0.04%（W/W）、淀粉 0.5%。淀粉事先用少量凉水浸湿均匀后加入鲜乳中，同时搅拌几分钟使淀粉糊化。

3. 冷却、加入发酵剂、发酵、搅拌

将杀菌乳移至冷却水中冷却，当温度降至 37~45℃ 时加入发酵剂，加入量为 5%（W/W），发酵剂加入之前要搅拌并与少量杀菌乳混匀，并置于活化 0.5h，加入时要不断搅拌，搅拌菌种时要无菌操作。

4. 发酵

接种后，在 42~45℃ 的发酵罐中培养发酵，发酵时间为 2.5~3h。发酵好的酸奶凝固无流动，无乳清分离，酸度为 pH4.2~3.8。发酵达到要求后先冷却再灌装于 150~200mL 的容器中，可在灌装时加入果酱。容器必须事先干热灭菌或保持无菌，灌装后马上封盖移置冷库中于 5℃ 下贮藏。

备注：

（1）本实验中使用的先发酵、后灌装的方法，要注意加入发酵剂后，切勿在发酵过程中搅拌或摇晃。

（2）做到无菌操作，防止二次污染。

七、成品鉴定

成品没有凝块，表层光洁度优良，味道不酸，开瓶有酸奶香味。

八、思考题

若生产出的酸奶有异味，则是什么原因引起的？

实验四　牛乳中酪蛋白的制备

一、实验目的

学习从牛乳中分离纯化酪蛋白的原理和方法。

二、产品简介

牛乳中主要含有酪蛋白（图 11-3）和乳清蛋白两种蛋白质，其中酪蛋白占了牛乳中蛋白质的 80％。酪蛋白是白色、无味的物质，不溶于水、乙醇及有机溶剂，但溶于碱溶液。牛乳的 pH 为 4.7 时，酪蛋白等电聚沉后剩余的蛋白质统称乳清蛋白。乳清蛋白不同于酪蛋白，其粒子的水合能力强、分散性高，在牛乳中呈高分子状态。

图 11-3　酪蛋白

从牛乳中分离纯化酪蛋白的方法利用等电点时溶解度最低的原理，将牛乳的 pH 调至 4.7 时，酪蛋白就沉淀了出来。用乙醇洗涤沉淀物，除去脂类杂质后便可得到纯的酪蛋白。酪蛋白含量约为 35g/L。

三、设备与用具

离心机、抽滤装置、精密 pH 试纸或酸度计、布氏漏斗、电炉、烧杯、温度计。

四、实验原料

95％乙醇、无水乙醚、乙醇-乙醚混合液（$V/V=1:1$）、0.2mol/L pH4.7 醋酸-醋酸钠缓冲液 3000mL（A 液：称取 $NaAc_3H_2O$ 54.44g，定容至

2000mL。B液：称取优级纯醋酸（含量大于99.8％）12g定容至1000mL。取A液1770mL、B液1230mL混合，即得pH4.7的醋酸-醋酸钠缓冲液3000mL）、牛乳。

五、工艺流程

原料预处理、调pP、离心 → 水洗沉淀 → 过滤抽干 → 风干 → 称重计算 → 成品

六、操作要点

1. 原料预处理、调pH、离心

将25mL牛乳加热至40℃，在搅拌下慢慢加入预热至40℃、pH为4.7的醋酸-醋酸钠缓冲液25mL，用精密pH试纸或酸度计调pH至4.7。将上述悬浮液冷却至室温，离心15min（3000r/min），弃去清液，得酪蛋白粗制品。

2. 水洗沉淀

用水洗沉淀3次，离心10min（3000r/min），弃去上清液。

3. 过滤抽干

在沉淀中加入约10mL乙醇，搅拌片刻，将全部的悬浊液转移至布氏漏斗中抽滤。用乙醇-乙醚混合液洗沉淀2次。最后用乙醚洗沉淀2次，抽干。

4. 风干

将沉淀摊开在表面皿上，风干，得酪蛋白纯品。

5. 称重计算

准确称重，计算酪蛋白含量（g/100mL牛乳），并和理论含量为3.5g/100mL的牛乳相比较，求出实际得率。

七、成品鉴定

外形：白色颗粒状。
色泽：无特殊气味。

八、思考题

制备高产率纯酪蛋白的关键是什么？

实验五　奶油的制作

一、实验目的

了解和熟悉奶油的制作方法、工艺过程和加工原理。

二、产品简介

乳脂离心分离后所得的稀奶油，经成熟、搅拌、压炼而制成的乳制品被称为奶油（图 11-4）。

三、设备与用具

奶油搅拌器、硫酸纸或铅箔纸等。

四、实验原料

稀奶油、色素、食盐。

图 11-4　奶油

五、工艺流程

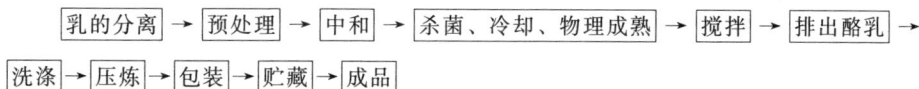

乳的分离 → 预处理 → 中和 → 杀菌、冷却、物理成熟 → 搅拌 → 排出酪乳 → 洗涤 → 压炼 → 包装 → 贮藏 → 成品

六、操作要点

1. 原料预处理

原料稀奶油要求含脂率为 30%～35%，经巴氏杀菌后在 6～10℃下物理成熟 10～12h。

2. 杀菌、冷却、物理成熟

将分离出的 15kg 稀奶油经温度为 90℃，时间为 5min 的杀菌后，放入冷库内冷却至 5℃，物理成熟 12h，以使部分脂肪变为固体结晶状态。

3. 搅拌

将物理成熟好的稀奶油加入奶油搅拌器，摔打十几下以后打开排气孔排气，再拧紧摔打。排气反复几次后，以 30rpm 的速度再摔打约 30min。待窥视镜出现透亮时，要注意小心摔打，不要过劲，当窥视镜完全透亮时马上停止，搅拌温度控制在 8~14℃。

4. 排出酪乳

当排气口用纱布包住后将奶油搅拌器内酪乳放出，注意不要让奶油粒流失。

5. 洗涤

洗涤水要求是杀菌后的冷却水，每次用量与排出酪乳量相同，水温要求在 8℃~10℃。加入洗涤水后上下摔打 2~3 下，排出洗涤水，再洗涤 1~2 次，但水温比第一次低 1~12℃。

6. 压炼

在洗涤好的奶油粒上撒上 1% 的食盐和色素，摔打几下再加入 1% 的食盐，摔打几下最后加入 1%，摔打至色泽、质地均匀，断面无游离水珠为止，表面光滑细腻。

7. 包装

将压炼好的奶油从奶油搅拌器中取出，用木制模具成型，模具一般为长方形。使产品大小为 50g、100g 或 250g 等时再用硫酸纸或铅箔纸包装，外面包上装潢纸。

七、成品鉴定

成品呈白色或淡黄色，泡沫状，气味香甜，口感细腻。

八、思考题

为什么在搅拌稀奶油时需要控制温度？

实验六　冰淇淋的制作

一、实验目的

（1）了解冰淇淋的配料、生产工艺、操作过程和加工原理。

（2）掌握冰淇淋的制作技术。

二、产品简介

冰淇淋（图 11-5）是以稀奶油为主要原料，添加水、牛乳、砂糖、香料及稳定剂等辅料，经混合、杀菌、均质、老化、凝冻而成的乳制品。

三、设备与用具

硬质冰淇淋机 1 台、加热槽或小奶桶 1 个、搅拌勺 1 把、温度计 1 支、1000mL 烧杯 3 个、电炉 1 台、配料缸共用、天平 1 台。

四、实验原料

奶粉 1 袋、砂糖 250g、海藻酸 50g、奶油 250g、淀粉 250g。

图 11-5　冰淇淋

五、工艺流程

配方选定及原料混合 → 溶解 → 过滤 → 升温 → 均质 → 杀菌 → 冷却、成熟 → 加入香料 → 冻结搅拌 → 硬化 → 成品

六、操作要点

1.配方选定及原料混合

不同种类的冰淇淋其各种成分的百分比要求不一，因此，制作前必须先根据对成分百分比的要求确定配方，再按配方选择混合原料种类并计算其用

量，冰淇淋的成分及配方可参考其他资料中的配方。选定配方后，按配方要求进行原料混合处理，首先将稳定剂与砂糖干料混合后加入部分温水溶开；其次将炼乳、牛奶、稀奶油等液体原料在另一桶内或加热槽内混合并加热至65～70℃；然后在不断搅拌下加入固体原料和砂糖稳定剂溶液，乳化剂先用水浸泡或先用油脂混合后加入。鸡蛋可在杀菌前或杀菌后加入，若在杀菌前加入，则先将鸡蛋打破，搅成均匀的蛋液，在混合料加热至50～60℃时加入；若在杀菌后加入，则将生蛋液加入混匀即可。

2. 过滤

原料混合溶解后，再经充分混合搅拌，然后用80～100目筛过滤或用4层纱布过滤。

3. 均质

防止脂肪上浮，更主要是改善组织状态，缩短成熟时间，无此条件也可以不用均质，只是成熟时间长些。

4. 杀菌

可用间歇式杀菌，即温度为68～70℃，时间为30min（片式HTST法，温度为80～85℃，时间为20s，UHT法温度为100～130℃，时间为2～3s）。

5. 冷却、成熟

杀菌后将混合料迅速冷却至5℃以下（2～4℃，一般不得低于1℃）并保持4～12h，使其成熟（老化），以提高脂肪、蛋白质及稳定剂的水合作用，减少游离水，防止冻水时产生大冰屑。

6. 加入香料

成熟之后加入适量的香兰素。

7. 冻结搅拌

将成熟好的混合料倒入冰淇淋机内，进行搅拌冻结，如果是软质冰淇淋，则在冻结之后便可出产品。

8. 硬化

搅好的冰淇淋可直接送往冷藏室（－18℃以下）进行硬化，或先包装成各种形状再进行硬化。一般硬化12h即可为成品。

七、成品鉴定

成品膨胀率为80%～100%，软硬适中，组织细腻，无水冰屑，口感好。

八、思考题

1. 冰淇淋制作中常用的稳定剂有哪些？
2. 冰淇淋制作过程中均质的目的是什么？

实验七　消毒乳与咖啡乳的制作

一、实验目的

了解并熟悉消毒乳及花色乳的制作过程和加工原理。

二、产品简介

消毒乳是指以新鲜牛乳为原料，经净化、杀菌、均质、冷却、包装后直接供应消费者饮用的商品乳。

花色乳是指各种添加剂经溶解后混合，再与乳混合，然后经均质、杀菌、包装得到的乳品饮料。

三、设备与用具

消毒乳：消毒乳生产线（包括配料缸、平衡槽、进料泵、板式换热器、分离机、均质机、灌装机）、高压灭菌锅、奶瓶及瓶盖30套、铝锅共用、电炉2台、石棉网4个、搅拌勺、奶桶2个、纱布2块、冷却水槽共用。

咖啡乳：锅共用、板式换热器共用、电炉1个、奶桶共用、配料缸共用、1000mL烧杯2个、150或500mL烧杯2个、奶瓶30套、架盘天平1台、高压锅共用。

四、实验原料

消毒乳原料：鲜牛乳。

咖啡乳原料：咖啡、砂糖、乳粉、净化水、焦糖、碳酸氢钠、食盐、海藻酸钠。

五、工艺流程

1. 消毒乳工艺流程

鲜牛乳验收 → 过滤净化 → 预热均质 → 杀菌灭菌 → 冷却 → 罐装 → 成品

2. 咖啡乳工艺流程

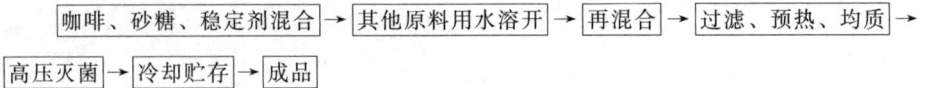

咖啡、砂糖、稳定剂混合 → 其他原料用水溶开 → 再混合 → 过滤、预热、均质 →

高压灭菌 → 冷却贮存 → 成品

六、操作要点

（一）消毒乳操作要点

1. 鲜牛乳验收

通过 70℃酒精实验，观察鲜乳的酸度大小，以确定能否用加工原料。酸度应在 18°T 以下（72 度酒精）。还要检测比重、滋气味、组织状态等。

2. 过滤净化

将检验合格的鲜牛乳称量计量后，再进行过滤净化。用多层纱布进行过滤，再用分离机进行净化，净化前将鲜牛乳加热至 35～40℃，净化的同时可将乳脂肪分离出来。因国内厂家条件所限，一般消毒乳的生产，进行标准化的较少。

3. 预热均质

预热至 60℃左右为宜。均质压力一般分两段：一段为 $150～200kg/cm^2$。

4. 杀菌、灭菌

杀菌、灭菌是关键工序，一般采用加热的方法来杀菌，可用 LTLT 法、HTST 法和 UHT 法。本实验先将鲜牛乳灌装后，预热到 80～85℃，再进行高压灭菌几秒钟。

5. 冷却

将消毒乳迅速冷却至 4～6℃，如果是瓶装灭菌乳，则冷却至 10℃左右即可。

6. 灌装

巴氏杀菌在杀菌冷却后灌装可用玻璃瓶，灌装后马上封盖再冷贮于 4～5℃的条件下，使其具有暂时的防腐性，当天出售。

（二）咖啡乳的操作要点

1. 咖啡、砂糖、稳定剂混合

将砂糖和稳定剂混合后加入少部分水溶解制成 2％～3％的溶液，并加入咖啡。

2. 其他原料用水溶开

将乳粉用少量热水溶开。

3. 再混合

将碳酸氢钠、食盐、焦糖等用少量水溶开并混合。（所有用水都计于总水量中。）

4. 过滤、预热、均质

料液混合后，加入剩余的水量过滤、预热、均质。

5. 高压灭菌

先将料液加热至 80℃，装瓶，再高压灭菌温度为 120℃，时间为 3s，或预热至 40℃再灌装，水浴加热至 85～90℃，保持 15～20min。

6. 冷却贮存

将料液冷却至 10℃左右，低温贮存。

七、思考题

1. 巴氏杀菌乳和灭菌乳在生产工艺上的差别是什么？
2. 什么是无菌包装？

参 考 文 献

［1］马俪珍，刘金福．食品工艺学实验［M］．北京：化学工业出版社，2016.

［2］洪璇，王丽霞，陈仲巍，等．玫瑰茄天使蛋糕加工工艺的研究［J］．食品研究与开发，2017，38（18）：82-86.

［3］吴海霞．蛋糕的分类探讨［J］．轻工科技，2016，32（11）：14-16.

［4］周晔．烘烤类糕点制作分析［J］．现代商贸工业，2013，25（4）：192.

［5］黄益前，苏扬．豆浆天使蛋糕的工艺优化［J］．粮油食品科技，2014，22（1）：46-52.

［6］何清波．低糖香草天使蛋糕生产工艺条件优化［J］．农业工程，2018，8（5）：69-73.

［7］早春娟．玫瑰曲奇饼干的制作［J］．现代食品，2018（23）：160-163.

［8］陆启玉．粮食食品加工工艺学［M］．北京：中国轻工业出版社，2005.

［9］赵敏．全麦法棍的制作工艺［J］．现代食品，2017（24）：126-128.

［10］韩冬，樊祥富，汪海涛．法式长棍面包酵头发酵技术探析［J］．现代食品，2017，6（11）：95-98.

［11］尤香玲，徐向波．面包制作中关键技术的要点分析［J］．农产品加工，2018（12）：50-52.

［12］刘少阳，豆康宁，岳晓研，等．发酵方法对面包烘焙品质的影响［J］．粮食与油脂，2018，31（2）：23-24.

［13］豆康宁，吕银德，赵俊芳．发酵方法对面包老化的影响［J］．粮食加工，2017，42（2）：68-69.

［14］尤香玲，徐向波．甜面包制作工艺研究［J］．江苏调味副食品，2018（9）：25-27.

［15］边疆．甜面包制作工艺［J］．农民科技培训，2003（11）：19－20.

［16］张元培．比萨饼和意式面食品的规模化生产［J］．粮油食品科技，2003，11（1）：40－41.

［17］吴酉芝，陈菲，吴琼等．快速披萨制作工艺的研究［J］．食品工业，2017，38（9）：32－35.

［18］彭景．烹饪营养学［M］．北京：中国纺织出版社，2008.

图书在版编目(CIP)数据

食品工艺学实验技术指导/张敏主编. 一一合肥:合肥工业大学出版社,2024.8
ISBN 978 - 7 - 5650 - 5417 - 4

Ⅰ.①食… Ⅱ.①张… Ⅲ.①食品工艺学-实验-教材 Ⅳ.①TS201.1 - 33

中国版本图书馆 CIP 数据核字(2021)第 181541 号

食品工艺学实验技术指导

张　敏　主编			责任编辑　马成勋		
出　版	合肥工业大学出版社		版　次	2024 年 8 月第 1 版	
地　址	合肥市屯溪路 193 号		印　次	2024 年 8 月第 1 次印刷	
邮　编	230009		开　本	710 毫米×1010 毫米　1/16	
电　话	理工图书出版中心:15555129192		印　张	20.25	
	营销与储运管理中心:0551 - 62903198		字　数	405 千字	
网　址	press. hfut. edu. cn		印　刷	安徽联众印刷有限公司	
E-mail	hfutpress@163.com		发　行	全国新华书店	

ISBN 978 - 7 - 5650 - 5417 - 4　　　　　　　　　　　定价：62.00 元

如果有影响阅读的印装质量问题,请与出版社营销与储运管理中心联系调换。